快速成型与快速模具制造技术及其应用

第3版

王广春　赵国群　编著

机 械 工 业 出 版 社

本书详细介绍了目前典型的快速成型技术的原理、特点、工艺过程、应用及关键技术，包括光固化快速成型工艺、叠层实体快速成型工艺、选择性激光烧结快速成型工艺、熔融沉积快速成型工艺、三维打印快速成型及其他快速成型工艺、快速成型技术中的数据处理、基于快速原型的软模快速制造技术、基于快速原型的金属钢质硬模快速制造技术、快速成型制造技术的应用、基于快速成型技术的产品快速设计与制造系统。

本书可作为高等院校机械类和材料加工类专业本科与研究生的教材和参考书，同时也可供相关工程技术人员学习使用。

图书在版编目（CIP）数据

快速成型与快速模具制造技术及其应用/王广春，赵国群编著.—3版.—北京：机械工业出版社，2013.1（2024.8重印）
ISBN 978-7-111-39861-5

Ⅰ.①快… Ⅱ.①王…②赵… Ⅲ.①成型—高等学校—教材②模具—制造—高等学校—教材 Ⅳ.①TG39②TG76

中国版本图书馆CIP数据核字（2012）第226656号

机械工业出版社（北京市百万庄大街22号 邮政编码100037）
策划编辑：周国萍 责任编辑：周国萍 吕德齐
版式设计：姜 婷 责任校对：申春香
封面设计：路恩中 责任印制：张 博
北京雁林吉兆印刷有限公司印刷
2024年8月第3版第19次印刷
169mm×239mm ·17.75印张 ·350千字
标准书号：ISBN 978-7-111-39861-5
定价：49.00元

电话服务 网络服务
客服电话：010-88361066 机 工 官 网：www.cmpbook.com
010-88379833 机 工 官 博：weibo.com/cmp1952
010-68326294 金 书 网：www.golden-book.com
封底无防伪标均为盗版 机工教育服务网：www.cmpedu.com

第3版前言

快速成型技术自从20世纪80年代中后期出现以来，因其在新产品开发及单件、小批量产品快速制作中显著的经济效益与时间效益而得到制造业的高度重视和广泛认可。近年来，随着制造业与医疗等行业日益广泛而深入的应用，早期的几种典型的工艺方法对应的快速成型设备的质量与精度不断提高，原型材料的种类与型号也不断地丰富，赋予了原型更全面、更优异的性能，也大大拓展了快速原型的应用领域。同时，围绕快速成型制作精度和质量的研究也逐渐深入，针对不同的工艺技术提出了行之有效的质量与精度控制措施，也显著提高了快速原型的应用效果，促进了快速成型技术的发展。

作者所在单位从1997年底开始开展快速成型及快速模具技术的研究工作，先后购置了多种快速成型制造设备、反求设备、真空注型设备及UG、CATIA、SURFACER、DEFORM、DYNAFORM、MOLDFLOW、MARC等CAD/CAE/CAM软件，组建了以快速成型技术为核心的产品/模具快速设计与制造集成系统，15年来，开展了多方面的研究工作和广泛的对外服务工作，积累了许多有价值的研究成果和经验。同时，作者也相继开展了快速成型及快速模具技术的研究生与本科生的教学工作，在传授该项技术过程中积累了较多的文献资料。针对广大科技工作者在使用过程中对本书前两版内容提出的意见，将第2版中快速成型工艺一章的内容根据每种工艺方法改编为各自独立的一章，根据近年来快速成型技术在材料与设备研发中的进展，对各种工艺方法使用的材料种类、型号、性能等进行了扩充，在快速成型工艺技术中，重点补充了近年来发展较为迅速的三维打印快速成型技术；同时，对快速成型技术的应用，尤其是在医学领域的应用进行了补充。此外，为满足教师教学需求，新版提供了与此书内容匹配的免费电子教案。如果需要，请联系QQ：296447532。

由于作者水平有限，书中内容在改版过程中难免有不恰当之处，敬请读者批评指正。

作　者

目　录

第1章 概　　论

从20世纪90年代开始，市场环境发生了巨大变化。一方面表现为消费者需求日益主体化、个性化和多样化；另一方面则是产品制造商们都着眼于全球市场的激烈竞争。面对市场，不但要迅速地设计出符合人们消费需求的产品，而且必须很快地生产制造出来，抢占市场。随着计算机技术的迅速普及和CAD/CAM技术的广泛应用，产品从设计造型到制造都有了很大发展，而且产品的开发周期、生产周期、更新周期越来越短。从20世纪开始，企业的发展战略已经从60年代的"如何做得更多"、70年代的"如何做得更便宜"、80年代的"如何做得更好"发展到90年代的"如何做得更快"。因此面对一个迅速变化且无法预料的买方市场，以往传统的大批量生产模式对市场的响应就显得越来越迟缓与被动。快速响应市场需求，已成为制造业发展的重要走向。为此，自20世纪90年代以来，工业化国家一直在不遗余力地开发先进的制造技术，以提高制造工业的水平。计算机、微电子、信息、自动化、新材料和现代化企业管理技术的发展日新月异，产生了一批新的制造技术和制造模式，制造工程与科学取得了前所未有的成就。

快速成型（也称快速原型）制造技术（Rapid Prototyping & Manufacturing, RP&M）就是在这种背景下逐步形成并得以发展的。它借助计算机、激光、精密传动和数控等现代手段，将计算机辅助设计（CAD）和计算机辅助制造（CAM）集成于一体，如图1-1所示，根据在计算机上构造的三维模型，能在很短时间内直接制造产品模型或样品，无需传统的机械加工机床和模具。该项技术创立了产品开发的新模式，使设计师以前所未有的直观方式体会设计的效果，感性而迅速地验证和检查所设计的产品结构和外形，从而使设计工作进入了一种全新的境界，改善了设计过程中的人机交流，缩短了产品开发的周期，加快了产品更新换代的速度，降低了企业投资新产品的风险。

快速成型技术制作的原型，作为模型可用于新产品的外观评估、装配检验及功能检验等，作为样件可直接替代机加工或者其他成型工艺制造的单件或小批量的产品，也可用于硅橡胶模具的母模或熔模铸造的消失型等，从而批量地翻制塑料及金属零件。用这种方法制造样品较传统法的显著优点是，制造周期大大缩短（由几周、几个月缩短为若干个小时），成本大大降低。

以RP&M原型作母模来翻制模具的快速模具制造技术（Rapid Tooling, RT），进一步发挥了快速成型制造技术的优越性，可在短期内迅速推出满足用户需求的一定批量的产品，大幅度降低了新产品开发研制的成本和投资风险，缩短了新

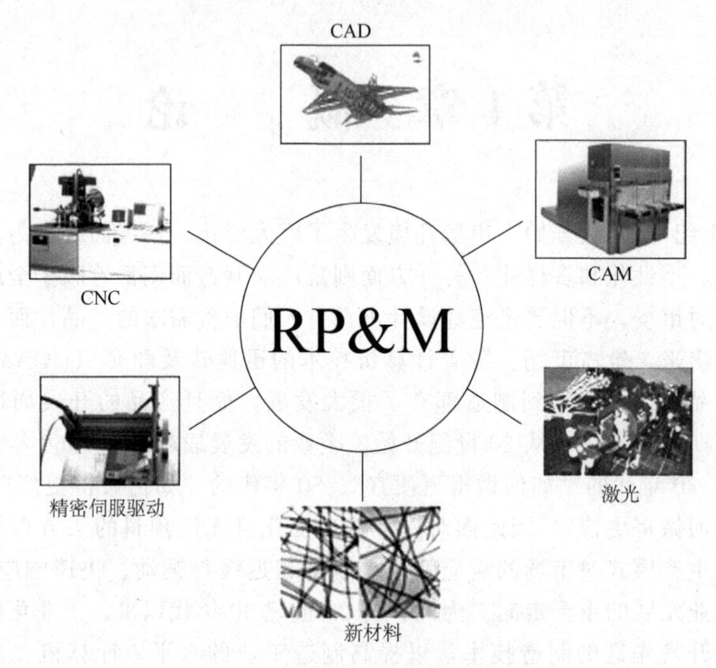

图 1-1　快速成型技术的支撑技术

产品研制和投放市场的周期，在小批量、多品种、改型快的现代制造模式下具有强劲的发展势头。随着快速成型软、硬件设备与快速成型材料的不断发展和完善，快速成型件的强度和精度得到不断提高，快速成型技术已经逐渐地深入到快速模具制造领域，基于快速成型方法制造各类简易、经济的快速模具已成为 RP&M 应用的热点，进一步提高了快速成型技术的效益。

1.1　快速成型技术的早期发展

快速成型技术的基本原理是基于离散的增长方式成型原型或制品。在历史上，很早以前就有“增长”这种制造方式。快速成型技术的早期根源可以追溯到早期的地形学工艺领域。

早在 1892 年，Blanther 在他的美国专利中曾建议用叠层的方法来制作地图模型。该方法包括将地形图的轮廓线压印在一系列的蜡片上并沿轮廓线切割蜡片，然后堆叠系列蜡片产生三维地貌图。1940 年，Perera 提出相似的方法，即沿轮廓线切割硬纸板，然后堆叠，使这些纸板形成三维的地貌图。1964 年，Zang 进一步细化了该方法，建议用透明的纸板，且每一块均带有详细的地貌形态标记。1972 年，Matsubara 提出在上述方法中使用光固化材料，将光敏聚合树脂涂到耐火颗粒上（例如石墨粉或沙砾），使这些耐火颗粒被填充到叠层，加热形成与叠层对应的板层，光线有选择地投射或扫射到这个板层，将规定的部分硬化，没有扫描或没有硬化的部分被某种溶剂溶化，用这种方法形成的薄板层随后不断地堆积在一起形成模型。1976年，DiMatteo进一步明确地提出，这种堆积技术能够用来制造用普通机加工设备难以加工的曲面，如螺旋桨、三维凸轮和型腔模具等。在具体实践中，通过铣床加工成沿高度标示的金属层片，然后通过粘接成叠层状，采用螺栓和带锥度的销钉进行联接加固，制作了型腔模，如图1-2所示。

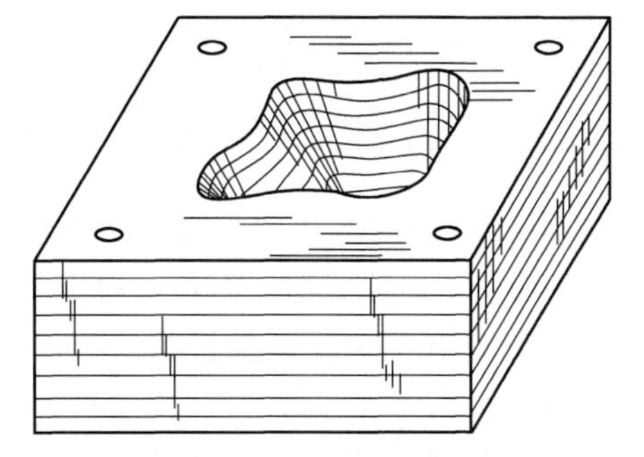

图1-2　由DiMatteo制作的型腔模叠层模型

1977年，Swainson在他的美国专利中提出，通过对三维光敏聚合物体选择性的激光照射直接制造塑料模型工艺。同时，Battelle实验室的Schwerzel也进行了类似的工作。1979年，日本东京大学Nakagawa教授开始用薄板技术制造出实用的工具，如落料模、成型模和注塑模等。其中特别值得一提的是，Nakagawa教授提出了注塑模中复杂冷却通道的制作可以通过这种方式来实现。1981年，Hideo Kodama首先提出了一套功能感光聚合物快速成型系统，应用了如下三种不同的方法制作叠层：

1）用过滤罩控制UV光源的照射面积，并且将模型向下浸入到光敏聚合物中来获得新的叠层。

2）过滤罩位于缸底，向上拉动模型来得到新的叠层。

3）采用1）中的方法浸渍模型，但是利用 x-y 平面坐标移动和光学纤维来照射新的叠层。

除上述描述的以外，在快速成型技术和方法发展过程中，还出现了一系列具有重要价值的专利技术。表1-1列出了其中的部分专利。

表1-1　快速成型技术和方法发展过程中出现的部分专利

专利人	题目	日期	国家
Housholder	成型工艺	1979.12	美国
Murutani	光学成型方法	1984.05	日本
Masters	计算机自动制造工艺和系统	1984.07	美国
Andre et al	制作工业零部件的设备	1984.07	法国
Hull	通过光固化成型制作三维物体的设备	1984.08	美国
Pomerantz et al	三维制图与模型设备	1986.06	以色列
Feygin	以叠层的方式整体制作模型的设备及方法	1986.06	美国
Deckard	选择烧结方法制作模型的设备及方法	1986.10	美国
Fudim	通过光固化聚合物来制成三维物体的方法及设备	1987.02	美国
Arcella et al	浇注成型	1987.03	美国

（续）

专　利　人	题　　目	日　期	国　家
Crump	制作三维物体的设备及方法	1989.10	美　国
Helinski	通过粒子沉积制作三维模型的方法	1989.11	美　国
Marcus	三维计算机控制的选择性气流沉积	1989.12	美　国
Sachs et al	三维印刷	1989.12	美　国
Levent et al	热喷涂沉积制作三维模型的方法及设备	1990.12	美　国
Penn	制作三维模型的系统、方法及工艺	1992.06	美　国

在快速成型技术和设备的早期商业开发中，Willeme 光刻实验室从 1961 年到 1968 年获得了商业成功。但是，由于难以克服光刻设备需要手工雕刻的劳动力问题，Wiueme 光刻实验室很快就脱离了商界。后来进行的著名的商业尝试是 1977 年 Swainson 的 Formagraphic 发动机公司，该公司后来与 Batlelle 实验室合作更名为 Omtec 复制公司。1977 年 Dimatteo 成立了名为“Solid Photography”公司，1981 年 Solid photography 改名为 Robotic Vision。Solid photography 和 Solid Copier 公司作为 Robotic Vision 的附属公司，运行至 1989 年。

表 1-2 给出了早期 RP 系统商业开发的标志性的开发商、工艺和起始时间等。1988 年，3D Systems 公司将 SLA—250 光固化设备系统运送给 3 个用户，标志着快速成型设备的商品化正式开始。美国在快速成型设备商业化的过程中走在欧洲各国和日本等国家的前面，而且美国有多种不同的成型工艺方法，而在日本，除Kira 公司以外，均采用激光光敏聚合物工艺。

表 1-2　早期 RP 系统商业开发

公　　司	国　别	成 型 工 艺	开始时间	出售时间
Aaroflex	美　国	光固化成型	1995	不详
BPM	美　国	喷墨技术	1989	1995
DTM	美　国	选择性激光烧结	1987	1992
DuPont Somos	美　国	光固化成型	1987	不祥
Helisys	美　国	薄板成型	1985	1991
Light Sculping	美　国	光掩膜技术	1986	不祥
Quadrax	美　国	光固化成型	1990	1990
Sanders Prototyping	美　国	喷墨技术	1994	1994
Soligen	美　国	3D 印刷	1991	1993
Stratasys	美　国	熔融沉积	1988	1991
3D Systems	美　国	光固化成型	1986	1988
CMET	日　本	光固化成型	1988	1990
Cubital	以色列	照相工艺学	1987	1991
Denken	日　本	光固化成型	1985	1993
DMEC	日　本	光固化成型	1990	1990

（续）

公 司	国 别	成 型 工 艺	开始时间	出售时间
EOS	德 国	光固化成型、选择性激光烧结	1989	1990
Fockele&Schwarze	德 国	光固化成型	1991	1994
Kira	日 本	薄板技术	1992	1994
Meiko	日 本	光固化成型	1991	1994
Mitsui	日 本	光固化成型	1991	1991
Sparx	瑞 典	薄板技术	—	1994
Teijin Seiki	日 本	光固化成型	1991	1992
Ushio	日 本	光固化成型	—	1994

美国在RP&M系统（设备）研制、生产、销售方面占全球主导地位，生产RP&M设备系统的公司主要有3D Systems（SLA等）、Stratasys（FDM）、Helisys（LOM）、DTM（SLS）、Sanders（3D Plotting System）、Aeroflex（SLA）等。欧洲各国和日本等国家也不甘落后，纷纷进行RP&M技术、设备研制等方面的研究工作，如德国的EOS、以色列的Cubital以及日本的CMET等公司。

我国从20世纪90年代初由清华大学、华中科技大学、西安交通大学等高校及其他科研院所在国家及地方政府资金支持下启动快速成型技术的研究工作。几所高校及部分研究机构在早期的快速成型设备及相应的材料开发中各有侧重，于20世纪90年代中后期陆续推出各自具有代表性的快速成型设备。经过十几年的应用及开发，不断地改进和创新，在光固化快速成型设备、粉末烧结快速成型设备、叠层实体快速成型设备中的关键技术指标已经达到了国际水平。由于国内开发的商品化快速成型设备与国际类似型号、规格的设备相比，价格便宜很多，因此也缓解了国内制造业对快速成型设备购置的资金压力，提高了国产快速成型设备的市场占有率，促进了该项技术在国内的应用与发展。

1.2 快速成型技术的主要方法及分类

快速成型的制造方式是基于离散堆积原理的累加式成型，从成型原理上提出了一种全新的思维模式，即将计算机上设计的零件三维模型，表面三角化处理，存储成STL文件格式，对其进行分层处理，得到各层截面的二维轮廓信息，按照这些轮廓信息自动生成加工路径，在控制系统的控制下，选择性地固化或烧结或切割一层层的成型材料，形成各个截面轮廓薄片，并逐步顺序叠加成三维实体，然后进行实体的后处理，形成原型，如图1-3所示。

快速成型技术是20世纪80年代中期发展起来的一项高新技术，从1988年世界上第一台快速成型机问世以来，快速成型技术的工艺方法目前已有十余种。根据所使用的材料和建造技术的不同，目前应用比较广泛的方法有：采用光敏树脂材料

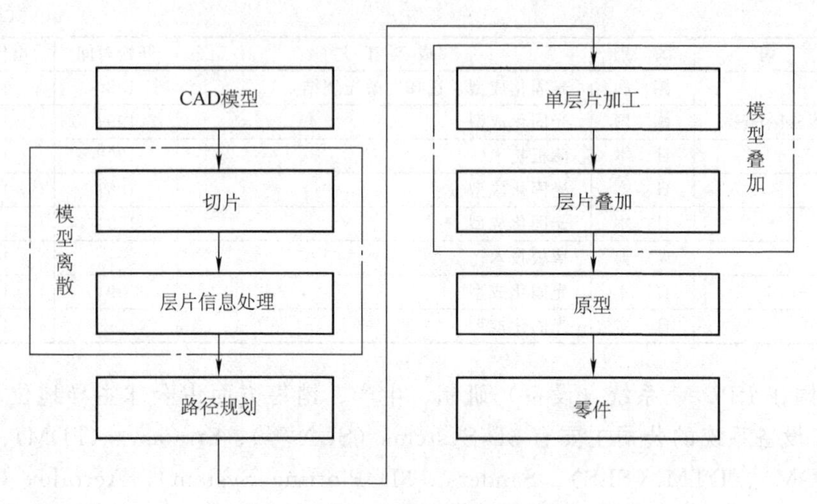

图 1-3 快速成型离散和叠加过程

通过激光照射逐层固化的光固化成型法（Stereolithography Apparatus，SLA）、采用纸材等薄层材料通过逐层粘接和激光切割的叠层实体制造法（Laminated Object Manufacturing，LOM）、采用粉状材料通过激光选择性烧结逐层固化的选择性激光烧结法（Selective Laser Sintering，SLS）和熔融材料加热熔化挤压喷射冷却成型的熔融沉积制造法（Fused Deposition Manufacturing，FDM）等。

各种快速成型制造工艺的基本原理都是基于离散的增长方式成型原型或制品。快速成型技术从广义上讲可以分成两类：材料累积和材料去除，但是目前人们谈及的快速成型制造方法通常指的是累积式的成型方法（材料累积），而累积式的快速成型制造方法通常是依据原型使用的材料及其构建技术进行分类的，如图 1-4 所示。

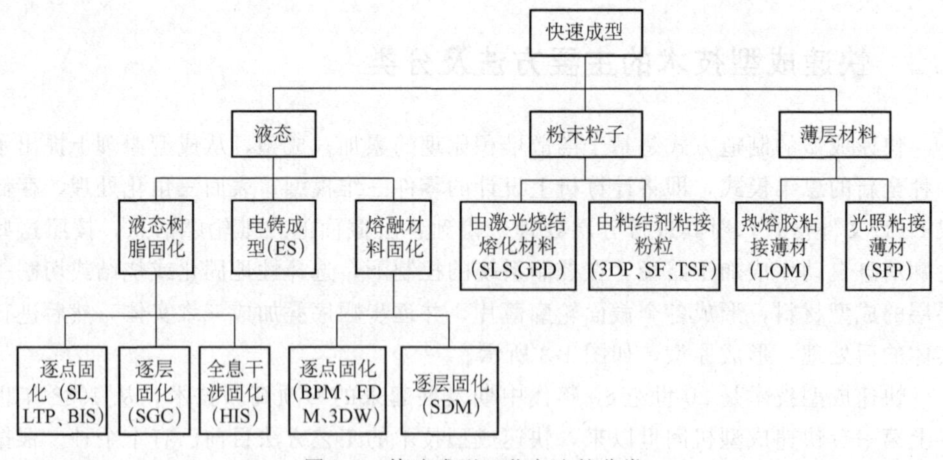

图 1-4 快速成型工艺方法的分类

1.3　快速成型技术的特点及优越性

1.3.1　快速成型技术的特点

快速成型技术的出现，开辟了不用刀具、模具而制作原型和各类零部件的新途径，也改变了传统的机械加工去除式的加工方式，而采用逐层累积式的加工方式，带来了制造方式的变革。从理论上讲，添加成型方式可以制造任意复杂形状的零部件，材料利用率可达100%。

和其他先进制造技术相比，快速成型技术具有如下特点：

1. 自由成型制造

自由成型制造也是快速成型技术的另外一个用语。作为快速成型技术特点之一的自由成型制造的含义有两个方面：一是指无需使用工具、模具而制作原型或零件，由此可以大大缩短新产品的试制周期并节省工具、模具费用；二是指不受形状复杂程度的限制，能够制作任意复杂形状与结构、不同材料复合的原型或零件。

2. 制造过程快速

从CAD数模或实体反求获得的数据到制成原型，一般仅需要数小时或十几小时，速度比传统成型加工方法快得多。该项技术在新产品开发中改善了设计过程的人机交流，缩短了产品设计与开发周期。以快速成型为母模的快速模具技术，能够在几天内制作出所需材料的实际产品，而通过传统的钢制模具制作产品，至少需要几个月的时间。该项技术的应用，大大降低了新产品的开发成本和企业研制新产品的风险。

随着互联网的发展，快速成型技术也更加便于远程制造服务，能使有限的资源得到充分的利用，用户的需求也可以得到最快的响应。

3. 添加式和数字化驱动成型方式

无论哪种快速成型制造工艺，其材料都是通过逐点、逐层以添加的方式累积成型的。无论哪种快速成型制造工艺，也都是通过CAD数字模型直接或者间接地驱动快速成型设备系统进行原型制造的。这种通过材料添加来制造原型的加工方式，是快速成型技术区别于传统的机械加工方式的显著特征。这种由CAD数字模型直接或者间接地驱动快速成型设备系统的原型制作过程，也决定了快速成型的制造快速和自由成型的特征。

4. 技术高度集成

当落后的计算机辅助工艺规划（Computer Aided Process Planning，CAPP）一直无法实现CAD与CAM一体化的时候，快速成型技术的出现较好地填补了CAD与CAM之间的缝隙。新材料、激光应用技术、精密伺服驱动技术、计算机技术以及数控技术等的高度集成，共同支撑了快速成型技术的实现。

5. 突出的经济效益

快速成型技术制造原型或零件，无需工具、模具，也与原型或零件的复杂程度无关，与传统的机械加工方法相比，其原型或零件本身制作过程的成本显著降低。此外，快速成型的设计可视化、外观评估、装配及功能检验以及快速模具母模的功用，显著缩短了产品的开发与试制周期，带来了明显的时间效益。也正是因为快速成型技术具有突出的经济效益，才使得该项技术一出现，便得到了制造业的高度重视和迅速而广泛的应用。

6. 广泛的应用领域

除了制造原型外，该项技术也特别适合于新产品的开发、单件及小批量零件制造、不规则或复杂形状零件制造、模具设计与制造、产品设计的外观评估和装配检验、快速反求与复制，以及难加工材料的制造等。这项技术不仅在制造业具有广泛的应用，而且在材料科学与工程、医学、文化艺术及建筑工程等领域也有广阔的应用前景。

1.3.2 快速成型技术的优越性

在产品设计和制造领域应用快速成型技术，能显著地缩短产品投放市场的周期，降低成本，提高质量，增强企业的竞争能力。一般而言，产品投放市场的周期由设计（初步设计和详细设计）、试制、试验、征求用户意见、修改定型、正式生产和市场推销等环节所需的时间组成。由于采用快速成型技术之后，从产品设计的最初阶段开始，设计者、制造者、推销者和用户都能拿到实实在在的样品（甚至小批量试制的产品），因而可以及早地、充分地进行评价、测试及反复修改，并且能对制造工艺过程及其所需的工具、模具和夹具的设计进行校核，甚至用相应的快速模具制造方法做出模具，因此可以大大减少失误和不必要的返工，从而能以最快的速度、最低的成本和最好的品质将产品投入市场。具体而言，以下几方面都能受益。

1. 设计者受益

采用快速成型技术之后，设计者在设计的最初阶段，就能拿到实在的产品样品，在单个零件和装配部件的级别上，对产品设计进行校验和优化，并可在不同阶段快速地修改、重做样品，甚至做出试制用工具、模具及少量的产品。这将给设计者创造一个优良的设计环境，提供一个快捷、有力的物理模拟手段，无需多次反复思考、修改，即可尽快得到优化结果，从而能显著地缩短设计周期和降低成本。

2. 制造者受益

制造者在产品设计的最初阶段也能拿到实在的产品样品，甚至试制用的工具、模具及少量产品，这使得他们能及早地对产品设计提出意见，做好原材料、标准件、外协加工件、加工工艺和批量生产用工具、模具等的准备工作，最大限度地减少失误和返工，大大节省工时、降低成本和提高产品质量。

3. 推销者受益

推销者在产品设计的最初阶段也能拿到实在的产品样品，甚至少量产品，这使得他们能据此及早、实在地向用户宣传和征求意见，以及进行比较准确的市场需求预测，而不是仅凭抽象的产品描述或图样、样本来推销。所以快速成型技术的应用可以显著地降低新产品的销售风险和成本，大大缩短其投放市场的时间和提高竞争能力。

4. 用户受益

用户在产品设计的最初阶段，也能见到产品样品甚至少量产品，这使得用户能及早、深刻地认识产品，进行必要的测试，并及时提出意见，从而可以在尽可能短的时间内，以最合理的价格得到性能最符合要求的产品。

1.4 快速成型技术的发展趋势

快速成型技术仍处于幼年时期，多数快速成型制造系统所制造的实体模型还不能用于实际工作零件，主要是由于材料及成本方面的限制。RP&M 系统所面临的主要问题包括：零件精度、有限的材料种类和力学性能，其中力学性能很大程度上取决于材料的种类及其性能。与常规由金属和工业塑料制造的零件相比，RP 制造的零件较脆弱，有些材料价格昂贵，并且对人体有害。目前，人们正在投入相当大的精力提高零件材料性能或开发更好的材料，主要是针对塑料和金属材料。

快速成型系统制作与 CAD 设计相同精度的零件的能力受许多因素的限制。在 RP 系统中最普通的误差源可分为数学误差及与工艺有关或与材料有关的误差。数学误差包括对零件表面形状的近似、沿叠层方向上的有限数目的分层而导致的阶梯状台阶痕。目前基于 CSG 实体造型的数据准备方法正处在开发研究之中，该方法可以精确地将零件表面形状输入 RP 系统。与工艺有关的误差影响 x-y 平面和 z 轴方向上的片层形状、不同片层的对准及整体三维形状。这些误差主要取决于 RP 设备的精度及操作者的经验。与材料有关的误差主要是收缩、翘曲。收缩是固化（冷却）材料时产生的，能够预计的尺寸收缩量可以通过修正 CAD 模型以补偿这种收缩误差。另外，由于收缩引起的内应力会导致零件变形和翘曲。减少收缩变形的措施有：选择合适的制造控制系统、开发或探索收缩率小的或不产生内应力的材料，以及应力释放方法等。这些方法与措施的研究需要研究者深刻了解材料性能及所采用工艺的特点。

快速成型与制造研究的目的是制造一种与计算机和 CAD 系统相连、附带一个“三维打印输出结构”的制造设备。例如，最近的研究方向之一是研究办公桌上

(DESK-TOP) 的快速成型与制造设备，这种设备的尺寸与一台激光打印机相当，并连到一台或几台计算机上。这种设备的主要用途是为产品设计者、市场分析者、工程和制造人员快速提供可以用来讨论、分析、论证的实体模型，一旦发现设计有不当之处，即刻修正设计方案，并再次快速生成新的模型。

快速模具制造技术是 RP&M 的一个重要应用领域，美国、英国等国家已投入相当的人力与财力从事这方面的研究与应用，国内精力主要集中在 RP 设备方面的研究。可以肯定，快速模具制造技术潜力巨大，对于扩大 RP 技术与设备的应用范围至关重要。

从上述存在的问题及需求看，目前比较明确的发展方向为：

1. 金属零件的直接快速成型

目前的快速成型技术主要用于制作非金属样件，由于其强度等力学性能较差，远远不能满足工程实际需求，所以其工程化实际应用受到较大限制。从 20 世纪 90 年代初开始，探索实现金属零件直接快速制造的方法已成为 RP 技术的研究热点，国外著名的 RP 技术公司均在进行金属零件快速成型技术研究。可见，探索直接制造满足工程使用条件的金属零件的快速成型技术，将有助于快速成型技术向快速制造技术的转变，能极大地拓展其应用领域。继续研究快速制模（RT）和快速制造（RM）技术，一方面研究开发 RP 制件的表面处理技术，提高表面质量和耐久性；另一方面研究开发与注塑技术、精密铸造技术相结合的新途径和新工艺，快速经济地制造金属模具、金属零件和塑料件。

2. 概念创新与工艺改进

目前，快速成型技术的成型精度为 0.1mm 数量级，表面质量还较差，有待进一步提高。最主要的是成型零件的强度和韧性还不能完全满足工程实际需要，因此如何完善现有快速成型工艺与设备，提高零件的成型精度、强度和韧性，降低设备运行成本是十分迫切的。此外，快速成型技术与传统制造技术相结合，形成产品快速开发与制造系统也是一个重要趋势，例如快速成型技术结合精密铸造，可快速制造高质量的金属零件。另一方面，许多新的快速成型制造工艺正处于开发研究之中。在过去的几十年中，许多研究者开发出了十几种成型方法，基本上都基于立体平面化—离散—堆积的思路。这种方法还存在着许多不足，今后有可能研究集“堆积”和“切削”于一体的快速成型方法，即 RP 与 CNC 机床和其他传统的加工方式相结合，以提高制件的性能和精度，降低生产成本。还可能从 RP 原理延伸而产生一些新的快速成型工艺方法。

3. 数据优化处理及分层方式的演变

快速成型数据处理技术主要包括将三维 CAD 模型转存为 STL 格式文件和利用专用 RP 软件进行平面切片分层。由于 STL 格式文件的固有缺陷，会造成零件精度降低；此外，由于平面分层所造成的台阶效应，也降低了零件表面质量和成型精度。优化数据处理技术可提高快速成型精度和表面质量。目前，正在开发新的模型切片方法，将会带来分层方式的演变，如基于特征的 CAD 原始数据模型直接切片分层法、曲面分层法及三维分层法等，可减少数据处理量以及由 STL 格式转换过程而产生的数据缺陷和轮廓失真。

4. 快速成型设备的专用化和大型化

不同行业、不同应用场合对快速成型设备有一定的共性要求，也有较大的个性要求。如医院受环境和工作条件的限制，外科大夫希望设备体积小、噪声小，因此开发专门针对医院使用的便携式快速成型设备将很有市场潜力。另一方面，汽车行业的大型覆盖件尺寸多在 1m 左右及以上，因此研制大型的快速成型设备也是很有必要的。在大型化方面，日本东京大学做了较多的工作，我国清华大学也自主开发了大型 RP 设备，其 SSM—1600 成型尺寸已达 1600mm×800mm×750mm，为当前世界之最。

5. 开发性能优越的成型材料

RP 技术的进步依赖于新型快速成型材料的开发和新设备的研制。发展全新的 RP 材料，特别是复合材料，如纳米材料、非均质材料、其他传统方法难以制作的复合材料，已是当前 RP 成型材料研究的热点。目前，国外 RP 技术的研究重点是 RP 成型材料的研究开发及其应用，美国许多大学里进行 RP 技术研究的科技人员多数来自材料和化工专业。3D Systems 公司在其 Users Group Conference 年报上发表的文章称，该公司已研制出一种新型的用于 SLS 工艺的DuraForm AF塑料，该塑料是一种类铝工程复合塑料，具有铝材的外观、尼龙的良好的制品最终表面和性能以及工程化合物出色的硬度，是制作空气动力模型、夹具和固定设备、家庭用具、铸造模型等的理想材料。该材料还可以重复利用并且不影响其性能，最大限度地减少了材料浪费。

6. 成型材料系列化、标准化

目前快速成型材料大部分是由各设备制造商单独提供，不同厂家的材料通用性很差，而且材料成型性能还不十分理想，阻碍了快速成型技术的发展。因此开发性能优良的专用快速成型材料，并使其系列化、标准化，将极大地促进快速成型技术的发展。另一方面，应研究开发成本低、易成型、变形小、强度高、耐久及无污染的成型材料；将现有的材料，特别是功能材料进行改造或预处理，使之适合 RP 技术的工艺要求，从 RP 特点出发，结合各种应用要求，发展全新的 RP 材料，特别是复合材料，例如纳米材料、非均质材料、其他方法难以制作的复合材料等。降低 RP 材料的成本，发展新的更便宜的材料。

7. 喷射成型技术的广泛应用

喷射成型技术在所有的 RP 成型技术中更加受到重视。由于材料应用广泛，运行成本降低，容易将材料与原型成型结合起来，因此喷射成型技术的广泛应用已成为快速成型技术发展的重要趋势。无论从市场销售情况统计，还是从成型设备和工艺的研究开发来看，喷射成型技术都表现出十分强劲的发展势头。

目前，喷射成型技术面临的主要难题是喷射速度较低，从而降低了成型效率和成型速度，这也是 RP 研究人员正致力解决的问题。

8. 梯度功能材料的应用

特殊功能材料成型在生产生活中发挥着越来越重要的作用，而且快速成型技术几乎是制造特殊功能材料的唯一途径。利用逐层制造的优点，探索制造具有功能梯度、综合性能优良、特殊复杂结构的零件，也是一个新的发展方向。如快速成型用于梯度功能材料，可以制造出具有特定电、磁学性能（如超导体、磁存储介质），满足实际需要的产品。

9. 组织工程材料快速成型

生物医学工程在 21 世纪将成为继信息产业后最重要的科学研究和经济增长热点，其中生命体的人工合成和人体器官的人工替代成为了目前全球瞩目的科学前沿。但生命体中的细胞载体框架结构是一种特殊的结构，从制造科学的角度来讲，它是由纳米级材料构成的极其精细的复杂非均质多孔结构，是传统制造技术无法完成的结构，而快速成型制造是能够很好地完成此种特殊制造的技术，这是由于 RP 是根据离散/堆积成型原理的制造技术，在计算机的管理与控制下，精确地堆积材料以保证成型件（细胞载体框架结构）的正确拓扑关系、强度及表面质量等。

用于治疗学和康复工程的生物实体模型（Biomodel）的快速制造是快速成型领域研究的热点问题之一。组织工程材料快速成型由初级到高级分为如下三个研究阶段：

1）初级体外模型。

2）中级植入体。

3）高级人体器官。

10. 开发新的成型能源

前述的主流成型技术中，SLA、LOM 和 SLS 均以激光作为能源，而激光系统（包括激光器、冷却器、电源和外光路）的价格及维护费用昂贵，致使成型件的成本较高，于是许多 RP 研究集中于新成型能源的开发。目前已有采用半导体激光器、紫外线灯等低廉能源代替昂贵激光器的 RP 系统，也有相当多的系统不采用激光器而通过加热成型材料堆积出成型件。

11. 拓展新的应用领域

快速成型技术的应用范围正在逐渐扩大，这也促进了快速成型技术的发展。目前快速成型技术在医学、医疗领域的应用，正在引起人们的极大关注，许多科研人员也正在进行相关的技术研究。此外，快速成型技术结合逆向（反求）工程，实现古陶瓷、古文物的复制，也是一个新的应用领域。

12. 集成化

生物科学、信息科学、纳米科学、制造科学和管理科学是21世纪的5个主流科学，与其相关的五大技术及其产业将改变世界，制造科学与其他科学交叉是其发展趋势。RP与生物科学交叉的生物制造、与信息科学交叉的远程制造、与纳米科学交叉的微机电系统都为RP技术提供了发展空间。并行工程、虚拟技术、快速模具、反求工程、快速成型、网络相结合而组成的快速反应集成制造系统，将为RP的发展提供有力的技术支持。

快速成型这一制造业上具有重要意义的制造模式从产生到现在，发展十分迅速。与过去相比，RP在成型工艺、RP软件、设备尺寸、成型材料、工程应用等方面都有了很大的变化和提高，这些发展和变化必将对RP的未来产生重要影响。

第2章　光固化快速成型工艺

光固化快速成型工艺，也常被称为立体光刻成型，英文名称为 Stereolithography，简称 SL，有时也被简称为 SLA（Stereolithography Apparatus）。该工艺是由 Charles W. Hull 于 1984 年获得美国专利，是最早发展起来的快速成型技术。自从 1988 年美国 3D Systems 公司最早推出 SLA—250 商品化快速成型机以来，SLA 已成为目前世界上研究最深入、技术最成熟、应用最广泛的一种快速成型工艺方法。它以光敏树脂为原料，通过计算机控制紫外激光使其逐层凝固成型。这种方法能简捷、全自动地制造出表面质量和尺寸精度较高、几何形状较复杂的原型。

2.1　光固化快速成型工艺的基本原理和特点

1. 光固化快速成型工艺的基本原理

光固化快速成型工艺的成型过程如图 2-1 所示。液槽中盛满液态光敏树脂，氦-镉激光器或氩离子激光器发出的紫外激光束，在控制系统的控制下按零件的各分层截面信息在光敏树脂表面进行逐点扫描，使被扫描区域的树脂薄层产生光聚合反应而固化，形成零件的一个薄层。一层固化完毕后，工作台下移一个层厚的距离，以使在原先固化好的树脂表面再敷上一层新的液态树脂，刮板将粘度较大的树脂液面刮平，然后进行下一层的扫描加工，新固化的一层牢固地粘接在前一层上，如此重复直至整个零件制造完毕，得到一个三维实体原型。

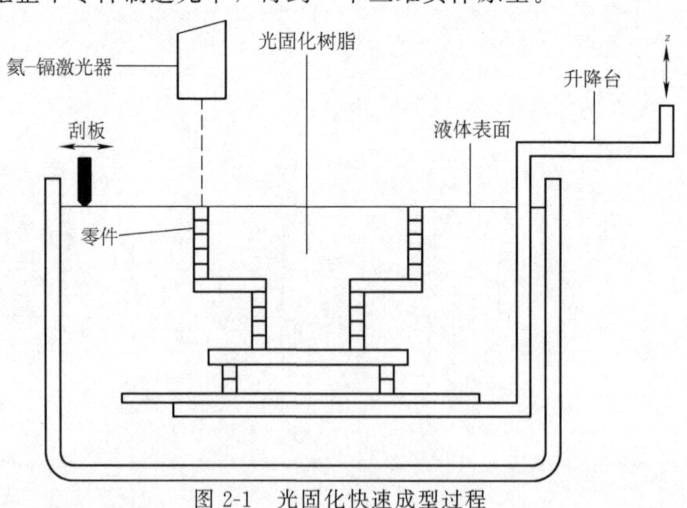

图 2-1　光固化快速成型过程

当实体原型完成后，首先将实体取出，并将多余的树脂排净。之后去掉支撑，进行清洗，然后再将实体原型放在紫外激光下整体后固化。

因为树脂材料的高黏性，在每层固化之后，液面很难在短时间内迅速流平，这将会影响实体的精度。采用刮板刮切后，所需数量的树脂便会被十分均匀地涂敷在上一叠层上，这样经过激光固化后可以得到较好的精度，使产品表面更加光滑和平整。

采用刮板结构进行辅助涂层的另一个重要的优点就是可以解决残留体积的问题，残留的多余树脂如图 2-2 所示。最新推出的光固化快速成型系统多采用吸附式涂层结构，如图 2-3 所示。吸附式涂层机构在刮板静止时，液态树脂在表面张力作用下，吸附槽中充满树脂。当刮板进行涂刮运动时，吸附槽中的树脂会均匀涂敷到已固化的树脂表面。此外，涂敷机构中的前刃和后刃可以很好地消除树脂表面因为工作台升降等产生的气泡。

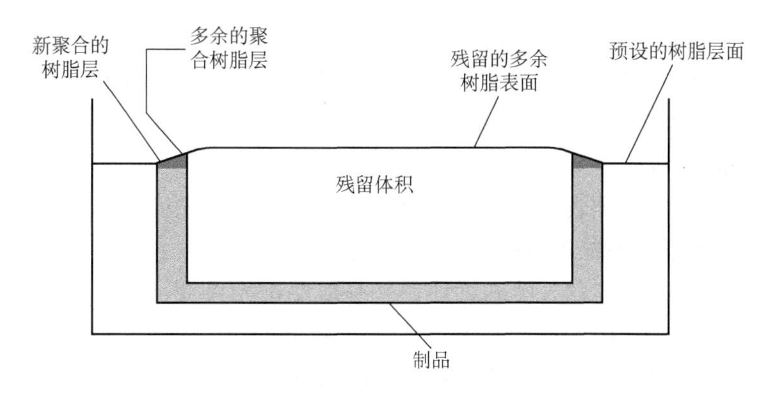

图 2-2　光固化成型制造过程中残留的多余树脂

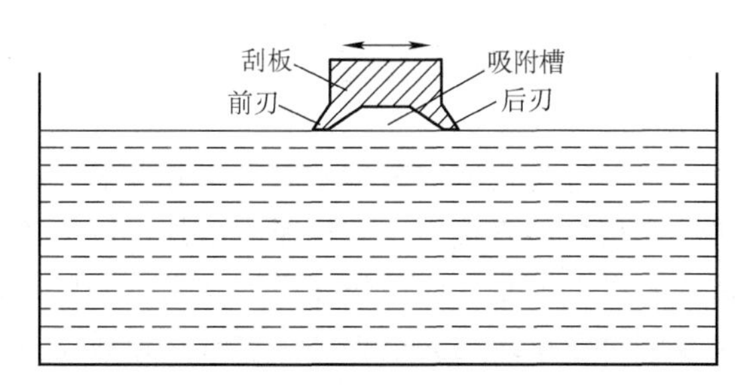

图 2-3　吸附式涂层结构

2. 光固化成型工艺的特点

在当前应用较多的几种快速成型工艺方法中，由于光固化成型具有制作原型表面质量好，尺寸精度高以及能够制造比较精细的结构特征，因而应用最为广泛。

(1) 光固化成型的优点

1) 成型过程自动化程度高。SLA 系统非常稳定，加工开始后，成型过程可以完全自动化，直至原型制作完成。

2) 尺寸精度高。SLA 原型的尺寸精度可以达到±0.1mm。

3) 优良的表面质量。虽然在每层树脂固化时侧面及曲面可能出现台阶，但上表面仍可得到玻璃状的效果。

4) 可以制作结构十分复杂、尺寸比较精细的模型。尤其是对于内部结构十分复杂、一般切削刀具难以进入的模型，能轻松地一次成型。

5) 可以直接制作面向熔模精密铸造的具有中空结构的消失型。

6) 制作的原型可以在一定程度上替代塑料件。

(2) 光固化成型的缺点

1) 成型过程中伴随着物理和化学变化，制件较易弯曲，需要支撑，否则会引起制件变形。

2) 液态树脂固化后的性能尚不如常用的工业塑料，一般较脆，易断裂。

3) 设备运转及维护费用较高。由于液态树脂材料和激光器的价格较高，并且为了使光学元件处于理想的工作状态，需要进行定期的调整，对空间环境要求严格，其费用也比较高。

4) 使用的材料种类较少。目前可用的材料主要为感光性的液态树脂材料，并且在大多数情况下，不能进行抗力和热量的测试。

5) 液态树脂有一定的气味和毒性，并且需要避光保存，以防止提前发生聚合反应，选择时有局限性。

6) 在很多情况下，经快速成型系统光固化后的原型树脂并未完全被激光固化，为提高模型的使用性能和尺寸稳定性，通常需要二次固化。

2.2 光固化快速成型材料及设备

快速成型材料及设备一直是快速成型技术研究与开发的核心，也是快速成型技术重要组成部分。快速成型材料直接决定着快速成型技术制作的模型的性能及适用性，而快速成型制造设备可以说是相应的快速成型技术方法以及相关材料等研究成果的集中体现，快速成型设备系统的先进程度标志着快速成型技术发展的水平。

2.2.1 光固化快速成型材料

用于光固化快速成型的材料为液态光固化树脂，或称液态光敏树脂。随着光固化成型技术的不断发展，具有独特性能的光固化树脂（如收缩率小甚至无收缩，变形小，不用二次固化，强度高等）不断地被开发出来。

1. 光固化快速成型材料分类

光固化快速成型材料是一种既古老又崭新的材料，与一般固化材料比较，光固化材料具有下列优点。

1）固化快。可在几秒钟内固化，可应用于要求立刻固化的场合。

2）不需要加热。这一点对于某些不能耐热的塑料、光学、电子零件来说十分有用。

3）可配成无溶剂产品。使用溶剂会涉及许多环境问题和审批手续问题，因此每个工业部门都力图减少使用溶剂。

4）节省能量。各种光源的效率都高于烘箱。

5）可使用单组分，无配置问题，使用周期长。

6）可以实现自动化操作及固化，提高生产的自动化程度，从而提高生产效率和经济效益。

光固化树脂材料中主要包括低聚物、反应性稀释剂及光引发剂。根据光引发剂的引发机理，光固化树脂可以分为三类：自由基光固化树脂、阳离子光固化树脂和混杂型光固化树脂。

自由基光固化树脂主要有三类：第一类为环氧树脂丙烯酸酯，该类材料聚合快，原型强度高，但脆性大且易泛黄；第二类为聚酯丙烯酸酯，该类材料流平性和固化好，性能可调节；第三类材料为聚氨酯丙烯酸酯，该类材料生成的原型柔顺性和耐磨性好，但聚合速度慢。稀释剂包括多官能度单体与单官能度单体两类。此外，常规的添加剂还有阻聚剂、UV稳定剂、消泡剂、流平剂、光敏剂、天然色素等。其中的阻聚剂特别重要，因为它可以保证液态树脂在容器中保持较长的存放时间。

阳离子光固化树脂的主要成分为环氧化合物。用于光固化工艺的阳离子型低聚物和活性稀释剂通常为环氧树脂和乙烯基醚。环氧树脂是最常用的阳离子型低聚物，其优点如下：

1）固化收缩小，预聚物环氧树脂的固化收缩率为2%～3%，而自由基光固化树脂的预聚物丙烯酸酯的固化收缩率为5%～7%。

2）产品精度高。

3）阳离子聚合物是活性聚合，在光熄灭后可继续引发聚合。

4）氧气对自由基聚合有阻聚作用，而对阳离子树脂则无影响。

5）粘度低。

6）生坯件强度高。

7）产品可以直接用于注塑模具。

混杂型光固化树脂比起自由基光固化树脂和阳离子光固化树脂，具有许多优点，目前的趋势是使用混杂型光固化树脂。其优点主要有：

1）环状聚合物进行阳离子开环聚合时，体积收缩很小，甚至产生膨胀，而自由基体系总有明显的收缩。混杂型体系可以设计成无收缩的聚合物。

2）当系统中有碱性杂质时，阳离子聚合的诱导期较长，而自由基聚合的诱导期较短，混杂型体系可以提供诱导期短而聚合速度稳定的聚合系统。

3）在光照消失后阳离子仍可引发聚合，故混杂体系能克服光照消失后自由基迅速失活而使聚合终结的缺点。

2. 光敏树脂的组成及其光固化特性分析

（1）光敏树脂的组成　光敏树脂主要由低聚物、光引发剂、稀释剂组成。

低聚物是光敏树脂的主体，是一种含有不饱和官能团的基料，它的末端有可以聚合的活性基团，一旦有了活性种，就可以继续聚合长大，一经聚合，相对分子质量上升极快，很快就可成为固体。低聚物决定了光敏树脂的基本物理化学性能，如液态树脂的粘度、固化后的强度、硬度、固化收缩率、溶胀性等。低聚物的种类繁多，性能也相差很大，其中应用较多的有：环氧丙烯酸酯、聚氨酯丙烯酸酯、聚酯丙烯酸酯、聚醚丙烯酸酯、不饱和聚酯、多烯/硫醇体系、水性丙烯酸酯、乙烯基醚类等。

光引发剂是激发光敏树脂交联反应的特殊基团，当受到特定波长的光子作用时，会变成具有高度活性的自由基团，作用于基料的高分子聚合物，使其产生交联反应，由原来的线状聚合物变为网状聚合物，从而呈现为固态。光引发剂的性能决定了光敏树脂的固化程度和固化速度。目前的光引发剂基本上为紫外线区的，按引发机理可将光引发剂分为自由基型和阳离子型两类。自由基型的有安息香类、苯乙酮类、硫杂蒽酮类、香豆酮类、苯甲酮类等；阳离子型的有芳香重氮盐类、芳茂铁盐类和翁盐等。

稀释剂是一种功能性单体，结构中含有不饱和双键，如乙烯基、丙烯基等，可以调节低聚物的粘度，但不容易挥发，且可以参加聚合。稀释剂一般分为单官能度、双官能度和多官能度。官能度越大，固化速率越快，多官能度的活性单体易形成交联网络。由于快速成型工艺要求光敏树脂具有很快的固化速率，因而应用于该类树脂中的稀释剂常为活性很高的稀释剂，如N—乙烯基吡咯烷酮、三羟甲基丙烷三丙烯酸酯、脂肪烃缩水甘油醚丙烯酸酯等。

当光敏树脂中的光引发剂被光源（特定波长的紫外线或激光）照射吸收能量时，会产生自由基或阳离子，自由基或阳离子使单体和活性低聚物活化，从而发生交联反应而生成高分子固化物。由于低聚物和稀释剂的分子上一般都含有两个以上可以聚合的双键或环氧基团，因此聚合得到的不是线性聚合物，而是一种交联的体形结构，其过程可以表示为：

$$\text{PI(光引发剂)}\xrightarrow[\text{或激光}]{\text{紫外线}}\text{P}^{*}\text{(活性种)}$$

$$低聚物 + 单体 \xrightarrow{P^*} 交联高分子固体$$

（2）光敏树脂的光固化特性分析　在激光照射下，光敏树脂从液态向固态转变，达到一种凝胶态。凝胶态是一种液态和固态之间的临界状态，此时，粘度无限大，模量（Y）为零。激光的曝光量（E）必须超过一定的阈值（E_C），当曝光量低于 E_C 时，由于氧的阻聚作用，光引发剂与空气中的氧发生作用，而不与单体作用，液态树脂就无法固化。当曝光量超过阈值后，树脂的模量按负指数规律向该树脂的极限模量逼近，模量与曝光量的关系为：

$$Y(E) = \begin{cases} 0, E < E_C \\ Y_{max}\{1 - \exp[-\beta(E/E_C - 1)]\}, E \geqslant E_C \end{cases} \tag{2-1}$$

$$\beta = K_P E_C / Y_{max}$$

式中　β——树脂的模量—曝光量常数；

Y_{max}——树脂的极限模量；

E_C——树脂的临界曝光量；

K_P——比例常数。

激光快速成型系统中所用的光源为激光。激光是一种单色光，具有单一的波长，因此式（2-1）中的 E_C 和 β 均为常数。液态光敏树脂对激光的吸收一般符合 Beer-Lambert 规则，即激光的能量沿照射深度成负指数衰减，如图 2-4 所示。

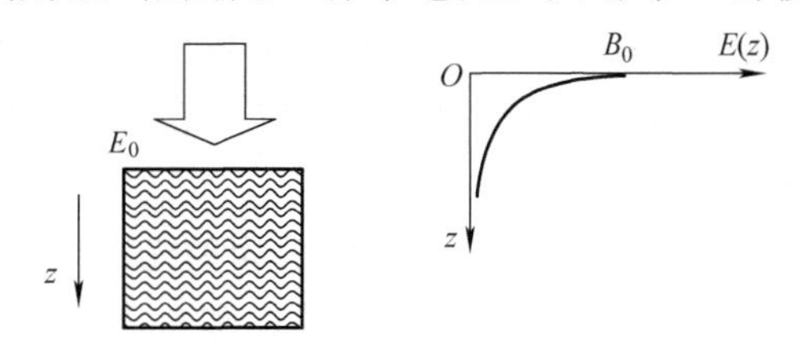

图 2-4　树脂对激光的吸收特性

假设有均匀面光源垂直投射到液态树脂的表面，则有

$$E(z) = E_0 \exp(-z/D_P) \tag{2-2}$$

式中　D_P——透射深度，它是紫外激光能量密度衰减为入射能量密度 E_0 的 $1/e$ 的深度；

E_0——树脂液面上的能量密度；

$E(z)$——树脂液面下 z 深度处的能量密度。

透射深度是光敏树脂的固定参数，表征对激光吸收性能的强弱，D_P 越小，表示树脂对激光的吸收越强。曝光固化临界方程如下：

$$\begin{aligned} E_0 \exp(-z/D_P) &> E_C \\ z &< D_P \ln(E_0/E_C) \end{aligned} \tag{2-3}$$

由此得到树脂的固化深度为：

$$C_P = D_P \ln(E_0/E_C) \tag{2-4}$$

3. 光固化成型材料介绍

根据工艺和原型使用要求，要求光固化成型材料具有粘度低、流平快、固化速度快、固化收缩小、溶胀小、毒性小等性能特点。

下面分别介绍Vantico公司、3D Systems公司以及DSM公司的光固化快速成型材料的性能、适用场合以及选择方案等。

（1）Vantico公司的SL系列　Vantico公司针对SLA快速成型工艺提供了SL系列光固化树脂材料，其中SL 5195环氧树脂具有较低的黏性，较好的强度、精度，并能得到光滑的表面效果，适合于可视化模型、装配检验模型、功能模型的制造、熔模铸造模型制造以及快速模具的母模制造等。SL 5510材料是一种多用途、精确的、尺寸稳定、高产的材料，可以满足多种生产要求，并由SL 5510制定了原型精度的工业标准，适合于在较高湿度条件下应用，如复杂型腔实体的流体研究等。SL 7510制作的原型具有较好的侧面质量，成型效率高，适于熔模铸造、硅橡胶模的母模以及功能模型等。SL 7540制作的原型的性能类似于聚丙烯，具有较高的耐久性，侧壁质量好，可以较好地制作精细结构，较适于功能模型的断裂试验等。SL 7560的性能类似于ABS材料。SL 5530HT是一种在高温条件下仍具有较好抗力的特殊材料，使用温度可以超过200℃，适合于零件的检测、热流体流动可视化、照明器材检测、热熔工具以及飞行器高温成型等方面。SL Y—C9300可以实现有选择性的区域着色，可生成无菌原型，适用于医学领域以及原型内部可视化的应用场合。

表2-1给出了Vantico公司的光固化树脂在各种3D Systems公司光固化快速成型系统和原型不同的使用性能和要求情况下的选择方案。表2-2给出了SLA5000系统使用的几种树脂材料的性能指标。

表2-1　3D Systems公司光固化快速成型系统的光固化成型材料选择方案

指标 LA系统	成型效率	成型精度	类聚丙烯	类ABS	耐高温	颜色
SLA 190 SLA 250	SL 5220	SL 5170	SL 5240	SL 5260	SL 5210	SL H—C 9100
SLA 500	SL 7560	SL 5410 SL 5180	SL 5440	SL 7560	SL 5430	—
Viper si2	SL 5510	SL 5510	SL 7540 SL 7545	SL 7560 SL 7565	SL 5530	SL Y—C 9300
SLA 350 SLA 3500	SL 5510 SL 7510	SL 5510 SL 5190	SL 7540 SL 7545	SL 7560 SL 7565	SL 5530	SL Y—C 9300
SLA 5000	SL 5510 SL 7510	SL 5510 SL 5195	SL 7540 SL 7545	SL 7560 SL 7565	SL 5530	SL Y—C 9300
SLA 7000	SL 7510 SL 7520	SL 7510 SL 7520	SL 7540 SL 7545	SL 7560 SL 7565	SL 5530	SL Y—C 9300

注：材料SL 5170、SL 5180、SL 5190和SL 5195不适于高湿度的场合。

表 2-2　SLA5000 系统使用的几种树脂材料的性能指标

指标＼型号	SL5195	SL5510	SL5530	SL7510	SL7540	SL7560	SL Y—C9300
外特性	透明光亮	透明光亮	透明光亮	透明光亮	透明光亮	白色	透明
密度/(g/cm^3)	1.16	1.13	1.19	1.17	1.14	1.18	1.12
粘度/cP①(30℃)	180	180	210	325	279	200	1090
固化深度/mil②	5.2	4.1	5.4	5.5	6.0	5.2	9.4
临界照射强度/(mJ/cm^2)	13.1	11.4	8.9	10.9	8.7	5.4	8.4
邵氏硬度	83	86	88	87	79	86	75
抗拉强度/MPa	46.5	77	56～61	44	38～39	42～46	45
拉伸弹性模量/MPa	2090	3296	2889～3144	2206	1538～1662	2400～2600	1315
抗弯强度/MPa	49.3	99	63～87	82	48～52	83～104	—
弯曲弹性模量/MPa	1628	3054	2620～3240	2455	1372～1441	2400～2600	—
延伸率(%)	11	5.4	3.8～4.4	13.7	21.2～22.4	6～15	7
冲击韧度/(J/m^2)	54	27	21	32	38.4～45.9	28～44	—
玻璃化转变温度/℃	67～82	68	79	63	57	60	52
热膨胀率/($\times10^{-6}$/℃)	108($T<T_g$) 189($T>T_g$)	84($T<T_g$) 182($T>T_g$)	76($T<T_g$) 152($T>T_g$)	—	181($T<T_g$)	—	—
热导率/[W/(m·K)]	0.182	0.181	0.173	0.175	0.159	—	—
固化后密度/(g/cm^3)	1.18	1.23	1.25	—	1.18	1.22	1.18

① cP：厘泊，$1cP=10^{-3}Pa\cdot s$。

② mil：密耳，$1mil=2.54\times10^{-5}m$。

（2）3D Systems 公司的 ACCURA 系列　3D Systems 公司的 ACCURA 系列光固化成型材料主要有用于 SLA Viper si2、SLA3500、SLA5000 和 SLA7000 系统的 ACCUGEN™、ACCUDUR™、SI10、SI25、SI40 Nd 系列型号和用于 SLA250、SLA500 系统的 SI40 HC & AR 型号等。新近推出的型号有 ACCURA 50、ACCURA 55、ACCURA 60 及 ACCURA BLUESTONE、ACCURA 48HTR、ACCURA CeraMAX、ACCURA ClearVue 等。

ACCUGEN™材料光固化后的原型具有精度、强度和耐湿性等综合最优性能。ACCUDUR™材料的构建速度快且原型的稳定性好。SI10 材料固化后的原型强度和耐湿性好，原型的精度和质量好。SI20 材料光固化后呈持久的白色，具有较好的强度和耐湿性，以及较快的构建速度，适用于较精密的原型、硅橡胶真空注型的母模等。SI40 系列材料光固化后的原型具有耐高温性能，高温下性能较好。SI45HC 材料固化速度快，作为功能模型具有较好的耐热、防湿性能，用于 SLA 250 光固化成型系统。BLUESTONE 树脂材料固化的原型具有较高的刚度和耐热性，适合于空气动力学试验、照明设备及真空注型或热成型模具的母模等。

部分 3D Systems 公司的 ACCURA 系列材料的性能见表 2-3。

表 2-3　部分 3D Systems 公司的 ACCURA 系列材料的性能

指标 \ 型号	ACCURA 10	ACCURA 40 Nd	ACCURA 50	ACCURA 60	ACCURA BLUESTONE	ACCURA ClearVue
外观	透明光亮	透明光亮	非透明自然色或灰色	透明光亮	非透明蓝色	透明光亮
固化前后密度/(g/cm³)	1.16/1.21	1.16/1.19	1.14/1.21	1.13/1.21	1.70/1.78	1.1/1.17
粘度/cP①(30℃)	485	485	600	150～180	1200～1800	235～260
固化深度/mil②	6.3～6.9	6.6～6.8	4.5	6.3	4.1	4.1
临界照射强度/(mJ/cm²)	13.8～17.7	20.1～21.7	9.0	7.6	6.9	6.1
抗拉强度/MPa	62～76	57～61	48～50	58～68	66～68	46～53
延伸率(%)	3.1～5.6	4.8～5.1	5.3～15	5～13	1.4～2.4	1.4～2.4
拉伸弹性模量/MPa	3048～3532	2628～3321	2480～2690	2690～3100	7600～11700	2270～2640
抗弯强度/MPa	89～115	92.8～97	72～77	87～101	124～154	72～84
弯曲弹性模量/MPa	2827～3186	2618～3044	2210～2340	2700～3000	8300～9800	1980～2310
冲击韧度/(J/m²)	14.9～27.7	22.3～29.9	16.5～28.1	15～25	13～17	40～58
玻璃化转变温度/℃	62	62～65.6	62	58	71～83	62
热膨胀率/($\times10^{-6}$/℃) ($T<T_g$)/($T>T_g$)	64/170	87/187	73/164	71/153	33～44/81～98	122/155
邵氏硬度	86	84	86	86	92	80

① cP：厘泊，1cP=10^{-3}Pa·s。

② mil：密耳，1mil=2.54×10^{-5}m。

（3）3D Systems 公司的 RenShape 系列　3D Systems 公司研制的 RenShape7800 树脂主要面向成型精确及耐久性要求较高的光固化快速原型，在潮湿环境中尺寸稳定性和强度持久性较好，粘度较低，易于层间涂覆及后处理时黏附的表层液态树脂的流干，适用于高质量的熔模铸造的母模、概念模型、功能模型及一般用途的制件等。RenShape7810 树脂与 RenShape7800 树脂的用途类似，制作的模型性能类似于 ABS，用于制作尺寸稳定性较好的高精度、高强度模型，适于真空注型模具的母模、概念模型、功能模型及一般用途的制件等。RenShape7820 树脂固化后的模型颜色为黑色，适于制作消费品包装、电子产品外壳及玩具等。RenShape7840 树脂固化后的模型呈象牙白色，性能类似 PP 塑料，具有较好的延展性及柔韧性，适于尺寸较大的概念模型。RenShape7870 树脂制作的模型强度与耐久性都较好，透明性优异，适于高质量的熔模铸造的母模、大尺寸物理性能与力学性能都较好的透明模型或制件的制作等。

上述 3D Systems 公司的 RenShape 系列材料的性能见表 2-4。

表 2-4　部分 3D Systems 公司的 RenShape 系列材料的性能

指标＼型号	RenShape SLA7800	RenShape SLA7810	RenShape SLA7820	RenShape SLA7840	RenShape SLA7870
外观	透明琥珀色	白色	黑色	白色	透明
固化前后密度/(g/cm³)	1.12/1.15	1.13/1.16	1.13/1.16	1.13/1.16	1.13/1.16
粘度/cP①(30℃)	205	210	210	270	180
固化深度/mils②	5.7	5.6	4.5	5.0	7.2
临界照射强度/(mJ/cm²)	9.51～9.98	9.9	10.0	15	10.6
抗拉强度/MPa	41～47	36～51	36～51	36～45	38～42
延伸率(%)	10～18	10～20	8～18	11～17	10～12
拉伸模量/MPa	2075～2400	1793～2400	1900～2400	1700～2200	1930～2020
弯曲强度/MPa	69～74	59～69	59～80	65～80	65～71
弯曲模量/MPa	2280～2650	1897～2400	2000～2400	1600～2200	1980～2310
冲击韧度/(J/m²)	37～58	44.4～48.7	42～48	37～60	45～61
玻璃化转变温度/℃	57	62	62	58	56
热胀率/(10^{-6}/℃)($T<T_g$)	100	96	93	100	N/A
邵氏硬度	87	86	86	86	86

① cP：厘泊，1cP=10^{-3}Pa·s。

② mils：密耳，1mils=2.54×10^{-5}m。

（4）DSM 公司的 SOMOS 系列。美国 DSM 公司开发的面向光固化快速原型制作的 SOMOS 材料的物理和力学特性以及适用场合见表 2-5。

表 2-5　部分 DSM 公司的 SOMOS 系列材料的性能

指标＼型号	20L	9110	9120	11120	12120
外特性	灰色不透明	透明琥珀色	灰色不透明	透明	透明光亮
密度/(g/cm³)	1.6	1.13	1.13	1.12	1.15
粘度/cP①(30℃)	2500	450	450	260	550
固化深度/mm	0.12	0.13	0.14	0.16	0.15
临界曝光量/(mJ/cm²)	6.8	8.0	10.9	11.5	11.8
邵氏硬度	92.8	83	80～82	不详	85.3
抗拉强度/MPa	78	31	30～32	47.1～53.6	70.2
拉伸弹性模量/MPa	10900	1590	1227～1462	2650～2880	3520
抗弯强度/MPa	138	44	41～46	63.1～74.2	109
弯曲弹性模量/MPa	9040	1450	1310～1455	2040～2370	3320
延伸率(%)	1.2	15～21	15～25	11～20	4
冲击韧度/(J/m²)	14.5	55	48～53	20～30	11.5
玻璃化转变温度/℃	102	50	52～61	45.9～54.5	56.5
适用性	可制作高强度、耐高温的零部件	制作坚韧、精确的功能零件	制作硬度和稳定性有较高要求的组件	制作耐用、坚硬、防水的功能零件	能制作高强度、耐高温、防水的功能零件。外观呈樱桃红色

① cP：厘泊，1cP=10^{-3}Pa·s。

2.2.2 光固化快速成型设备

20世纪70年代末到80年代初期，美国3M公司的Alan J. Hebert（1978）、日本的小玉秀男（1980）、美国UVP公司的Charles W. Hull（1982）和日本的丸谷洋二（1983），在不同的地点各自独立地提出了RP的概念，即利用连续层的选区固化产生三维实体的新思想。Charles W. Hull在UVP的继续支持下，完成了一个能自动建造零件的，被称为SLA—1的完整系统。同年，Charles W. Hull和UVP的股东们一起建立了3D Systems公司，并于1988年首次推出SLA—250机型，如图2-5所示。

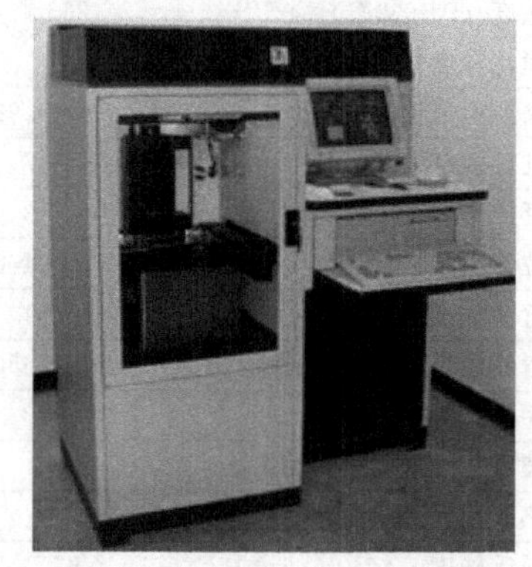

图2-5 3D Systems公司的SLA—250机型

目前，研究光固化成型（SLA）设备的单位有美国的3D Systems公司、Aaroflex公司，德国的EOS公司、F&S公司，法国的Laser 3D公司，日本的SONY/D—MEC公司、Teijin Seiki公司、Denken Engieering公司、Meiko公司、Unipid公司、CMET公司，以色列的Cubital公司以及国内的西安交通大学、上海联泰科技有限公司、华中科技大学等。

在上述研究SLA设备的众多公司中，美国3D Systems公司的SLA技术在国际市场上占的比例最大。3D Systems公司在继1988年推出第一台商品化设备SLA—250以来，又于1997年推出了SLA—250HR、SLA—3500、SLA—5000三种机型，在光固化成型设备技术方面有了长足的进步。其中，SLA—3500和SLA—5000使用半导体激励的固体激光器，扫描速度分别达到2.54m/s和5m/s，成型层厚最小可达0.05mm。此外，还采用了一种称为Zephyer Recoating System的新技术，该技术是在每一成型层上，用一种真空吸附式刮板在该层上涂一层0.05～0.1mm的待固化树脂，使成型时间平均缩短了20%。SLA—3500和SLA—5000两种型号设备如图2-6和图2-7所示。该公司于1999年推出SLA—7000机型，如图2-8所示。SLA—7000与SLA—5000机型相比，成型体积虽然大致相同，但其扫描速度却达9.52m/s，平均成型速度提高了4倍，成型层厚最小可达0.025mm，精度提高了1倍。3D Systems公司推出的较新的机型还有Viper-si2SLA机型（图2-9）及Viper Pro SLA机型系统。Viper Pro SLA系统装备了2000mW激光器，激光扫描最大速度可达25m/s，升降台的垂直精度为0.001mm，有三种规格的最大成型尺寸，分别为中等尺寸（Medium Size）650mm×350mm×300mm、大型尺寸（Large Size）650mm×750mm×550mm及超大尺寸（Extra Large Size）1500mm×750mm×500mm。3D Systems公司Viper Pro SLA机型如

图 2-10 所示。3D Systems 公司最新推出的机型为 iPro 系列，型号有 iPro8000、iPro8000MP、iPro9000 与 iPro9000XL 等，可更换不同尺寸的液槽以满足不同建造空间的需要。

图 2-6　3D Systems 公司的 SLA—3500 机型

图 2-7　3D Systems 公司的 SLA—5000 机型

图 2-8　3D Systems 公司的 SLA—7000 机型

图 2-9　3D Systems 公司的 Vipersi2SLA 机型

国内西安交通大学在光固化成型技术、设备、材料等方面进行了大量的研究工作，推出了自行研制与开发的 SPS、LPS 和 CPS 三种机型，每种机型有不同的规格系列，其工作原理都是光固化成型原理。其中 SPS600 和 LPS600 成型机如图 2-11 和图 2-12 所示，该系列激光快速成型机主要性能指标与技术特征如下：

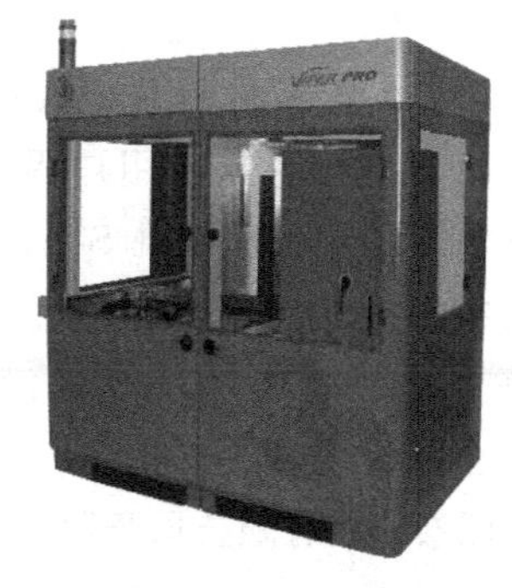

图 2-10　3D Systems 公司 Viper Pro SLA 机型

图 2-11 西安交通大学的 SPS600 成型机

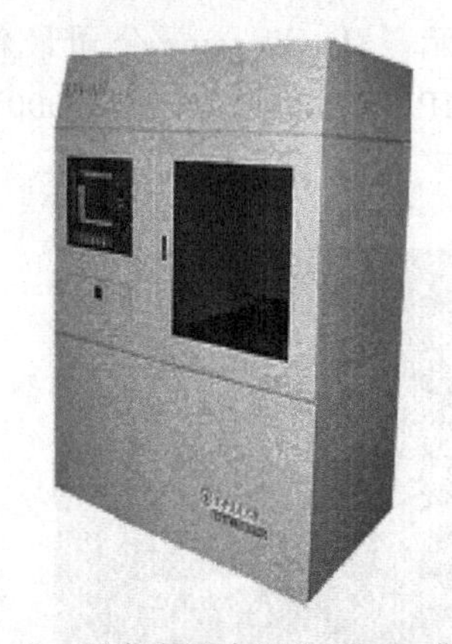

图 2-12 西安交通大学 LPS600 成型机

1）该成型机的激光器、扫描与光聚焦系统两关键部件从国外引进，扫描速度 SPS 最大可达 7m/s、LPS 可达 2m/s，精度达±0.1mm；全范围扫描分辨率达 3.6μm，整机控制精度达 50μm，高于国外同类机器水平，保证了可靠性；扫描光斑直径 0.2mm，SPS 激光器寿命>5000h，LPS 激光器寿命>2000h，与国外水平相同。

2）采用了快速排序分层法，大大加快分层速度，且具有对分层数据自动诊断和修复功能；采用矢量扫描路径优化方法，省去 AOM，降低了成本。

3）采用国际上创新的 YLSF 成型工艺，大大减小了翘曲等变形误差，提高了原型件制作质量。优于美国 3D Systems 公司的工艺方法；拐角误差采用自适应延时控制，减少了轮廓误差的影响，此为国际首创。

4）零件成型精度达±0.1mm（<100mm）或 0.1%（>100mm），与国际水平相同；样件测试尺寸合格率达到美国 3D Systems 公司 SLA 系列机器的水平，高于日本 CMET 公司 Soup 型机器的水平。

5）不同材料与结构，可调整回流量，从而改善涂层质量，此为国际首创；且可以采用不同公司、不同牌号的树脂，有良好的兼容性和开放性。优于美国 3D Systems 公司、日本 CMET 公司的同类产品。

6）零件模型管理和成型数据生成软件在 Windows95 下自主开发、整机自制，用户界面全部汉化，具有优异的交互性和易学性。而且三维 STL 模型的检视、分层过程与编辑、支撑结构的设计全部实现了图视化操作；而成型控制软件是在 DOS 下开发，保证满足了控制的实时性要求，操作界面全部汉化和图视化。

图 2-13 上海联泰公司的 RS—600S 光固化成型机

上海联泰科技有限公司开发的光固化成型设备主要有 RS—350H、RS—350S、RS—600H 和 RS—600S 等机型。图 2-13 给出了该公司开发的 RS—600S 光固化成型机。

目前部分国内外部分光固化成型（SLA）设备的特性参数见表 2-6。

表 2-6　国内外部分光固化成型（SLA）设备的特性参数　（单位：mm）

国　别	单　位	型　号	加工尺寸
美　国	3D Systems	SLA—190	190×190×250
		SLA—250/HR	254×254×254
		SLA—350	350×350×350
		SLA—500	508×508×610
		SLA—3500	350×350×400
		SLA—5000	508×508×584
		SLA—7000	508×508×584
		Viper si2 SLA	250×250×250
		Viper Pro SLA	中等尺寸 650×350×300 大型尺寸 650×750×550 超大尺寸 1500×750×500
		iPro 8000	RDM650M：650×350×300 RDM750SH：650×750×500 RDM750H：650×750×275 RDM750F：650×750×550 RDM1500XL：1500×750×500
		iPro 9000	
		iPro 9000 XL	
	Aaroflex	Solid Imager Tabletop	ϕ152×127
		Solid Imager1	300×300×300
		Solid Imager2	550×550×550
		Solid Imager3	ϕ890×550
日　本	CMET	SOUP—250GH	250×250×250
		SOUP—400	400×400×400
		SOUPⅡ—600GS	600×600×500
		SOUP—850PA	600×850×500
		SOUP—1000GS/GA	1000×800×500
		RM—6000	610×610×500
		RM—3000	300×300×250
	SONY/D—MEC	SCS—300	300×300×270
		SCS—1000HD	300×300×270
		JSC—2000	500×600×500
		JSC—3000	1000×800×500
		SCS—6000	300×300×250
		SCS—9000	1000×800×500
	Teijin Seiki	Soliform—250A	250×250×250
		Soliform—250B	250×250×250
		Soliform—300	300×300×300
		Soliform—500B	500×500×500
	Denken Engineering	SLP—4000R	200×150×150
		SLP—5000	220×200×225
	Meiko	LC—510	100×100×60
		LC—315	160×120×100
	Ushio	URⅡ—HP1501	150×150×150

（续）

国　别	单　位	型　号	加工尺寸
德　国	EOS	STEREOS DESKTOP	250×250×250
		STEREOS MAX—400	400×400×400
		STEREOS MAX—600	600×600×600
	F&S	LMS	450×450×350
以色列	Cubital	Solider4600	356×356×356
		Solider5600	356×508×508
中　国	西安交通大学	SPS250、LPS250	250×250×250
		SPS350、LPS350	350×350×350
		SPS600、LPS600	600×600×500
		SPS800 B	800×600×400
		CPS250	250×250×250
		CPS350	350×350×350
		CPS500	500×500×500
	上海联泰科技有限公司	RS—350H、RS—350S	350×350×300
		RS—600H	600×600×500
		RS—600S	600×600×400
	华中科技大学	HRPL—Ⅰ	350×350×300
		HRPL—Ⅱ	600×600×500
	北京殷华公司	Auro350	350×350×350
		Auro450	450×450×450
		Auro600	600×600×500

2.3 光固化成型的工艺过程

光固化成型一般可以分为前处理、原型制作和后处理三个阶段。

1. 前处理

前处理阶段主要是对原型的CAD模型进行数据转换、确定摆放方位、施加支撑和切片分层，实际上就是为原型的制作准备数据。下面以某一小手柄为例来介绍光固化快速成型的前处理过程，如图2-14所示。

（1）CAD三维造型　三维实体造型是CAD模型的最好表示，也是快速成型制作必需的原始数据源。没有CAD三维数字模型，就无法驱动模型的快速成型制作。CAD模型的三维造型可以在UG、Pro/E、Catia等大型CAD软件以及许多小型的CAD软件上实现，图2-14a给出的是小手柄在UG NX2.0上的三维原始模型。

（2）数据转换　数据转换是对产品CAD模型的近似处理，主要是生成STL格

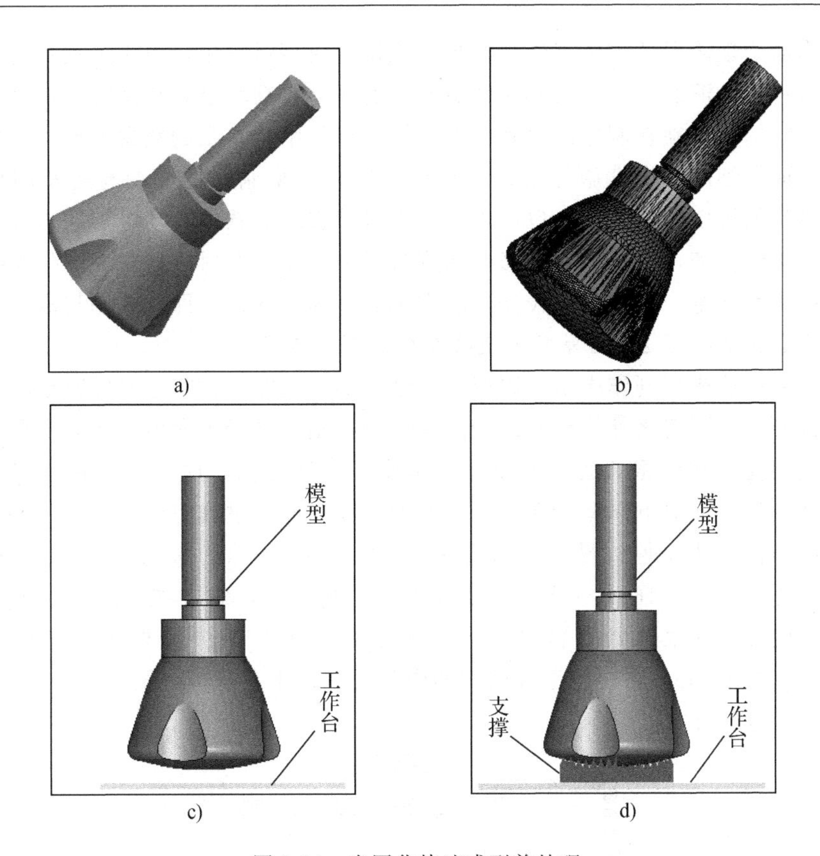

图 2-14　光固化快速成型前处理

式的数据文件。STL 数据处理实际上就是采用若干小三角形面来逼近模型的外表面，STL 数据模型如图 2-14b 所示。这一阶段需要注意的是 STL 文件生成的精度控制。目前，通用的 CAD 三维设计软件系统都有 STL 数据的输出。

（3）确定摆放方位　摆放方位的处理是十分重要的，不但影响着制作时间和效率，更影响着后续支撑的施加以及原型的表面质量等，因此摆放方位的确定需要综合考虑上述各种因素。一般情况下，从缩短原型制作时间和提高制作效率来看，应该选择尺寸最小的方向作为叠层方向。但是有时为了提高原型制作质量以及提高某些关键尺寸和形状的精度，需要将较大的尺寸方向作为叠层方向摆放。有时为了减少支撑量，以节省材料及方便后处理，也经常采用倾斜摆放。确定摆放方位以及后续的施加支撑和切片处理等都是在分层软件系统上实现的。

对于小手柄，由于其尺寸较小，为了保证轴部外径尺寸以及轴部内孔尺寸的精度，选择直立摆放，如图 2-14c 所示。同时考虑到尽可能减小支撑的批次，大端朝下摆放。

（4）施加支撑　摆放方位确定后，便可以施加支撑了。施加支撑是光固化快速成型制作前处理阶段的重要工作。在光固化快速成型过程中，由于未被激光束照射的部分材料仍为液态，它不能使制件截面上的孤立轮廓和悬臂轮廓定位，因此对于这样一些结构，必须在制作前对其施加支撑。对于结构复杂的数据模型，支撑的施加是费时而精细的。支撑施加得好坏直接影响着原型制作的成功与否及制作的质量。支撑施加可以手工进行，也可以由软件自动实现。软件自动施加的支撑一般都要经过人工的核查，进行必要的修改和删减。为了便于在后续处理中去除支撑及获得优良的表面质量，目前，比较先进的支撑类型为点支撑，即在支撑与需要支撑的模型面是点接触，图 2-14d 示意的支撑结构就是点支撑。

支撑在快速成型制作中是与原型同时制作的，支撑结构除了确保原型的每一结构部分都能可靠固定之外，还有助于减少原型在制作过程中发生的翘曲变形。从图 2-15 中还可见，在原型的底部也设计和制作了支撑结构，这是为了成型完毕后能方便地从工作台上取下原型，而不会使原型损坏。成型过程完成后，应小心地除去上述支撑结构，从而得到最终所需的原型。图 2-16 所示为常用的一些支撑结构。其中，斜支撑（图 2-16a）主要用于支撑悬臂结构部分，它在成型过程中为悬臂提供支承，同时也约束悬臂的翘曲变形；直支撑（图 2-16b）主要用于支承腿部结构；腹板（图 2-16c）主要用于大面积的内部支承；十字壁板（图 2-16d）主要用于孤立结构部分的支撑。

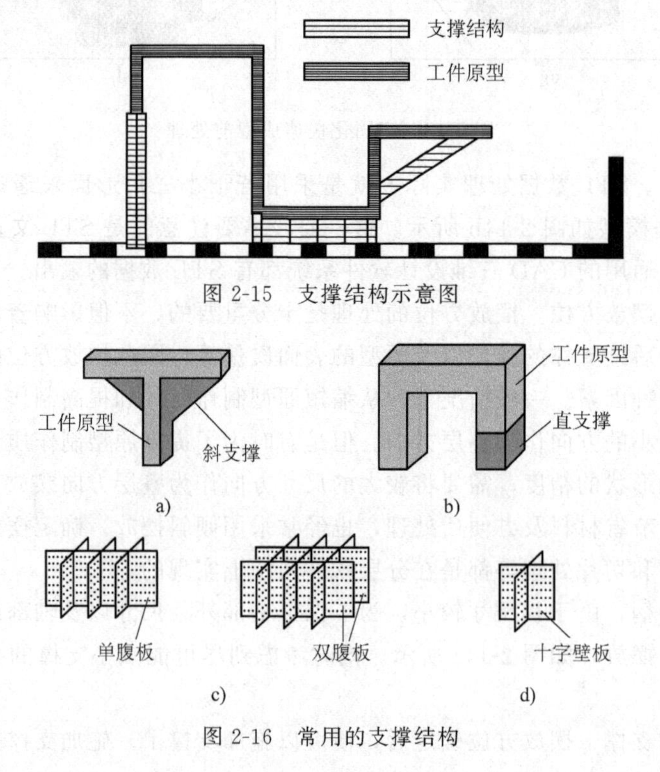

图 2-15 支撑结构示意图

图 2-16 常用的支撑结构

在常用的几种快速成型方法中，熔融沉积成型方法也需要在原型的制作过程中施加支撑结构。

（5）切片分层　支撑施加完毕后，根据设备系统设定的分层厚度沿着高度方向进行切片，生成 RP 系统需要的 SLC 格式的层片数据文件，提供给光固化快速成型制作系统，进行原型制作。图 2-17 给出的是手柄的光固化快速原型。

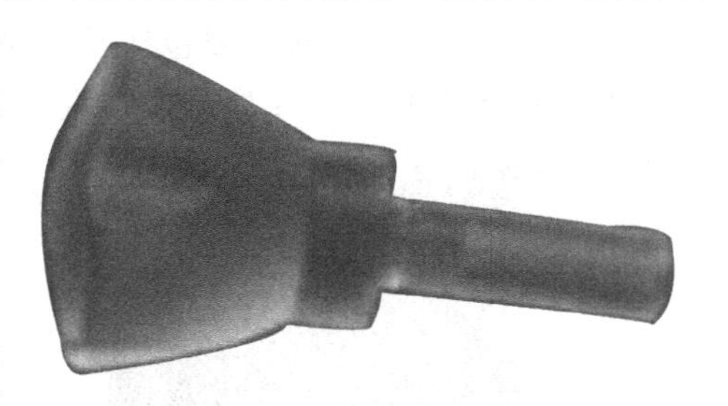

图 2-17　手柄的光固化快速原型

2. 原型制作

光固化成型过程是在专用的光固化快速成型设备上进行的。在原型制作前，需要提前启动光固化快速成型设备系统，使得树脂材料的温度达到预设的合理温度，激光器点燃后也需要一定的稳定时间。设备运转正常后，启动原型制作控制软件，读入前处理生成的层片数据文件。一般来说，叠层制作控制软件对成型工艺参数都有默认的设置，不需要每次在原型制作时都进行调整，只是在固化特殊的结构以及激光能量有较大变化时，进行相应的调整。此外，在模型制作之前，要注意调整工作台网板的零位与树脂液面的位置关系，以确保支撑与工作台网板的稳固连接。当一切准备就绪后，就可以启动叠层制作了。整个叠层的光固化过程都是在软件系统的控制下自动完成的，所有叠层制作完毕后，系统自动停止。图 2-18 给出的是 SPS600 光固化成型设备在进行光固化叠

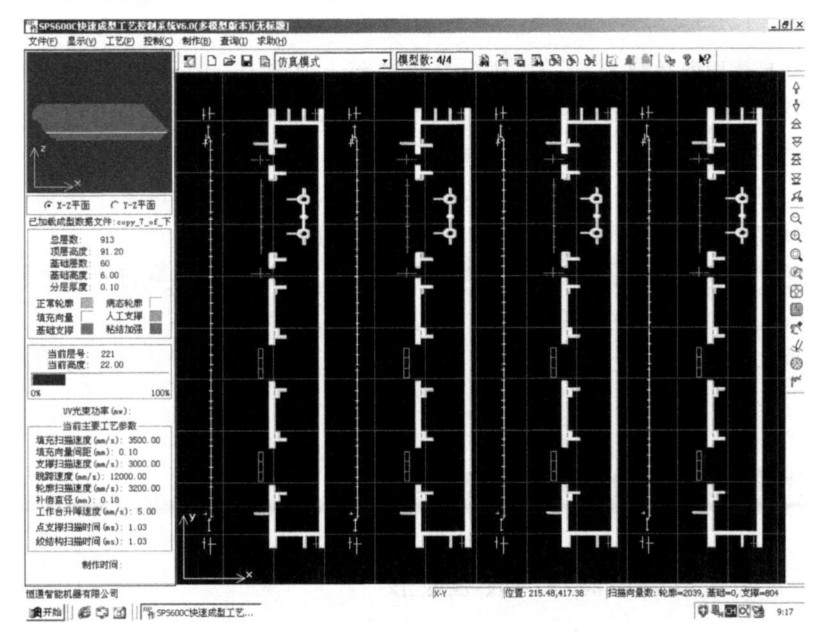

图 2-18　SPS600 光固化成型设备控制软件界面

层制作时的控制软件界面。界面显示了激光能源的某些信息、激光扫描速度、原型几何尺寸、总的叠层数、目前正在固化的叠层、工作台升降速度等有关信息。

3. 后处理

光固化成型的后处理主要包括原型的清理、去除支撑、后固化以及必要的打磨等工作。下面以某一SLA原型为例给出其后处理过程，如图2-19所示。

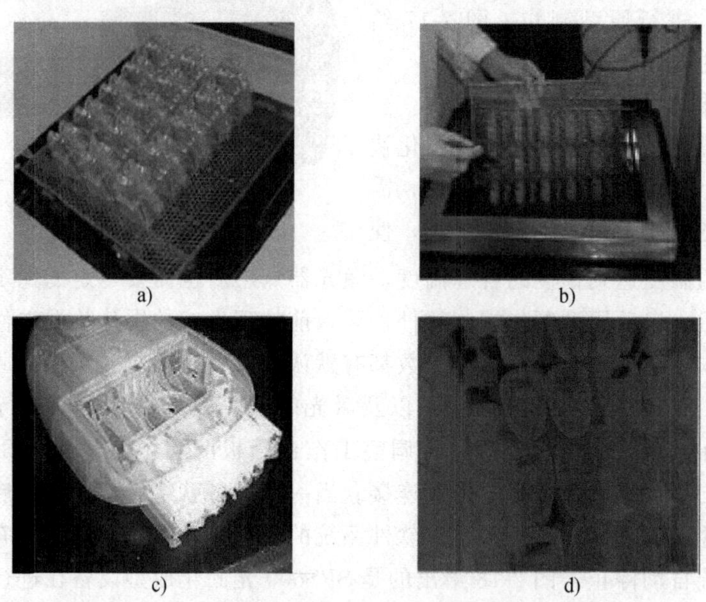

图2-19　光固化原型的后处理过程

1）原型叠层制作结束后，工作台升出液面，停留5～10min，以晾干滞留在原型表面的树脂和排除包裹在原型内部多余的树脂，如图2-19a所示。

2）将原型和工作台网板一起斜放晾干，并将其浸入丙酮、酒精等清洗液中，搅动并刷掉残留的气泡，如图2-19b所示。如果网板是固定于设备工作台上的，直接用铲刀将原型从网板上取下进行清洗，如图2-19c所示。

3）原型清洗完毕后，去除支撑结构，即将图2-19c中原型底部及中空部分的支撑去除干净。去除支撑时，应注意不要刮伤原型表面和精细结构。

4）再次清洗后置于紫外线烘箱中进行整体后固化，如图2-19d所示。对于有些性能要求不高的原型，可以不作后固化处理。

2.4　光固化成型的精度及效率

2.4.1　光固化成型中树脂的收缩变形

树脂在固化过程中都会发生收缩，通常其体收缩率约为10%，线收缩率约为

3%。从分子学角度讲，光敏树脂的固化过程是从短的小分子体向长链大分子聚合体转变的过程，其分子结构发生很大变化，因此固化过程中的收缩是必然的。树脂的收缩主要由两部分组成，一部分是固化收缩；另外一部分是当激光扫描到液体树脂表面时，由于温度变化引起的热胀冷缩。常用树脂的热膨胀系数为 10^{-4}/℃左右，同时，温度升高的区域面积很小，因此温度变化引起的收缩量极小，可以忽略不计。而光固化树脂在光固化过程所产生的体积收缩对零件精度（包括形状精度和尺寸精度）的影响是不可忽视的。从高分子物理学方面来解释，产生这种体积收缩的一个重要原因是，处于液体状态的小分子之间为范德华力作用距离，而固态的聚合物，其结构单元之间处于共价键距离，共价键距离远小于范德华力的距离，所以液态预聚物固化变成固态聚合物时，必然会导致零件体积的收缩。由上所述，无论从高分子物理还是从高分子化学角度分析，树脂收缩都是由于聚合反应时分子结构的变化引起，是一个内部过程。

1. 零件成型过程中树脂收缩产生的变形

在零件成型过程中，被激光扫描到的树脂发生聚合反应而转化为固体，分子间距缩小，必然发生收缩，这种收缩由树脂的固有特性决定，有时是非常明显的。按照某一给定长度扫描一条线，其最终固化长度必小于给定长度。在收缩率不变的情况下，扫描线越长，绝对收缩量越大。这种材料累加成型方式要求零件层与层之间必须固化连接，当扫描至某一层时，该层产生固化收缩，此时这一层与其下已固化层之间的连接，导致前一固化层受到一向上拉的力矩作用，极易发生高出该层所在平面的翘曲变形现象。典型的有悬臂梁翘曲，其发生翘曲变形时，零件的悬臂端最初生于液体树脂之上，因其底部没有支撑，故在固化过程中不受约束力作用，不表现出翘曲现象，当扫描速度比较高时，这一层反而有轻微下弯趋势。随后当累加层累加于其上时，开始受到前面固化层的约束作用，在收缩时对前一固化层产生一向上的拉应力作用，从而表现为翘曲变形。在一般情况下，不管成型件中有无悬臂梁存在，导致翘曲变形的翘曲力都会存在，最终表现为翘曲行为。零件几何形状不同，树脂固化时的绝对收缩量和零件内部各部分的应力分布不同，由此引起的变形也各不相同。此外，还有可能出现与辅助动作（如刮平）和树脂性能有关的表面不平（凸出或凹陷）现象，影响零件表面精度。

2. 零件后固化时收缩产生的变形

尽管树脂在激光扫描过程中已经发生聚合反应，但只是完成部分聚合作用，零件中还有部分处于液态的残余树脂未固化或未完全固化，零件的部分强度也是在后固化过程中获得的，因此后固化处理对完成零件内部树脂的聚合，提高零件最终力学性能是必不可少的。后固化时，零件内未固化树脂发生聚合反应，体积收缩也引起均匀或不均匀形变。与扫描过程中变形不同的是，由于完成扫描之后的零件是由一定间距的层内扫描线相互粘接的薄层叠加而成，线与线之间、面与面之间既有未固化的树脂，又存在收缩应力和约束，以及从加工温度（一般高于室温）冷却到室温引起的温度应力，这些因素都使固化部分对未固化树脂的后固化产生约束，因此零件在后固化过程中也要产生变形。后固化的变形特点如下。

1）后固化收缩非常不均匀，且随着扫描长度增加而增加，其原因是随着扫描长度增加，其内部包含的未固化树脂量增加，故收缩量增加。

2）后固化收缩随扫描路径的不同而有极大差异，其差异主要取决于未固化树脂在零件中存在的数量和方式，当然与树脂本身的收缩特性也有很大关系。所以零件成型时扫描路径的选择是非常重要的。

3）后固化收缩量占总收缩量的25%～40%左右，所以为保持零件最终尺寸稳定性，后固化是非常必要的。

2.4.2 光固化快速成型的精度

光固化成型的精度一直是设备研制和用户制作原型过程中密切关注的问题。光固化快速成型技术发展到今天，光固化原型的精度一直是人们需要解决的难题。控制原型的翘曲变形和提高原型的尺寸精度及表面质量一直是研究领域的核心问题之一。原型的精度一般包括形状精度、尺寸精度和表面精度，即光固化成型件在形状、尺寸和表面相互位置三个方面与设计要求的符合程度。形状误差主要有：翘曲变形、扭曲变形、椭圆度误差及局部缺陷等；尺寸误差是指成型件与CAD模型相比，在x、y、z三个方向上尺寸相差值；表面精度主要包括由叠层累加产生的台阶误差及表面粗糙度等。

影响光固化成型精度的因素很多，包括成型前和成型过程中的数据处理、成型过程中光敏树脂的固化收缩、光学系统及激光扫描方式等。按照成型机的成型工艺过程，可以将产生成型误差的因素按图2-20所示分类。下面对各主要影响因素及相对应的控制措施叙述如下：

1. 几何数据处理造成的误差

在成型过程开始前，必须对实体的三维CAD模型进行STL格式化及切片分层处理，以便得到加工所需的一系列的截面轮廓信息，在进行数据处理时会带来误差。

STL文件的数据格式是“棋盘状”的数据格式，它采用大量小三角形来逼近实际模型的表面。图2-21为一圆柱体和圆球的STL格式。从本质上讲，小三角形不可能完全表达实际表面信息，不可避免地会产生弦差，导致截面轮廓线误差，如图2-22所示。可见，如果小三角形过少，就会造成成型件的形状、尺寸精度无法满足要求。但如果为减小弦差值而增加小三角形的数量，STL文件占用的空间量又太大，可能会超出快速成型系统所能接受的范围，所以应适当调整STL格式的转化精度。

3D Systems公司于1992年开发了SLC数据格式，有效消除了由原始数据模型

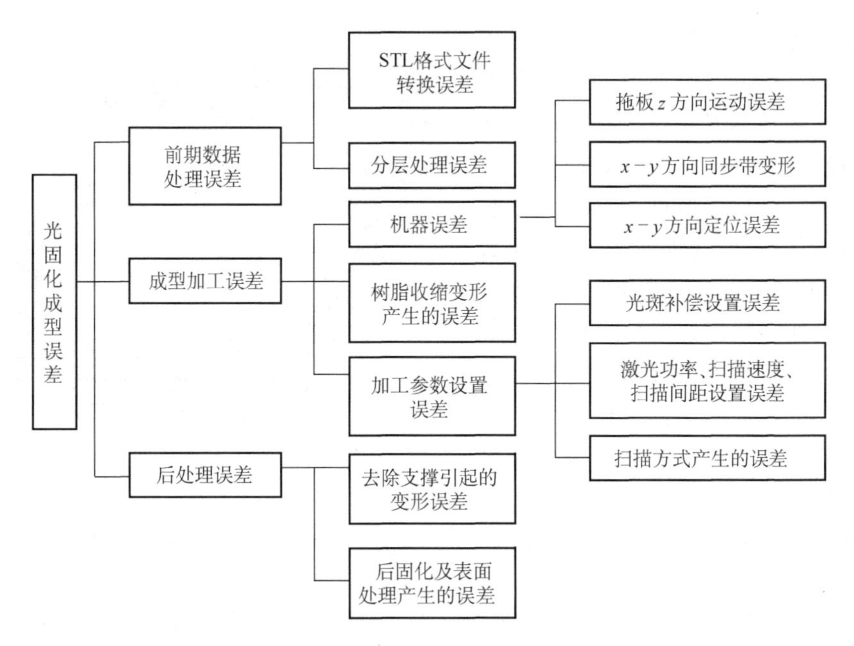

图 2-20 光固化成型误差因素分类

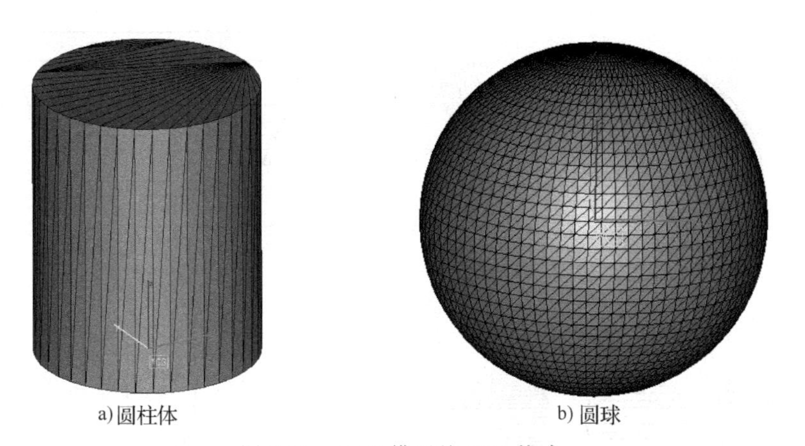

图 2-21 CAD 模型的 STL 格式

进行 STL 格式转换中出现的问题，减小了 STL 格式化带来的误差。为减小几何数据处理造成的误差，较好的办法是开发对 CAD 实体模型进行直接分层的方法。在商用软件中，Pro/E 具有对实体的三维 CAD 模型直接分层的功能，如图 2-23 所示。

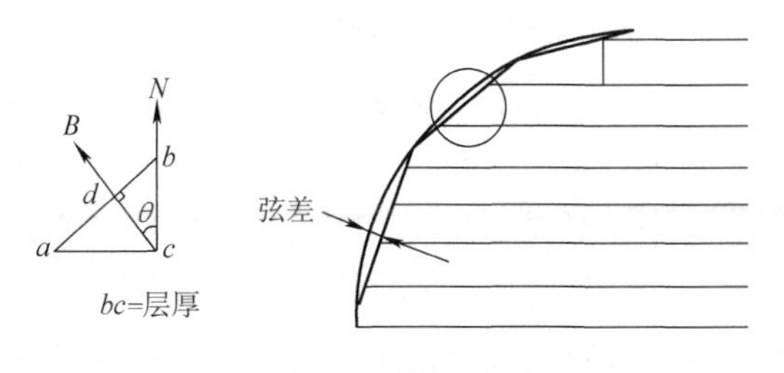

图 2-22 弦差导致截面轮廓线误差

在进行切片处理时，因为切片厚度不可能太小，因而在成型工件表面会形成“台阶效应”，还可能遗失切片层间的微小特征结构（如凹坑等），形成误差。切片层厚度越小，误差越小，但层厚过小会增加切片层的数量，如图 2-24 所示，致使数据处理量庞大，增加了数据处理的时间。

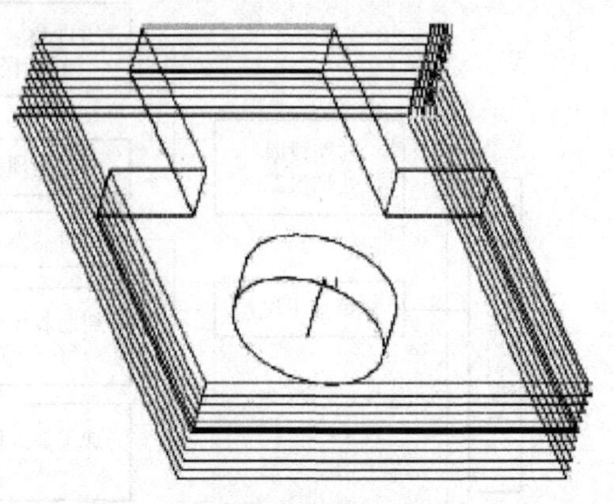

图 2-23 Pro/E 对实体的三维 CAD 模型直接分层

切片层的厚度直接影响成型件的表面粗糙度，轴向切片的精度及成型时间，是光固化成型工艺中最主要的控制参数之一，因此必须仔细选择切片层厚度。有关学者采用不同算法进行了自适应分层方法的研究，即在分层方向上，根据零件轮廓的表面形状，自动地改变分层厚度，以满足零件表面精度的要求，当零件表面倾斜度较大时，选取较小的分层厚度，以提高原型的成型精度；反之则选取较大的分层厚度，以提高加工效率。自适应分层如图 2-25 所示。

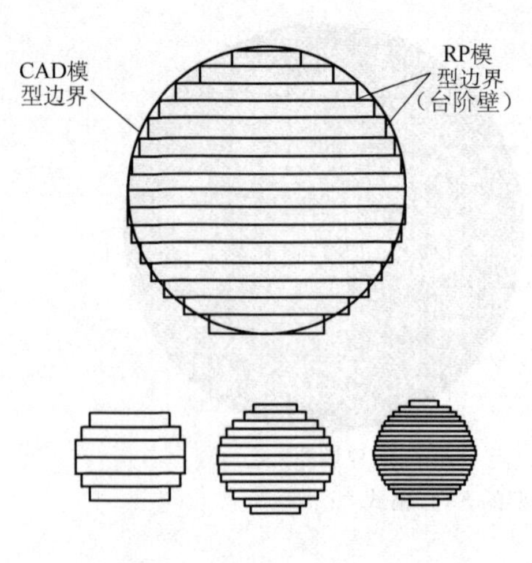

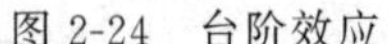

图 2-24 台阶效应

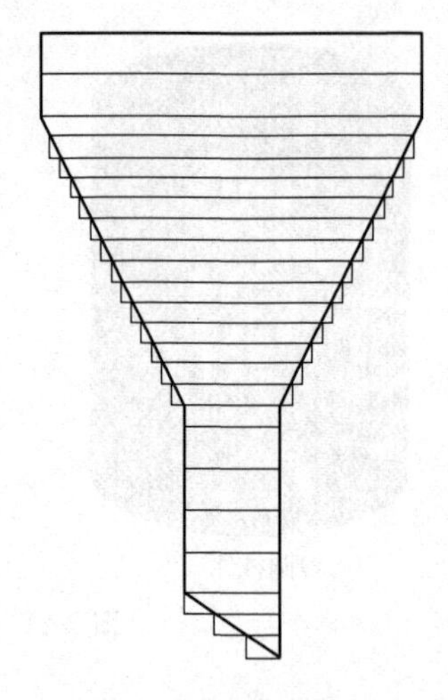

图 2-25 自适应分层

2. 成型过程中材料的固化收缩引起的翘曲变形

光固化成型工艺中，液态光敏树脂在固化过程中都会发生收缩。这是因为液态光敏树脂在激光束的照射下发生光交联反应，分子结构发生很大变化，聚合后的结构单元的共价键距离小于液态时的范德华力作用距离，导致聚合过程产生体积收缩。收缩会在工件内产生内应力。沿层厚从正在固化的层表面向下，随固化程度不同，层内应力呈梯度分布。在层与层之间，新固化层收缩时要受到层间粘合力限制。层内应力和层间应力的合力作用，致使工件产生翘曲变形。

对于因材料固化收缩而带来的翘曲变形，可以通过改进材料配方的方法（如在收缩性树脂中加入适量的膨胀型单体），来控制光固化过程中产生的体积收缩。现在越来越多的 SLA 工艺应用商使用阳离子型光固化树脂（目前常用的阳离子型低聚物是环氧化合物和乙烯基醚），它与自由基型光固化树脂（主要以环氧丙烯酸酯、聚氨酯丙烯酸酯和乙氧化-双酚 A 丙烯酸酯作为低聚物）相比，固化收缩率小，从而提高了成型精度。此外，在软件设计时对体积收缩进行补偿也是有效的方法。

3. 树脂涂层厚度对精度的影响

光固化成型是一种逐层累加的加工方法，一层液态树脂固化后，需要在已固化层表面涂上一层均匀厚度的液态树脂，使成型过程连续进行。树脂涂层厚度是影响光固化成型精度的关键因素之一。

在成型过程中要保证每一层铺涂的树脂厚度一致。当聚合深度小于层厚时，层与层之间将粘合不好，甚至会发生分层；如果聚合深度大于层厚时，将引起过固化而产生较大的残余应力，引起翘曲变形，影响成型精度。在扫描面积相等的条件下，固化层越厚，则固化的体积越大，层间产生的应力就越大，故为了减小层间应力，就应该尽可能地减小单层固化深度，以减小固化体积。为了达到这个目的，Jacobs 等人提出了“二次曝光法”。“二次曝光法”是根据曝光等效原理提出的：多次反复曝光后的固化深度与以多次曝光量之和进行一次曝光的固化深度是等效的。针对二次曝光法存在的层间漂移缺陷，进一步提出了“改进的二次曝光法”。

减小涂层厚度，提高 z 向运动精度，也可以提高成型精度。现有的成型机，层厚的选择范围受涂层系统的限制，一般采用浸没式和真空吸附式涂层系统。浸没式和真空吸附式涂层系统均为自由液面式涂层系统，受液体树脂粘度的影响较大，很难获得很薄的涂层。近期研究提出的约束液面方式，可获得均匀一致的小涂层厚度，节省等待树脂流平时间，且不需要刻意降低树脂粘度。

4. 光学系统对成型精度的影响

在光固化成型过程中，成型用的光点是一个具有一定直径的光斑，因此实际得到的制件是光斑运行路径上一系列固化点的包络线形状。如果光斑直径过大，有时会丢失较小尺寸的零件细微特征，如在进行轮廓拐角扫描时，拐角特征很难成型出来，如图 2-26 所示。聚焦到液面的光斑直径大小以及光斑形状会直接影响加工分辨率和成型精度。目前 SLA 系统的光源大多采用多模激光器，一般为 He—Cd 激光器和固体激光器，其光斑直径和发散角都较大，直接导致了成型精度的降低。为此，可采用单模激光器取代多模激光器。单模激光器光束成像质量好、边界清晰，光斑直径小，可聚焦到 0.01mm

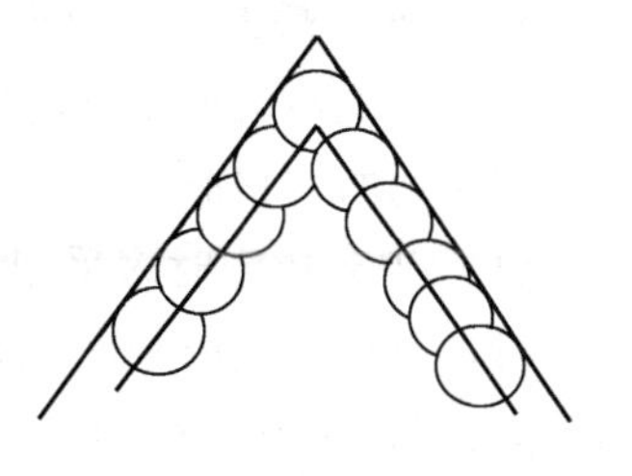
图 2-26　轮廓拐角处的扫描

之内。

在 SLA 系统中，扫描器件采用双振镜模块（图 2-27 中 A 和 B），设置在激光束的汇聚光路中。由于双振镜在光路中前后布置的结构特点，造成扫描轨迹在 x 轴向的“枕形”畸变。当扫描一正方形图形时，扫描轨迹并非一个标准的正方形，而是出现图 2-28 中所示的“枕形”畸变。“枕形”畸变可以通过软件校正。

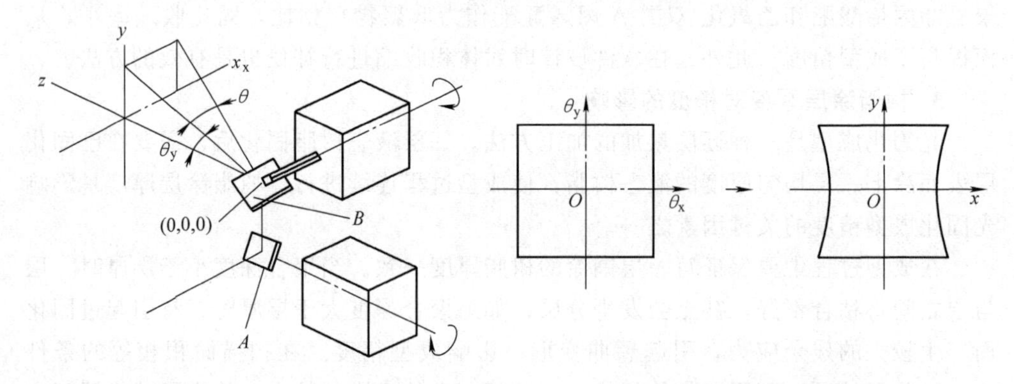

图 2-27 扫描器件采用双振镜模块　　图 2-28 “枕形”畸变

双振镜扫描的另一个缺陷是，光斑扫描轨迹构成的像场是球面，与工作面不重合，产生聚焦误差或 z 轴误差。扫描范围越大，上述现象越严重，对加工质量的影响也越大。聚焦误差可以通过动态聚焦模块得到校正。动态聚焦模块可在振镜扫描过程中同步改变模块焦距，调整焦距位置，实现 z 轴方向扫描，与双振镜构成一个三维扫描系统。聚焦误差也可以用透镜前扫描和 $f\theta$ 透镜（其结构形式常有单块非球面透镜和双透镜两种形式）进行校正。扫描器位于透镜之前，激光束扫描后射在聚焦透镜的不同部位，并在其焦平面上形成直线轨迹与工作平面重合，如图2-29所示。这样可以保证激光焦点在光敏树脂液面上，使达到光敏树脂液面的激光光斑直径小，且光斑大小不变。

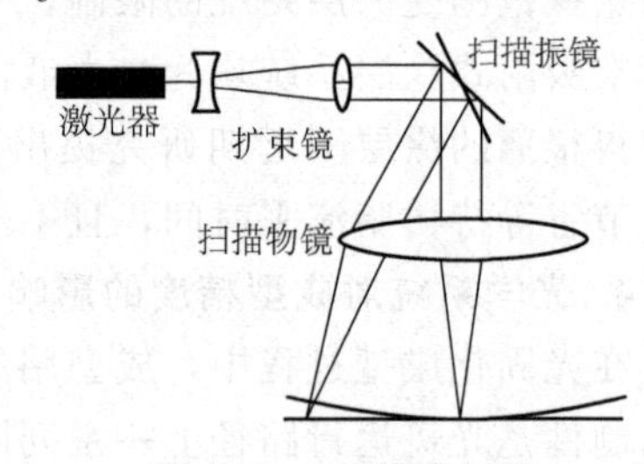

图 2-29 $f\theta$ 透镜扫描

5. 激光扫描方式对成型精度的影响

扫描方式与成型工件的内应力有密切关系，合适的扫描方式可减少零件的收缩量，避免翘曲和扭曲变形，提高成型精度。

SLA 工艺成型时多采用方向平行路径进行实体填充，即每一段填充路径均互相平行，在边界线内顺序往复扫描进行填充［也称为 Z 字形（Zig-Zag）或光栅式扫描方式］，如图 2-30a 所示。但在扫描一行的过程中，扫描线经过型腔时，扫描器以跨越速度快速跨过。这种扫描方式需频繁跨越型腔部分，一方面空行程太多，会出现严重的“拉丝”现象（空行程中树脂感光固化成丝状）；另一方面扫描系统频繁地在填充速度和快进速度之间变换，会产生严重的振动和噪声，激光器要频繁进行开关切换，降低了加工效率。

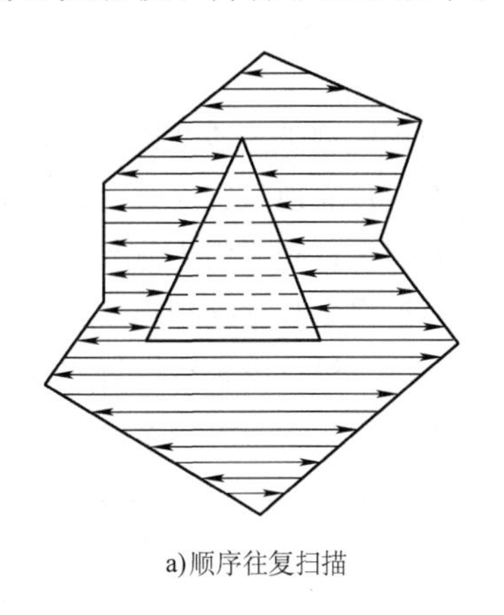

a)顺序往复扫描

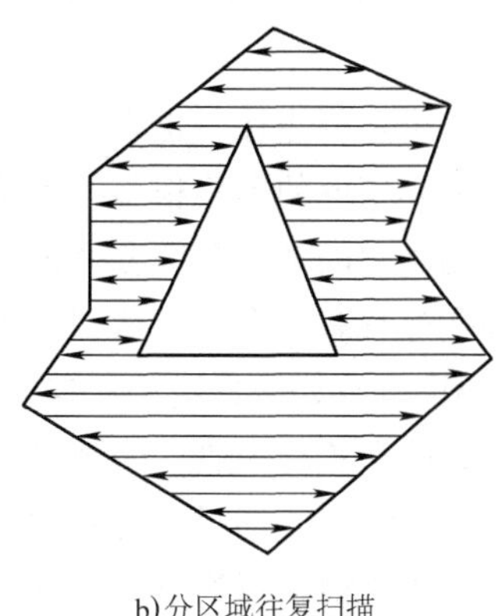

b)分区域往复扫描

图 2-30　Z 字形扫描方式

图 2-30b 中采用分区扫描方式，在各个区域内采用连贯的 Zig-Zag 扫描方式，激光器扫描至边界即回折反向填充同一区域，并不跨越型腔部分；只有从一个区域转移到另外一个区域时，才快速跨越。这种扫描方式可以省去激光开关，提高成型效率，并且由于采用分区后分散了收缩应力，减小了收缩变形，提高了成型精度。

跳跃光栅式扫描又可分为长光栅式扫描和短光栅式扫描，如图 2-31 所示。应用模拟和试验的方法扫描加工悬臂梁，结果表明，与长光栅式扫描相比较，采用短光栅式扫描更能减少扭曲变形。采用跳跃光栅式扫描方式能有效地提高成型精度，因为跳跃光栅式扫描方式可以使已固化区域有更多的冷却时间，从而减小了热应力。

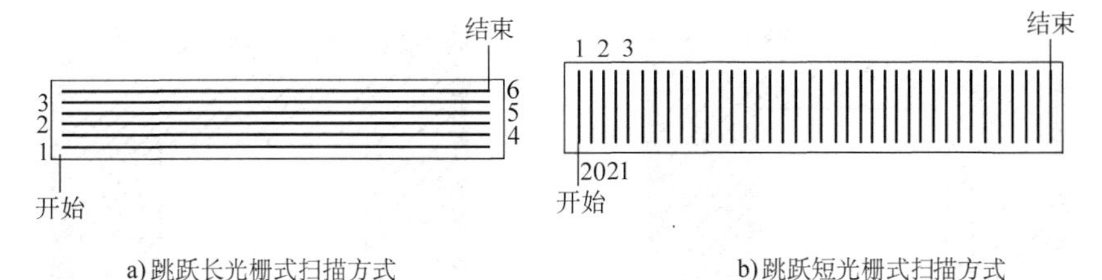

a)跳跃长光栅式扫描方式　　b)跳跃短光栅式扫描方式

图 2-31　跳跃光栅式扫描方式

对扫描方式的研究表明，在对平板类零件进行扫描时宜采用螺旋式扫描方式，如图 2-32 所示，且从外向内的扫描方式比从内向外的扫描方式加工生产的零件精度高。

光固化快速成型工艺有着自身的优点和发展前景，精度问题是衡量光固化成型

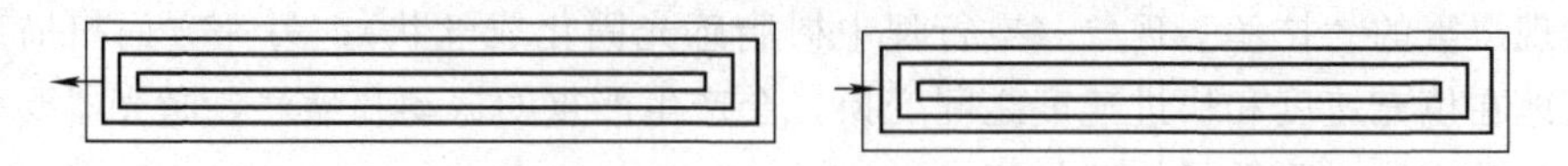

a) 由内向外式螺旋式扫描方式　　b) 由外向内式螺旋式扫描方式

图 2-32　螺旋式扫描方式

工艺的一个重要指标，也是人们极为关注的问题。光固化成型工艺涉及许多学科的知识，影响其精度的因素很多，为了进一步提高精度，不能片面地只针对某一因素而忽略其他的影响因素，要综合考虑各因素的共同影响。光固化过程行为十分复杂，要对激光固化过程有一个本质认识。为提高成型精度，可通过提高数据处理精度，研究开发用 CAD 原始数据直接切片方法，减少数据处理量以及由 STL 格式转换过程而产生的数据缺陷和轮廓失真。光敏材料固化收缩是影响其精度的一个主要因素，要加大对材料的研制开发，通过对材料的改性处理来提高制件的物理性能、力学性能和精度。在制件加工之前，可通过模拟系统，建立过程模型，对工艺参数进行优化，找到最优的工艺参数以提高零件精度。通过实验深入研究成型工艺，使成型工艺过程不断成熟，工艺参数得到优化，并从硬件和软件两个方面对工艺参数进行补偿，达到提高零件精度的目的。在光固化成型工艺中，成型精度固然重要，但是在重视精度的同时不能忽略制造周期、成型效率、制件性能、成本等一系列至关重要的问题，只有在不断减少成型时间和生产成本的同时，制造出高精度的优质零件，才能使光固化成型工艺的经济性和技术性更具有吸引力，以达到发挥光固化成型工艺快速、高效、高精度、低成本的优势。

6. 光斑直径大小对成型尺寸的影响

在光固化成型中，圆形光斑有一定直径，固化的线宽等于在该扫描速度下实际光斑的直径大小。如果不采用补偿，光斑尺寸及扫描路径对制件轮廓尺寸的影响如图 2-33 所示。成型的零件实体部分外轮廓周边尺寸大了一个光斑半径，而内轮廓

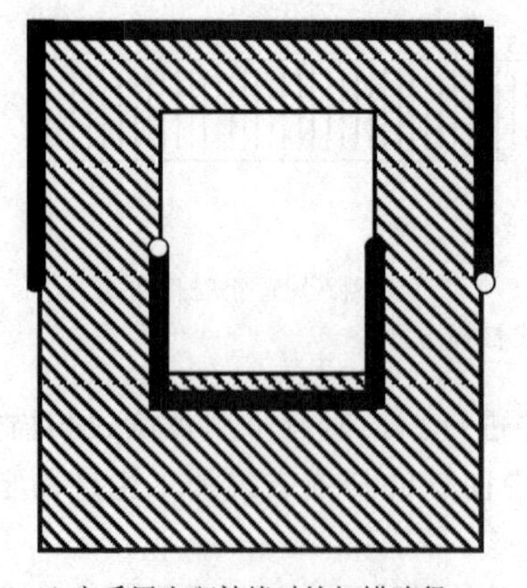

a) 未采用光斑补偿时的扫描路径

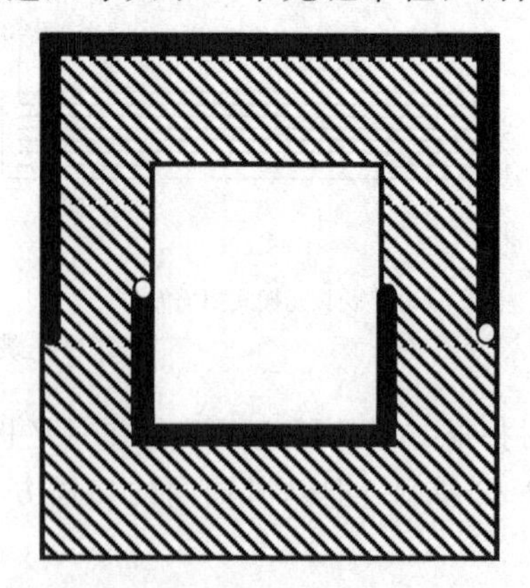

b) 采用光斑补偿时的扫描路径

图 2-33　光斑尺寸及扫描路径对制件轮廓尺寸的影响

周边尺寸小了一个光斑半径，结果导致零件的实体尺寸大了一个光斑直径，使零件出现正偏差。为了减小或消除实体尺寸的正偏差，通常采用光斑补偿方法，使光斑扫描路径向实体内部缩进一个光斑半径。从理论上说，光斑扫描按照向实体内部缩进一个光斑半径的路径扫描，所得零件的长度尺寸误差为零。

设零件理论长度为 L，零件误差为 Δ，光斑补偿直径为 D_1，实际光斑直径为 D_0，则有：$L+\Delta=L+D_0-D_1$，即 $D_0=\Delta+D_1$。可见，实际光斑直径大小等于所设定的补偿直径加上误差值。也就是说，若制件尺寸误差为正偏差，需要光斑补偿直径加上偏差值，光斑补偿直径变大；若误差为负偏差，要将光斑补偿直径减去偏差的绝对值，光斑补偿直径变小。

可以通过调整光斑补偿值的大小，修正制件的误差大小。光斑补偿值可根据尺寸误差情况设置，范围在 0.1～0.3mm 之间。制件尺寸误差为正偏差，光斑补偿直径设置大一些；误差为负偏差，光斑补偿直径设置小一些。

7. 激光功率、扫描速度、扫描间距产生的误差

光固化快速成型过程是一个“线—面—体”的材料累积过程，为了分析扫描过程工艺参数（激光功率、扫描速度、扫描间距）产生的误差，首先对扫描固化过程进行理论分析，进而找出各个工艺参数对扫描过程的影响。

（1）单线扫描固化理论分析 单线的扫描固化是成型的基本单位，所以研究单线扫描固化特性对于成型零件的特性具有重要的意义。经测试表明，激光光束能量径向分布为高斯分布。

$$I=\frac{2P_{\mathrm{L}}}{\pi W_0^2 v_{\mathrm{S}}}\exp\left(-\frac{2r^2}{W_0^2}\right) \tag{2-5}$$

式中 P_{L}——紫外线束的功率；

W_0——光斑半径；

v_{S}——扫描速度。

扫描固化线条的轮廓线为抛物线，用公式表示为

$$\frac{2h^2}{W_0^2}+\frac{z}{D_{\mathrm{P}}}=\ln\left(\sqrt{\frac{2}{\pi}}\,\frac{P_{\mathrm{L}}}{W_0 v_{\mathrm{S}} E_{\mathrm{C}}}\right) \tag{2-6}$$

式中 h——光斑内任一点到光斑中心的距离；

z——固化线条内任一点到液面的距离；

E_{C}——临界曝光量；

D_{P}——透射深度。

依据式（2-6），在扫描参数已知的条件下，可以得知扫描固化线条的理论轮廓线。例如，当 $W_0=0.05\mathrm{mm}$、$D_{\mathrm{P}}=0.16\mathrm{mm}$、$P_{\mathrm{L}}=300\mathrm{mW}$、$v_{\mathrm{S}}=3500\mathrm{mm/s}$ 时，光固化线条如图 2-34 所示。

在光斑的中心处具有最大的固化深度，此时，$h=0$，得到

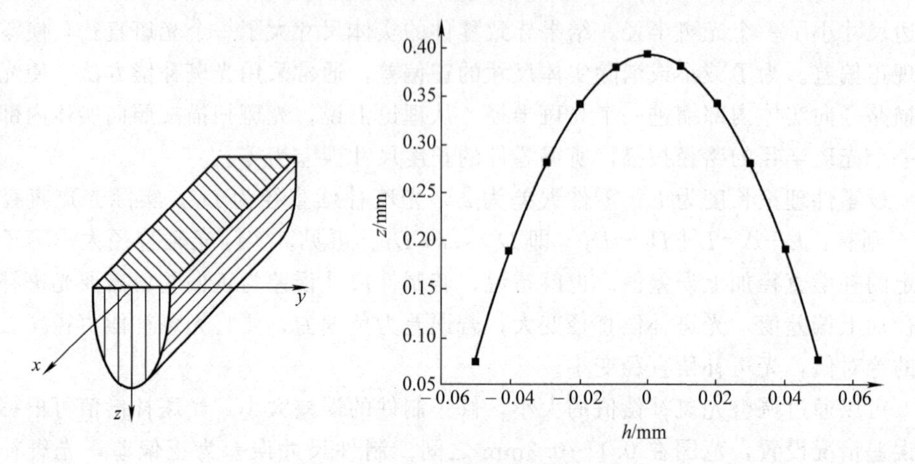

图 2-34 光固化线条轮廓形状

$$z_{\max}=D_{\mathrm{P}}\ln\left(\sqrt{\frac{2}{\pi}}\frac{P_{\mathrm{L}}}{W_0 v_{\mathrm{S}} E_{\mathrm{C}}}\right) \tag{2-7}$$

由式（2-7）可知，P_L/v_S 的比值决定了最大固化深度 $z_{\max}$。

图 2-35 所示为美国 DSM 公司开发的面向光固化快速原型制作的 SOMOS11120 树脂 P_L/v_S 的比值与最大固化深度的关系曲线（树脂临界曝光量E_C=11.5mJ/cm²、透射深度 D_P=0.16mm、光斑半径 W_0=0.05mm）。

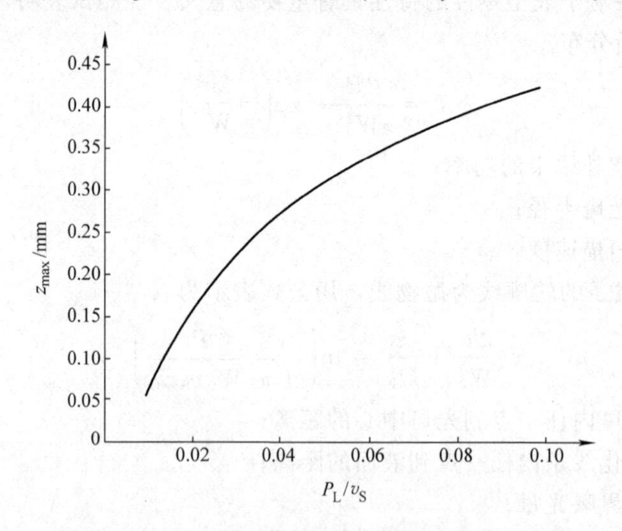

图 2-35 P_L/v_S 的比值与最大固化深度的关系曲线

在树脂的液面上，具有最大的固化宽度，此时，$z=0$，得到

$$h_{\max}=\frac{\sqrt{2}W_0}{2}\sqrt{\ln\left(\sqrt{\frac{2}{\pi}}\frac{P_{\mathrm{L}}}{W_0 v_{\mathrm{S}} E_{\mathrm{C}}}\right)} \tag{2-8}$$

图 2-36 所示为美国 DSM 公司开发的面向光固化快速原型制作的 SOMOS11120 树脂 P_L/v_S 的比值与最大固化宽度的关系曲线（树脂临界曝光量 $E_C=11.5mJ/cm^2$、透射深度 $D_P=0.16mm$、光斑半径 $W_0=0.05mm$）。

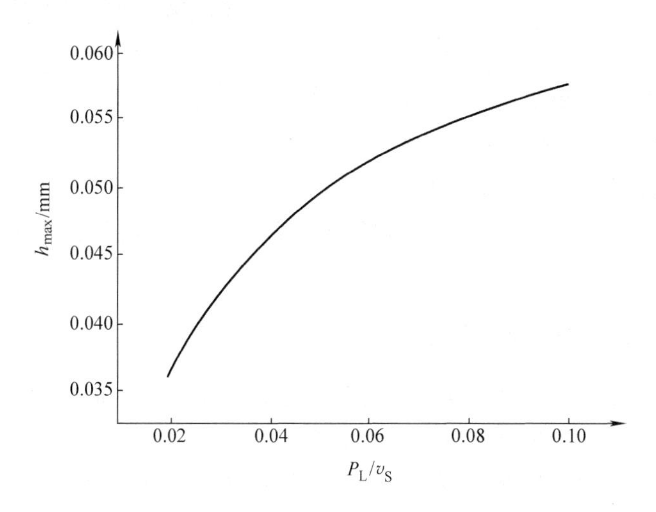

图 2-36　P_L/v_S 的比值与最大固化宽度的关系曲线

单线扫描固化主要针对的是制件的轮廓线，通过单线扫描固化分析可知：

1）单线扫描时的固化深度同激光功率与扫描速度的比值（P_L/v_S）成正比。

2）在激光能量、扫描速度、光斑直径、材料参数已知的条件下，可以计算出固化线条截面的抛物线形状，以及固化线条的最大固化深度和最大固化宽度。

固化成型的线条截面形状与理论扫描线条的截面形状存在一定差别，主要原因为：第一，光斑束的照射方向并非垂直于树脂表面，而是以光锥形式投射的；第二，经光纤耦合柔性传输并聚焦于树脂表面的光斑能量分布并非均匀，而是呈高斯型或准高斯型分布；第三，理想聚焦光斑不可能刚好与液面相重合，由于光斑瞄准是手动的，这一离散对准误差相对较大，使得光斑的投射方向或是聚焦投射，或是发散投射，由此，造成了理论截面与实际截面在形状上的一定差别。

（2）平面扫描特性理论分析　平面扫描就是用多条扫描线对一个截面进行扫描固化，当扫描线的间距 H_S 小于一定的数值时，各扫描线之间就会有能量的叠加，这种能量的叠加遵从曝光等效原理。

对于能量分布为高斯分布的光束，当扫描线之间的距离 H_S 小于 $4.3W_0$ 时，相互之间有能量的叠加。但仅有这样的能量叠加是不够的，因为各条扫描线之间还有许多的树脂没有固化，造成一个固化层的固化厚度不均匀，如图 2-37 所示，这是由于在垂直于扫描线方向的能量分布不均造成的。

对于平面扫描固化，在工艺参数一定的条件下，需要得知平面的固化深度。平面扫描固化深度与激光功率/扫描速度的比值（P_L/v_S）有关，固化深度 C_d 的计算方法为：

$$C_d = D_P \ln\left(\frac{P_L}{H_S v_S E_C}\right) \quad (2\text{-}9)$$

平面扫描固化深度 C_d 的确定对实际加工具有重要指导意义，因此需要确定固化深度 C_d 与工艺参数的关系曲线。由式（2-9）得知，平面扫描固化深度与扫描速度、激光功率和扫描间距有关。

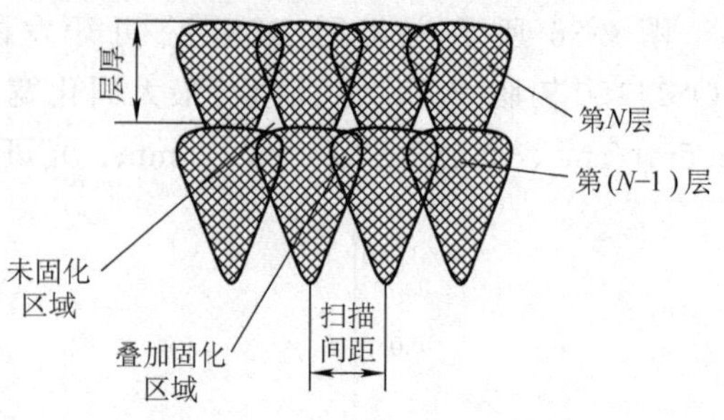

图 2-37 平面扫描固化示意图

2.4.3 光固化成型的制作效率

光固化成型中的光源通常采用激光器，运行成本较高，而采用其他替代光源的光固化成型设备，受光源功率等因素的影响，成型速度较低。因此在成型过程中要尽量采取措施减少零件的制作时间，以达到快速获得零件原型的目的，并且减少制作成本。

1. 影响制作时间的因素

光固化成型零件是由固化层逐层累加形成的，成型所需要的总时间由扫描固化时间及辅助时间组成，可表示为

$$t = \sum_{i=1}^{N} t_{ci} + N t_p \quad (2\text{-}10)$$

式中 t—— 成型一个零件所需要的总时间；

t_{ci}—— 第 i 层固化所需要的时间，t_{ci} 与零件的体积 V 及制作零件的层数 N 有关，可以表示为 $t_{ci} = kV/N$，k 表示扫描单位体积所需要的时间；

t_p——层辅助时间，一般情况下，t_p 可以近似认为是常数，辅助时间主要包括工作台的运动时间、每层零件的涂覆时间和层间等待时间；

N——零件的总层数。

成型过程中，每层零件的辅助时间 t_p 与固化时间 t_{ci} 的比值 η 反映了成型设备的利用率，可以通过式（2-11）表示

$$\eta = \frac{t_p}{t_{ci}} = t_p \frac{N}{kV} \quad (2\text{-}11)$$

可以看出，当实体体积越小，分层数越多时，辅助时间所占的比例就越大，如制作大尺寸的薄壳零件，这时成型设备的利用率很低。因此在这种情况下，减少辅助时间对提高成型效率是非常有利的。

2. 减少制作时间的方法

针对成型零件的时间构成，在成型过程中，可以通过改进加工工艺、优化扫描

参数等方法，减少零件成型时间，提高加工效率，实际使用中通常采用以下几种措施。

（1）减少辅助时间　辅助时间与成型方法有关，一般可表示为

$$t_p = t_{p1} + t_{p2} + t_{p3} \tag{2-12}$$

式中　t_{p1}——工作台升降运动所需要的时间；

t_{p2}——完成树脂涂覆所需要的时间；

t_{p3}——等待液面平稳所需要的时间。

可见减少升降时间、树脂涂覆时间及等待时间，可以减少成型中的辅助时间。通过改进树脂涂覆系统，可以使得在每层零件固化完成后，工作台只需要下降一个层厚的距离，这种工作台的微距离运动可以减少树脂的波动，相应减少了保证涂覆树脂表面平稳的层间等待时间。特别是对于大尺寸的零件，成型层数较多（通常几百层，甚至上千层），这时减少辅助时间尤为必要。

（2）层数较少的制作方向　从式（2-10）可以看出，零件的层数对成型时间的影响很大。对于同一个成型零件，在不同的制作方向的条件下，成型时间差别较大。用快速成型方法制作零件时，在保证质量的前提下，应尽量减少制作层数。制作方向的选择通常要考虑成型质量和成型效率两方面问题。有一些零件，无论是从制作的精度还是制作效率，以及制作的方便性等方面考虑，只有一个方向是最优的。但是大多数情况下，零件的制作方向可以有多种选择，如手机外壳原型，它的制作方向可以多种多样，如果直立制作，减小了成型的阶梯效应引起的表面误差，提高了零件的表面质量，同时由于在这个制作方向上，零件的固化截面较小，树脂涂层过程中避免了涂不满、中部凸起、涂层不均匀等问题，但是由于制作层数较多，制作时间较长；如果采用平卧的方向，这一方向的制作层数最少，因此制作时间最短，但是固化时存在较大的截面，容易出现涂层质量问题。

对零件制作方向进行优化选择可以降低成型时间。对比不同制造方向时的成型时间（见表 2-7），可以看出，选择制作层数较少的制作方向，零件制作时间不同程度地减少，甚至减少了近 70%。

表 2-7　零件制作时间的比较

零件名称	制作时间/h（制作层数多）	制作时间/h（制作层数少）	时间比（%）
手机壳	8.63	3.27	37.9
滴　管	14.69	4.85	33.0
密码输入器	6.41	2.14	33.4
叶　轮	4.07	3.82	94.3
握杆头	6.83	6.57	96.2

3. 扫描参数对成型效率的影响

式（2-10）表明减小每一层的扫描时间可以降低零件的总成型时间，提高成型

效率。每一层的扫描时间 t_{ci} 与扫描速度、扫描间距、扫描方式及分层厚度有关，通常扫描方式和分层厚度是根据工艺要求确定的，每层的扫描时间取决于扫描速度及扫描间距的大小，其中扫描速度决定了单位长度的固化时间，而扫描间距的大小决定单位面积上扫描路径的长短。

光固化快速成型中，光源的能量不是均匀分布的，光束的能量分布符合高斯分布曲线，光敏树脂固化时，对紫外线的吸收一般符合 Beer-Lanbert 规则，树脂吸收紫外线引发光化学反应，这一光化学反应主要由 Grottus-Draper 和 Einstein 定律支配，反应后树脂固化，轮廓曲线近似为高斯曲线，其固化截面理论形状如图 2-38所示。

光束固化一个平面时，固化面是由一系列相邻的固化线相互粘接而组成。由于树脂固化线的宽度大于扫描间距（通常 0.1mm），成型中相邻扫描线之间产生部分重叠。相邻固化线之间的重叠如图 2-39 所示，其重叠部分的大小取决于光斑的直径和扫描间距的大小。实际成型中相邻固化线之间有较大的重叠，因此可以采用较大的扫描间距，相邻固化线之间仍然可以有效地相互粘接。

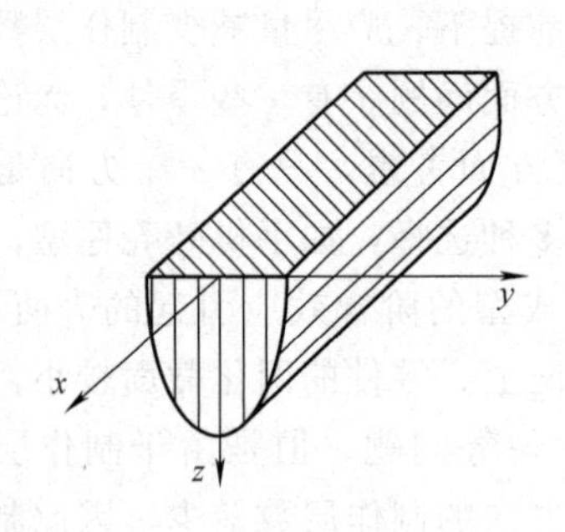

图 2-38 树脂固化截面理论形状

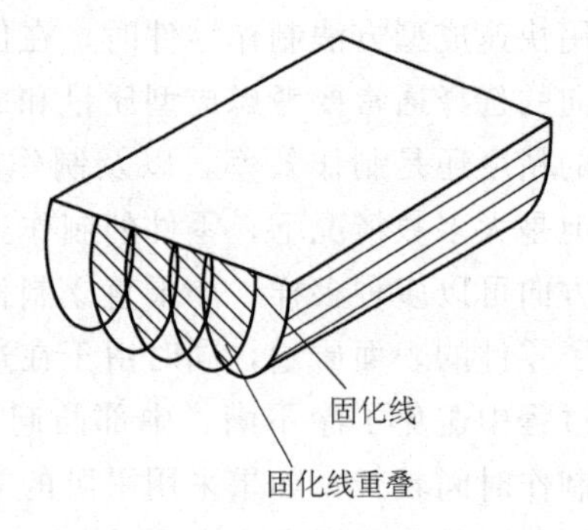

图 2-39 相邻固化线之间的重叠

扫描间距的增加缩短了紫外线在固化平面往复运动时的扫描距离。表 2-8 为不同的扫描间距下零件的制作时间。当扫描间距增加到 0.2mm 时，零件的制作时间只有间距为 0.1mm 时的 52%～62%，成型时间减少接近一半；而当扫描间距增加到 0.3mm 时，制作时间只有间距为 0.1mm 时的 40%左右。即在同样的制作条件下，适当增加固化成型中的扫描间距，可以有效地减少零件制作时间，提高制作效率。

表 2-8 零件制作时间 （单位：h）

零件名称	扫描间距/mm		
	0.1	0.2	0.3
手机壳	14.66	7.75	5.53
叶 轮	23.42	12.73	9.12
艺术人手	6.98	4.35	3.45
叶 片	14.25	7.62	5.48
User Part	17.12	10.22	7.25
艺术茶壶	20.84	10.87	8.48

光固化成型制作时间影响制作效率及制作成本，零件的制作时间主要由固化成型时间和辅助时间两部分组成，通过改进树脂涂覆系统，减少了工作台升降距离，同时减少了涂覆树脂的波动，从而有效地降低零件制作的辅助时间。同一零件在成型过程中可以选择不同的制作方向，制作方向的选择直接影响制作层数的多少，采用制作层数较少的制作方向，是减少制作时间的另一个措施。树脂固化线的宽度通常大于零件的扫描间距，扫描一层树脂时，增大扫描间距可以减小扫描路径，从而减少了扫描时间，提高了成型效率，通过增大扫描间距，可以将成型时间减少到40%左右。

2.5 微光固化快速成型制造技术

光固化快速成型制造技术自问世以来在快速制造领域发挥了巨大作用，已成为工程界关注的焦点。如何提高光固化原型的制作精度，一直是该技术领域研究的热点。目前，传统的SLA设备成型精度为±0.1mm，能够较好地满足一般的工程需求。但是在微电子和生物工程等领域，制件一般要求具有微米级或亚微米级的细微结构，而传统的SLA工艺技术已无法满足这一领域的需求。尤其近年来，MEMS（Micro Electro-Mechanical Systems）和微电子领域的快速发展，使得微机械结构的制造成为具有极大研究价值和经济价值的热点。微光固化快速成型 μ-SL（Micro Stereolithography）便是在传统的SLA技术方法基础上，面向微机械结构制造需求而提出的一种新型的快速成型技术。目前提出并实现的μ-SL技术主要包括基于单光子吸收效应的 μ-SL 技术（原理如图 2-40 所示）和基于双光子吸收效应的 μ-SL 技术，可将传统的SLA技术成型精度提高到亚微米级，开拓了快速成型技术在微机械制造方面的应用。

2.5.1 基于单光子吸收效应的 μ-SL 技术

传统的SLA制造技术，是利用激光或其他光源照射光敏树脂，使光敏树脂分子发生光聚合反应形成较大的分子实现树脂的固化。光固化过程中，树脂分子对光能的吸收是以单个光子为单位的，因此被称为“单光子吸收光聚合反应”，简称为SPA（Single-Photon Absorbed Photopolymerization）。

以单光子吸收效应为反应机理的SLA技术，其成型精度取决于光斑大小、固化时间、固化层厚度等工艺参数，目前可以达到±1μm左右的精度。如果优化光路系统及机械传动系统，可以将SLA的精度提高到微米级，使光固化成型技术实现微米级的复杂三维结构的构建，即能够实现 μ-SL 技术。在基于单光子吸收效应的SLA技术中，UV光斑的尺寸可精确调整为5μm，x-y 二维平面上的定位精度可达到0.255μm，z 方向的精度达到15μm，制作的高聚物三维像素的最小尺寸为5μm×5μm×3μm。

目前，以SPA效应为反应机理的μ-SL技术有两种主要的成型模式：扫描式μ-SL（Scanning Micro Stereolithography）和遮光板投影式μ-SL（Mask Projection Micro Stereolithography）。

扫描式μ-SL和传统的SLA技术原理相同，但采用的控制系统和传动控制更为精确。如图2-40所示，在扫描式μ-SL中，通常采用光源固定，而工作台相对运动的方式来进行扫描。这样就可以避免由于光源移动引起的光斑尺寸的变化，从而避免了因为固化区尺寸的不恒定因素而引起的尺寸精度的下降。

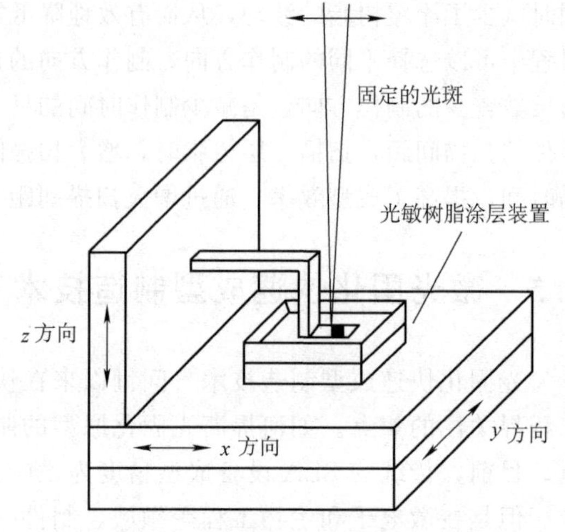

图2-40 基于单光子吸收效应的μ-SL技术原理示意图

扫描式μ-SL采用单层逐步扫描的成型方式，效率较低。为了克服这一技术缺陷，提出了遮光板投影式μ-SL的方案，利用具有制件截面形状的遮光板，通过一次曝光、一次性整体固化一个截面，然后通过逐层叠加形成实体形状。

遮光板投影式μ-SL（MPμ-SL）的概念，由德国卡尔斯鲁厄研究中心于20世纪80年代提出，又被称为LIGA（德语Lithographie Galvanoformung Abformung的简写）技术。

如图2-41所示，LIGA技术采用X射线作为固化光源，通过具有一定形状的遮光板，将受控后的射线投影在树脂表面，使树脂受光照的部分发生固化，通过逐层叠加的方式最终形成复杂的实体形状。这一工艺虽然相对于扫描式μ-SL效率较高，但在制作形状较为复杂的工件时，因为需要制备大量的遮光板，成本较高。

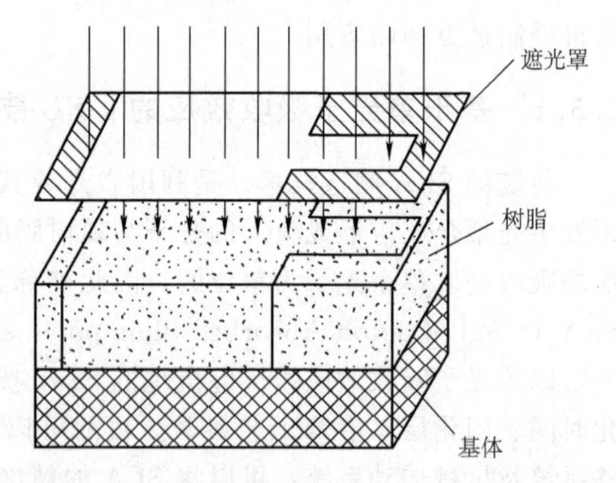

图2-41 遮光板投影式μ-SL技术原理示意图

为解决这一问题，一种新的制造理念被提了出来，即结合现有的比较成熟的计算机图像生成技术，以动态遮光板（Dynamic Mask）取代传统的遮光板。其原理如图2-42所示，根据计算机CAD造型的实体信息，获得制件每一层切片的具体信息，并由此生成具有制件截面形状的“动态遮光板”，以生成具有相应形状的固化层并逐层地叠加生成实体。其工作原理与扫描式 μ-SL 大体相同，只是不需要制备大量的遮光板，大大降低了成本。

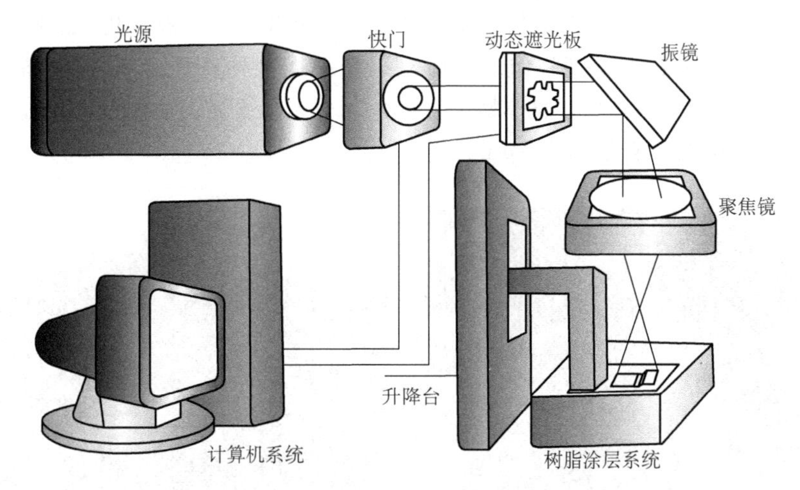

图 2-42　动态遮光板式 μ-SL 技术原理示意图

MPμ-SL 的研究主要集中在提高动态遮光板的分辨率，以制作尺寸更小的三维像素，从而提高制件的制作精度。目前 MP μ-SL 技术按照生成动态遮光板的不同方法有如下三种：SLM（Spatial Light Modulators）技术、LCD（Liquid Crystal Display）技术以及 DMD（Digital Micromirror Device）技术。

SLM 技术由贝尔实验室开发，目前已经投入商业应用，在芯片制造业发挥了巨大的作用，可以生成 1280×1024 的像素点阵，每个像素的尺寸为 17～30μm。

LCD 技术生成像素点的尺寸较大，并且无法使用市场上现有的光敏树脂，在一定程度上限制了这一技术的推广。

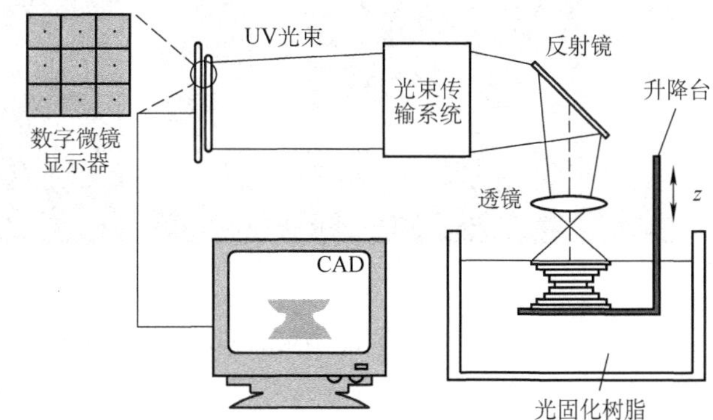

图 2-43　基于动态遮光板式的 DMD MP μ-SL 技术原理

DMD 技术由 Texas 设备公司开发，是目前比较流行的一种动态遮光板生成方式。其原理如图 2-43 所示。DMD 由许多的微镜面构成（Micro Mirror），每一个微镜面对应成型面上的一个像素点。通过控制微镜面的关闭与打开，可以控制光路的闭合，进而控制光敏树脂成型面上相应位置点的固化与否。首先将制件的形状通过 CAD 实体文件的形式表示出来，然后将实体切片并把每层的切片信息转化为点阵图的形式，以此为依据可以控制 DMD 中微镜面的闭合，从而达到生成动态遮光板的目的。

DMD MP μ-SL 与 LCD MP μ-SL 相比，可生成更小的像素点，并且由于 DMD 的响应速度更快，因此可以更为精确地控制曝光时间。图 2-44 所示为采用 DMD MP μ-SL 技术制作的三维微结构实例。图 2-44a 为微矩阵结构，共 110 层，每层层厚为 5μm；图 2-44b 为微型柱组成的阵列，每根微型柱直径为 30μm、高 1000μm；图 2-44c 为螺旋微结构阵列，整体螺旋直径为 100μm，螺旋线轴径为 25μm；图 2-44d 为亚微米级微结构，直径为 0.6μm。

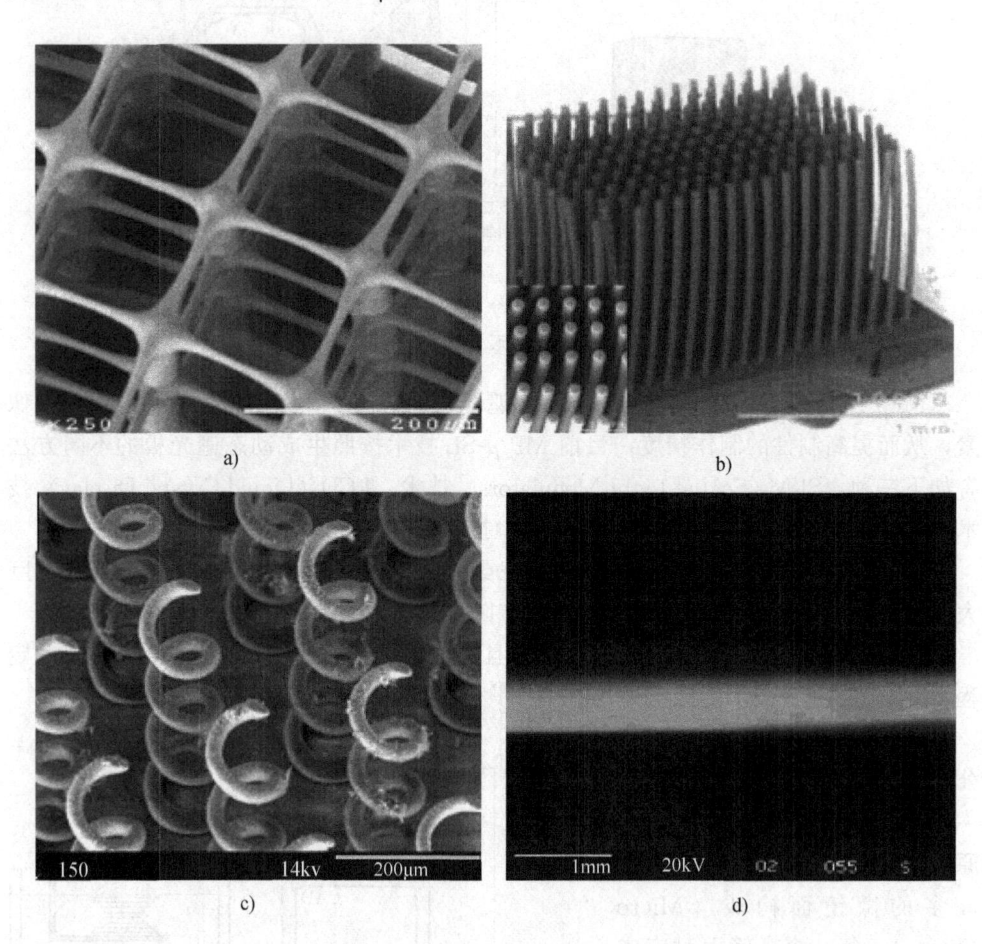

图 2-44　DMD MP μ-SL 技术制作的三维微结构

2.5.2　基于双光子吸收效应的 μ-SL 技术

双光子吸收理论虽然早在 1931 年便被提出，但直到 1960 年才在实验室观测到了双光子吸收效应。此后，双光子吸收领域的研究取得了快速发展，其科研成果在许多方面投入实际应用。图 2-45a 为单光子吸收后发出荧光的过程。入射光为紫光，波长为 400nm，当此能量正好等于基态与激发态之间的能量差时，此能量将被基态电子吸收，使基态电子跃迁至具有较高能量的激发态，经过了一定的生命期后，此电子返回基态时的能量差将以光能的形式放出，这个现象就是单光子吸收激发荧光。图 2-45b 为双光子吸收效应激发的荧光。当入射光为波长 800nm 的近红外线光时，由于其波长为紫光的 2 倍，光子能量相应为紫光的二分之一。单个近红外线光的光子没有足够的能量将图中处于基态的电子激发，但是两个近红外线光的光子可以达到一个紫光光子的作用，使处于基态的电子能够吸收两个光子的能量，跃迁至激发态。

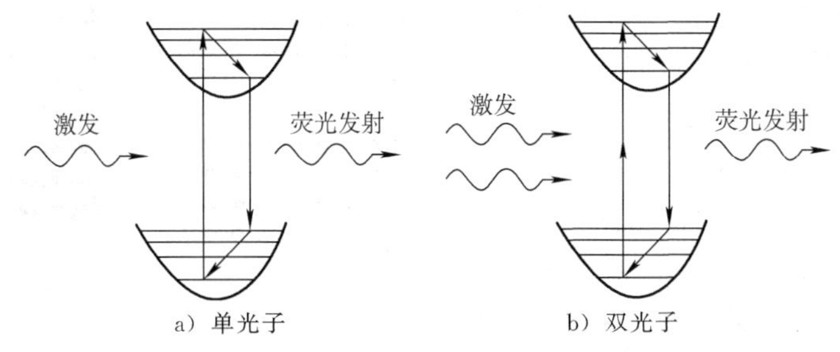

图 2-45　光子吸收效应激发荧光示意图

以双光子吸收效应代替传统光固化成型过程中单光子吸收的过程，就实现了所谓的双光子吸收光聚合反应。

双光子吸收光固化成型的实现需要采用不同于传统光固化成型的机制。首先，双光子吸收是非线性效应，需要采用能量较高的入射光源。目前常用的光源为飞秒级激光，配合采用高倍显微镜物镜聚焦，以获得能量极高的光斑。选择飞秒级激光光源的另一优势是，这一波长范围内的激光不会使目前光固化成型中使用的光敏树脂充分固化，这是因为一般光固化成型中使用的光敏树脂的敏感波长范围为 350～400nm 的紫外线区，而飞秒级近红外激光的波长范围为 750～800nm，不会使树脂发生光固化反应。如图 2-46a 所示，在成型过程中，高能激光由高倍显微物镜聚

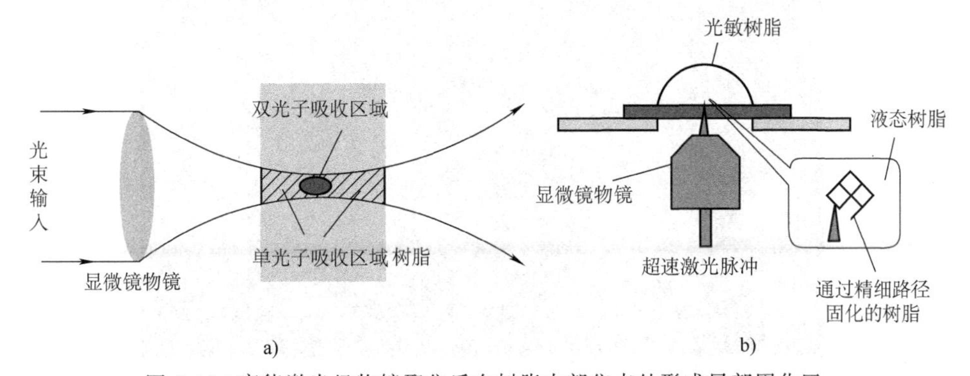

图 2-46　高能激光经物镜聚焦后在树脂内部焦点处形成局部固化区

焦，使树脂液面之下的焦点处能量达到引发双光子吸收效应的强度，而焦点之外光路中的光因为光强不足无法引发聚合效应，因此光固化反应仅发生在焦点位置，实现了局部固化，从而大大提高了光固化成型的精细度。通过控制焦点的位置，可以控制固化点的位置，在得到一系列的固化点后，便组成具有复杂形状的制件，如图 2-46b 所示。

由于双光子吸收效应属于非线性过程，根据非线性的特性，可以使固化物的尺寸小于光点的大小，从而达到次衍射极限。因此 μ-SL 可以达到的最小的三维像素的大小，将决定于树脂分子的大小。

μ-SL 中的扫描方式主要有两种：微点扫描法和线扫描法，如图 2-47 所示。两种方法各有自己的优点，采用 μ-SL 制作界面形状为字母“C”的制件，如果采用微点扫描法（图 2-47a），将逐个生成三维像素点，精度较高，但效率较低；如果采用线扫描法（图 2-47b），虽然效率较高，但精度不如微点扫描法。如果制作亚微米级的复杂结构，应选用微点扫描法，以保证制件精度。

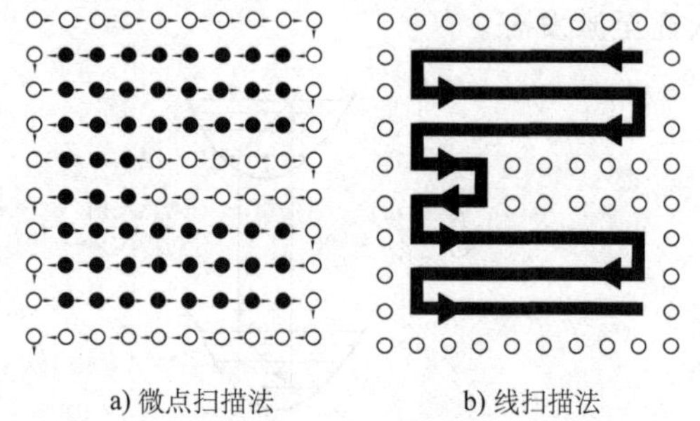
a) 微点扫描法 b) 线扫描法

图 2-47 μ-SL 技术中的激光扫描方式

图 2-48 所示为采用微点扫描法制作的微型柱结构的 SEM 图像。在二维平面上，每隔 20μm 放置一根微型柱，微型柱直径为 1.2μm、高 9.4μm，在 200μm×200μm 的范围之内做 100 根微型柱。实验中使用 SL—5510 型光敏树脂，入射光功率为 12.5mW，每根微柱的曝光时间为 2.4s。

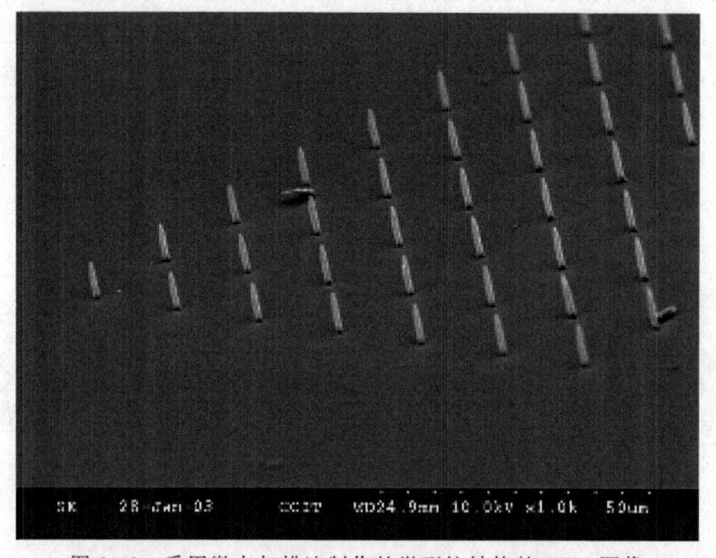

图 2-48 采用微点扫描法制作的微型柱结构的 SEM 图像

微光固化快速成型技术早在 20 世纪 80 年代就已经被提出，经过将近 30 年的努力研究，已经得到了一定的应用。但是绝大多数的 μ-SL 制造技术成本相当高，因此多数还处于实验室阶段，离实现大规模工业化生产还有一定的距离。今后该领域的研究方向如下：

1）开发低成本生产技术，降低设备的成本。

2）开发新型的树脂材料。

3）进一步提高光成型技术的精度。

4）建立 μ-SL 数学模型和物理模型，为解决工程中的实际问题提供理论依据。

5）实现 μ-SL 与其他领域的结合，例如生物工程领域等。

第3章 叠层实体快速成型工艺

叠层实体制造技术（Laminated Object Manufacturing，LOM）是几种最成熟的快速成型制造技术之一。这种制造方法和设备自1991年问世以来，得到迅速发展。由于叠层实体制造技术多使用纸材，成本低廉，制件精度高，而且制造出来的木质原型具有外在的美感性和一些特殊的品质，因此受到了较为广泛的关注，在产品概念设计可视化、造型设计评估、装配检验、熔模铸造型芯、砂型铸造木模、快速模具母模以及直接制模等方面得到了迅速应用。

3.1 叠层实体制造工艺的基本原理和特点

1. 叠层实体快速成型工艺的基本原理

图3-1为叠层实体快速成型制造技术的原理简图，它由计算机、原材料存储及送进机构、热粘压机构、激光切割系统、可升降工作台、数控系统和机架等组成。其中，计算机用于接收和存储工件的三维模型，沿模型的高度方向提取一系列的横截面轮廓线，发出控制指令。原材料存储及送进机构将存于其中的原材料（如底面有热熔胶和添加剂的纸）逐步送至工作台的上方。热粘压机构将一层层材料粘合在一起。激光切割系统按照计算机提取的横截面轮廓线，逐一在工作台上方的材料上切割出轮廓线，并将无轮廓区切割成小方网格，以便在成型之后能剔除废料，如图3-2所示。网格的大小根据被成型件的形状复杂程度选定，网格越小，越容易剔除废料，但切割网格花费的时间较长，否则反之。可升降工作台支撑成型的工件，并在每层成型之后，降低一个材料厚度（通常为0.1～0.2mm），以便送进、粘合和切割新的一层材料。数控系统执行计算机发出的指令，控制材料的送进，然后粘合、切割，最终形成三维工件原型。

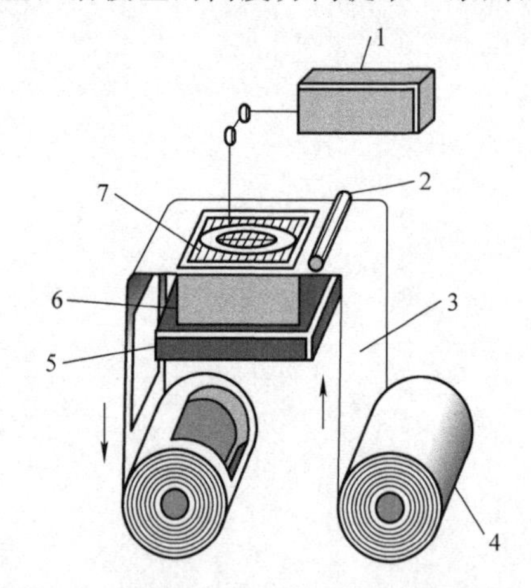

图3-1 叠层实体制造技术的原理简图
1—激光器 2—压辊 3—纸材
4—材料送进辊筒 5—升降台
6—叠层 7—当前叠层轮廓线

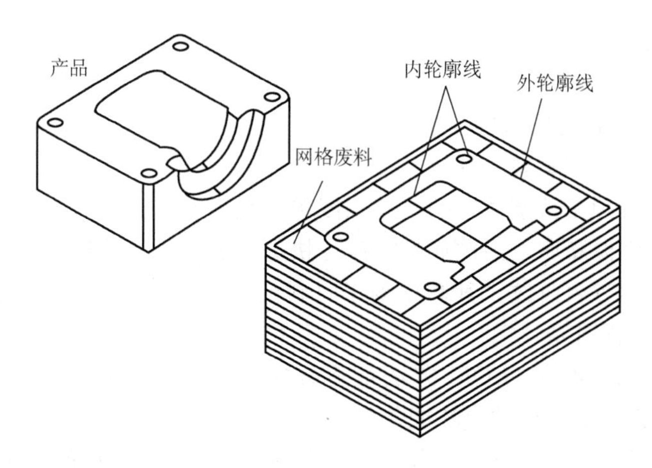

图 3-2　截面轮廓及网格废料

2. 叠层实体快速成型技术的特点

LOM 原型制作设备工作时，CO_2 激光器扫描头按指令做 x-y 切割运动，逐层将铺在工作台上的薄材切成所要求轮廓的切片，并用热压辊将新铺上的薄材牢固地粘在已成型的下层切片上，随着工作台按要求逐层下降，薄材进给机构的反复进给薄材，最终制成三维层压工件。其主要特点如下：

1）原材料价格便宜，原型制作成本低。

2）制件尺寸大。

3）无需后固化处理。

4）无需设计和制作支撑结构。

5）废料易剥离。

6）制件能承受高达 200℃的温度，有较高的硬度和较好的力学性能，可进行各种切削加工。

7）原型精度高。LOM 法制作的原型精度高的原因有以下几个方面：

① 进行薄材选择性切割成型时，在原材料——涂胶的纸中，只有极薄的一层胶发生状态变化，由固态变为熔融态，而主要的基底——纸仍保持固态不变，因此翘曲变形较小。

② 采用了特殊的上胶工艺，吸附在纸上的胶呈微粒状分布，用这种工艺制作的纸比热熔涂覆法制作的纸有较小的翘曲变形。

③ 采用了 x、y、z 三坐标伺服驱动和两坐标步进和直流驱动、精密滚珠丝杠传动、精密直线滚珠导轨导向、激光切割速度与切割功率的自动匹配控制，以及激光切口宽度的自动补偿等先进技术，因而使制件在 x 和 y 方向的进给可达 ±(0.1～0.2)mm，z 方向的精度可达±(0.2～0.3)mm。

8）设备采用了高质量的元器件，有完善的安全保护装置，因而能长时间连续运行，可靠性高，寿命长。

9）操作方便。

但是，LOM 成型技术也有不足之处：

① 不能直接制作塑料工件。

② 工件（特别是薄壁件）的抗拉强度和弹性不够好。

③ 工件易吸湿膨胀，因此成型后应尽快进行表面防潮处理。

④ 工件表面有台阶纹，其高度等于材料的厚度（通常为 0.1mm 左右），因此成型后需进行表面打磨。

根据以上介绍可知，LOM 方法最适合成型中、大型件，以及多种模具和模型，还可以直接制造结构件或功能件。

总之，叠层实体制造技术中激光束只需按照分层信息提供的截面轮廓线，逐层切割而无需对整个截面进行扫描，且不需考虑支撑。所以这种方法与其他快速成型制造技术相比，具有制作效率高、速度快、成本低等优点，在国内具有广阔的应用前景。

3.2 叠层实体快速成型的材料与设备

3.2.1 叠层实体快速成型材料

叠层实体快速成型工艺中的成型材料涉及三个方面的问题，即薄层材料、粘结剂和涂布工艺。薄层材料可分为纸、塑料薄膜、金属箔等。目前的 LOM 成型材料中的薄层材料多为纸材，而粘结剂一般为热熔胶。纸材料的选取、热熔胶的配置及涂布工艺均要从保证最终成型零件的质量出发，同时要考虑成本。对于 LOM 纸材的性能，要求厚度均匀、具有足够的抗拉强度以及粘结剂有较好的润湿性、涂挂性和粘接性等。下面就纸的性能、热熔胶的要求及涂布工艺进行简要的介绍。

1. 纸的性能

对于 LOM 成型材料的纸材，有以下要求：

1）抗湿性。保证纸原料（卷轴纸）不会因时间长而吸水，从而保证热压过程中不会因水分的损失而产生变形及粘接不牢。纸的施胶度可用来表示纸张抗水能力的大小。

2）润湿性。良好的润湿性保证良好的涂胶性能。

3）抗拉强度。保证在加工过程中不被拉断。

4）收缩率小。保证热压过程中不会因部分水分损失而导致变形，可用纸的伸缩率参数计量。

5）剥离性能好。因剥离时破坏发生在纸张内，要求纸的垂直方向抗拉强度不是很大。

6）易打磨，表面光滑。

7）稳定性。成型零件可长时间保存。

2. 热熔胶

叠层实体制造中的成型材料多为涂有热熔胶的纸材，层与层之间的粘接是靠热熔胶保证的。热熔胶的种类很多，其中 EVA 型热熔胶的需求量最大，占热熔胶消费总量的 80%左右。当然在热熔胶中还要添加某些特殊的组分。LOM 纸材对热熔胶的基本要求为：

1）良好的热熔冷固性（约 70～100℃开始熔化，室温下固化）。

2）在反复“熔融—固化”条件下，具有较好的物理化学稳定性。

3）熔融状态下与纸具有较好的涂挂性和涂匀性。

4）与纸具有足够粘接强度。

5）良好的废料分离性能。

3. 涂布工艺

涂布工艺包括涂布形状和涂布厚度两个方面。涂布形状指的是采用均匀式涂布还是非均匀涂布，非均匀涂布又有多种形状。均匀式涂布采用狭缝式刮板进行涂布，非均匀涂布有条纹式和颗粒式。一般来讲，非均匀涂布可以减小应力集中，但涂布设备比较贵。涂布厚度指的是在纸材上涂多厚的胶，选择涂布厚度的原则是在保证可靠粘接的情况下，尽可能涂得薄，以减少变形、溢胶和错移。

表 3-1 给出了新加坡 KINERGY 公司生产的三种型号纸材的物性指标。该公司生产的纸材，采用了熔化温度较高的粘结剂和特殊的改性添加剂，用这种材料成型的制件坚如硬木，表面光滑，成型过程中翘曲变形小，成型后工件与废料易分离，经表面涂覆处理后制件不吸水，具有良好的稳定性。

表 3-1　KINERGY 公司生产的三种型号纸材的物性指标

型　号	K—01	K—02	K—03
宽度/mm	300～900	300～900	300～900
厚度/mm	0.12	0.11	0.09
粘接温度/℃	210	250	250
成型后的颜色	浅灰	浅黄	黑
成型过程翘曲变形	很小	稍大	小
成型件耐温性	好	好	很好（>200℃）
成型件表面硬度	高	较高	很高
成型件表面光亮度	好	很好（类似塑料）	好
成型件表面抛光性	好	好	很好
成型件弹性	一般	好（类似塑料）	一般
废料剥离性	好	好	好
价格	较低	较低	较高

表 3-2 给出了美国 Cubic Technologies 公司生产的 LOM 快速成型用的薄材的物性指标，种类除了纸材外，还有聚酯薄膜和玻璃纤维薄膜等。

表 3-2 Cubic Technologies 公司生产的 LOM 薄材的物性指标

型　号	LPH 042		LXP 050		LGF 045	
材质	纸		聚酯		玻璃纤维	
密度/(g/cm^3)	1.449		1.0～1.3		1.3	
纤维方向	纵向	横向	纵向	横向	纵向	横向
弹性模量/MPa	2524		3435			
拉伸强度/MPa	26	1.4	85		>124.1	4.8
压缩强度/MPa	15.1	115.3	17	52		
压缩模量/MPa	2192.9	406.9	2460	1601		
最大变形程度(%)	1.01	40.4	3.58	2.52		
弯曲强度/MPa	2.8～4.8		4.3～9.7			
玻璃转化温度/℃	30				53～127	
膨胀系数/$(10^{-6}/K)$	3.7	185.4	17.2	229	X:3.9/Y:15.5	Z:111.1

3.2.2 叠层实体快速成型设备

目前研究叠层实体制造成型（LOM）设备和工艺的单位有美国的 Helisys 公司，日本的 Kira 公司、Sparx 公司，以色列的 Solidimension，新加坡的 Kinergy 公司以及国内的华中科技大学和清华大学等。

Helisys 公司的技术在国际市场上所占的比例最大。1984 年 Michael Feygin 提出了分层实体制造的方法，并于 1985 年组建 Helisys 公司，1992 年推出第一台商业机型 LOM—1015（台面 380mm×250mm×350mm）后，又于 1996 年推出台面达 815mm×550mm×508mm 的 LOM—2030 机型，其成型时间比原来缩短了 30%，如图 3-3 所示。Helisys 公司除原有的 LPH、LPS 和 LPF 三个系列纸材品种

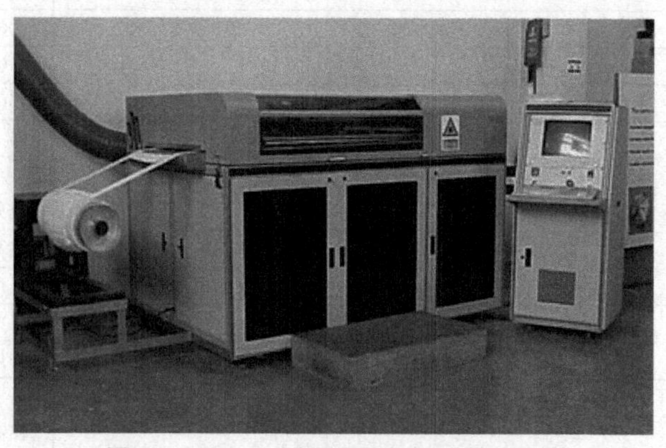

图 3-3 Helisys 公司的 LOM—2030 机型

以外，还开发了塑料和复合材料品种。在软件方面，Helisys公司开发了面向Windows NT4.0的LOMSlice软件包新版本，增加了STL可视化、纠错、布尔操作等功能，故障报警更完善。

日本Kira公司的PLT—A4机型采用了一种超硬质刀切割和选择性粘接的方法。

以色列Solidimension公司推出的SD 300型快速成型机类似于一台三维打印机，具有USB接口，可以置于办公台面上，如图3-4所示。使用的材料为工程塑料薄膜，制作的模型呈透明的琥珀色，其最小壁厚可以小至1.0mm。图3-5给出了SD 300型PVC薄膜打印机配置的耗材及制作的模型。

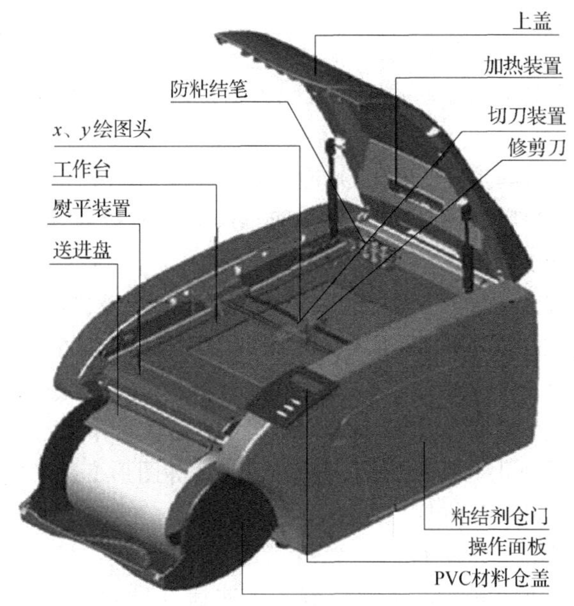

图3-4　Solidimension公司开发的SD 300型叠层打印机

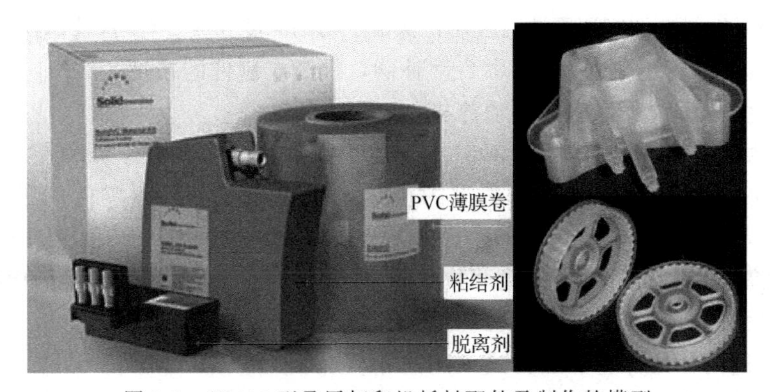

图3-5　SD300型叠层打印机耗材配件及制作的模型

国内华中科技大学研制的HRP系列薄材叠层快速成型机如图3-6所示，无论在硬件还是在软件方面都有自己独特的特点。

硬件系统采用国际著名厂家生产的元器件，保证了整机的高可靠性和高性能，具有如下特点：

1）x-y 扫描单元采用交流伺服驱动和滚珠丝杠传动，升降工作台为4柱导向和双滚珠丝杠传动（专利），保证了系统的高精、高速和平稳传动。

2）无拉力叠层材料送进系统（专利），送进可靠，速度高，材料利用率高。

图3-6 HRP系列薄材叠层快速成型机

3）抽风排烟装置采用随动式吹风和强力抽排烟装置（专利），能及时充分地排出烟尘，防止烟尘污染。

4）采用国际著名的美国公司 CO_2 激光器，稳定性好，可靠性高，模式好，寿命长，功率稳定，切割质量好，并且可更换气体，具有较高的性能价格比，并配以全封闭恒温水循环冷却系统。

独立开发的功能强大的HRP2001软件，具有易于操作的友好图形用户界面，开放式的模块化结构，国际标准输入输出接口，具有以下功能：

1）STL文件识别及重新编码。

2）独有的容错及数据过滤切片技术，可大幅提高工作效率。

3）STL文件可视化，具有旋转、平移、缩放等图形变换功能。

4）原型制作实时动态仿真。

5）独有的变网格划分技术。

6）数据拟合，速度规划，速度预测，高速插补控制，任意组合曲线的高速、高精连续加工，此为该公司独有的技术。

7）激光能量随切割速度适时控制，保证了切割深度和线度均匀，切割质量好。

8）激光光斑直径随内外轮廓自动补偿，提高了制件的精度。

9）系统故障诊断，故障自动停机。

清华大学也研究并推出了LOM快速成型设备SSM—500与SSM—1600。其中SSM—1600设备是当前世界上最大的快速成型设备，可成型零件的最大尺寸为1600mm×800mm×700mm，适用于制造大规格的快速原型。该设备具有大尺寸、高精度、高效率、高可靠性的显著技术特点。该设备与精密铸造、凝固模拟等技术结合，可用于制造大型的快速模具。其主要技术特点为：

1）先进的分区并行加工方式（国家专利）。

2）快速板式热压装置（国家专利）。

3）无张力快速供纸技术（国家专利）。

4）机床式高稳定性铸铁床身。

5）高精度、高可靠性的运动系统、控制系统。

6）高性能激光系统及光学系统。

表3-3为国内外部分叠层实体（LOM）快速成型设备一览表。

表3-3 国内外部分叠层实体（LOM）快速成型设备一览表

参数 型号	研制单位	加工尺寸 /mm×mm×mm	精度 /mm	层厚 /mm	激光 光源	扫描速度 /(m/s)	外形尺寸 (长/mm×宽/mm×高/mm)
HRP—ⅡB	华中科技大学	450×450×350	—	0.02	50W CO_2	—	1470×1100×1250
HRP—ⅢA		600×400×500	—		50W CO_2	—	1570×1100×1700
HRP—Ⅳ		800×500×500	—		50W CO_2	—	2000×1400×1500
LOM1015	Helisys（美国）	380×250×350	0.254	0.4318	25W CO_2	—	—
LOM2030		815×550×508	0.254	0.4318	50W CO_2	—	1118×1016×1143
SD300	Solidimen（以色列）	160×210×135	0.2～0.3	0.165	—	—	450×725×415
PLT—A4	Kira（日本）	280×190×200	—	—	—	—	—
PLA—A3		400×280×300	—	—	—	—	—
ZIPPYⅠ	Kinergy（新加坡）	380×280×340	—	—	—	—	—
ZIPPYⅡ		1180×730×550	—	—	—	—	—
ZIPPYⅢ		750×500×450	—	—	—	—	—
SSM—500	清华大学	600×400×500	0.1	—	40W CO_2	0～0.5	—
SSM—1600		1600×800×700	0.15	—	50W CO_2	0～0.5	—

3.3 叠层实体快速成型的工艺过程

和其他的快速成型工艺方法一样，叠层实体制造工艺过程也大致分为前处理、叠层和后处理三个主要阶段。下面以某电器上壳的原型制作为例，具体介绍叠层实体制造技术的工艺过程。

1. 叠层实体制造工艺的前处理过程

（1）CAD模型及STL文件 各种快速成型制造系统的原型制作过程，都是在CAD模型的直接驱动下进行的，因此有人将快速成型制作过程称之为数字化成型。CAD模型在原型的整个制作过程中，相当于产品在传统加工流程中的图样，它为原型的制作过程提供数字信息。用于构造模型的计算机辅助设计软件应有较强的三维造型功能，包括实体造型（Solid Modelling）和表面造型（Surface Modelling），后者对构造复杂的自由曲面具有重要作用。

目前国际上商用的造型软件Pro/E、UGII、Catia、Cimatron、Solid Edge、MDT等的模型文件都有多种输出格式，一般都提供了能够直接由快速成型制造系统中切片软件识别的STL数据格式，而STL数据文件的内容是将三维实体的表面三角形化，并将其顶点信息和法矢有序排列起来而生成的一种二进制或ASCII信息。随着快速成型制造技术的发展，由美国3D Systems公司首先推出的CAD模型的STL数据格式，已逐渐成为国际上承认的通用格式。

图3-7是利用三维造型软件UGⅡ进行设计的某电器上壳。

（2）三维模型的切片处理 叠层实体制造技术等快速成型制造方法是在计算机造型技术、数控技术、激光技术、材料科学等基础上发展起来的，在快速成型叠层实体制造系统中，除了激光快速成型设备硬件外，还必须配备将CAD数据模型、激光切割系统、机械传动系统和控制系统连接起来，并协调运动的专用软件，该套软件通常称为切片软件。

图3-7 某电器上壳的三维设计

由于快速成型是按一层层截面轮廓来进行加工的，因此加工前必须在三维模型上，用切片软件沿成型的高度方向，每隔一定的间隔进行切片处理，以便提取界面的轮廓。间隔的大小根据被成型件精度和生产率的要求来选定。间隔越小，精度越高，但成型时间越长；否则反之。间隔的范围为0.05～0.5mm，常用0.1mm左右，在此取值下，能得到相当光滑的成型曲面。切片间隔选定之后，成型时每层叠加的材料厚度应与其相适应。显然，切片间隔不得小于每层叠加的最小材料厚度。

对于LOM工艺来说，叠层厚度为薄层材料（如纸等）的厚度。由于在叠加过程中，每层的厚度及累积的厚度无法保证严格的确定性，因此LOM工艺中叠层的累积厚度一般是通过实时测量而得到的，然后根据测量的叠层累积厚度值对CAD的STL模型进行实时切片处理。

图3-8是某电器上壳原型制作的切片软件及切片软件读入STL文件数据后并显示出来的某电器上壳。

2. 叠层实体制造工艺的分层叠加过程

（1）叠层实体制造工艺参数 从叠层实体快速成型制造技术的原理可以看出，该制造系统主要由控制系统、机械系统、激光器及冷却系统等几部分组成。LOM快速成型机的主要参数如下：

1）激光切割速度。激光切割速度影响着原型表面的质量和原型制作时间，通常是根据激光器的型号规格进行选定。

2）加热辊温度与压力。加热辊温度和压力的设置应根据原型层面尺寸大小、纸张厚度及环境温度来确定。

3）激光能量。激光能量的大小直接影响着切割纸材的厚度和切割速度，通常

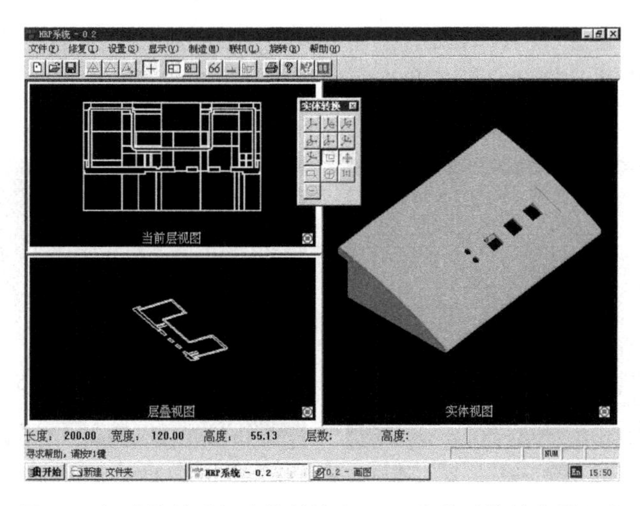

图3-8　切片软件及切片软件读入STL文件后的某电器上壳

激光切割速度与激光能量之间为抛物线关系。

4）切碎网格尺寸。切碎网格尺寸的大小直接影响着余料去除的难易和原型的表面质量，可以合理地变化网格尺寸，以达到提高效率的目的。

（2）原型制造过程　主要分为以下两个阶段：

1）基底制作。由于叠层在制作过程中要由工作台（或称升降台）带动频繁起降，为实现原型与工作台之间的连接，需要制作基底，通常作3～5层。

2）原型制作。当所有参数设定之后，设备便根据给定的工艺参数自动完成原型所有叠层的制作过程。

3. 叠层实体制造工艺的后处理过程

从LOM快速成型机上取下的原型埋在叠层块中，需要进行剥离，以便去除废料，有的还需要进行修补、打磨、抛光和表面强化处理等，这些工序统称为后处理。

（1）余料去除　余料去除是将成型过程中产生的废料、支撑结构与工件分离。余料去除是一项细致的工作，在有些情况下也很费时。对LOM成型无需专门的支撑结构，但是有网格状废料需要在成型后剥离，通常采用手工剥离的方法。在整个成型过程中，余料去除过程是很重要的，为保证原型的完整和美观，要求工作人员熟悉原型，并有一定的技巧。

（2）后置处理　为了使原型表面状况或机械强度等方面完全满足最终需要，保证其尺寸稳定性及精度等方面的要求，需要对如下情况进行后置处理：原型的表面不够光滑，其曲面上存在因分层制造引起的小台阶，以及因STL格式化而可能造成的小缺陷；原型的薄壁和某些小特征结构（如孤立的小柱、薄肋）可能强度、刚度不足；原型的某些尺寸、形状还不够精确；制件的耐温性、耐湿性、耐磨性和表面硬度可能不够满意；制件表面的颜色可能不符合产品的要求等。通常所采用的后置处理工艺是修补、打磨、抛光和表面涂覆等。

图 3-9 为经过后置处理的某电器上壳木质 LOM 原型。

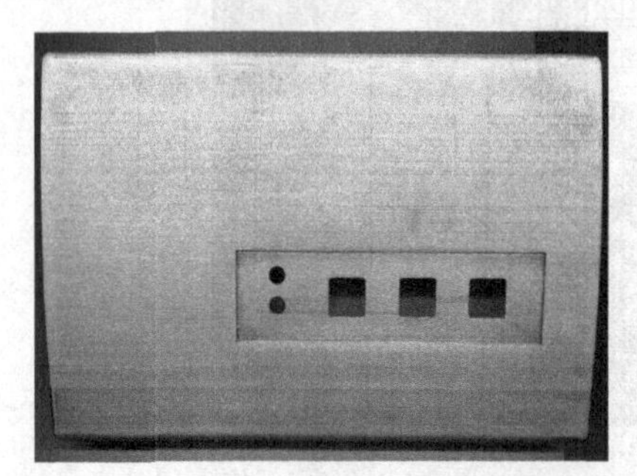

图 3-9 后置处理后的某电器上壳木质 LOM 原型

3.4 提高叠层实体成型制作质量的措施

成型件的精度是制约快速成型技术应用的重要方面之一。快速成型时，由于要将复杂的三维加工转化为一系列简单的二维加工的叠加，因此成型精度主要取决于二维 $x-y$ 平面上的加工精度，以及高度（z）方向上的叠加精度。对快速成型机本身而言，完全可以将 x、y、z 三方向的运动位置精度控制在微米（μm）级的水平，因而能得到精度相当高的原型。因此特别在加工复杂的自由曲面及内型腔时，快速成型比传统的加工方法表现出更明显的优势。然而影响工件最终精度的因素不仅有成型机本身的精度，还有一些其他的因素，而且往往这些其他因素还更难于控制。鉴于上述情况，目前快速成型技术所能达到的工件最终尺寸精度还只能是毫米的十分之一的水平。

1. 叠层实体成型制作误差分析

（1）CAD 模型前处理造成的误差　对于绝大多数快速成型设备而言，开始成型之前，必须对三维 CAD 模型进行 STL 格式化和切片等前处理，以便得到一系列的截面轮廓。

从本质上看，用有限的小三角面的组合来逼近 CAD 模型表面，是原始模型的一阶近似，它不包含邻接关系信息，不可能完全表达原始设计的意图，离真正的表面有一定的距离，而在边界上有凸凹现象，所以无法避免误差。图 3-10 为球面 STL 输出时的三角形划分，从图中可以看出弦差的大小直接影响输出的表面质量。

控制三角形数量的是转化精度。如果转化精度过高，STL 格式化文件的规模增大，加大后续数据处理的运算量，可能超出快速成型系统所能接受的范围，而且截面的轮廓会产生许多小线段，不利于激光头的扫描运动，导致低的生产效率和表面不光洁；而精度不够，STL 格式化后的模型与设计的 CAD 模型表达的实际轮廓

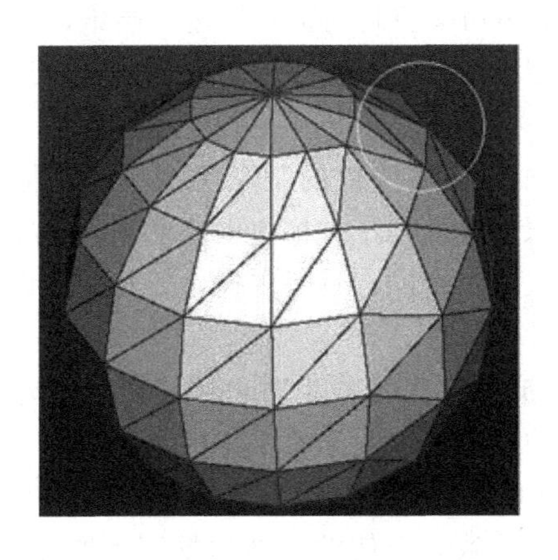
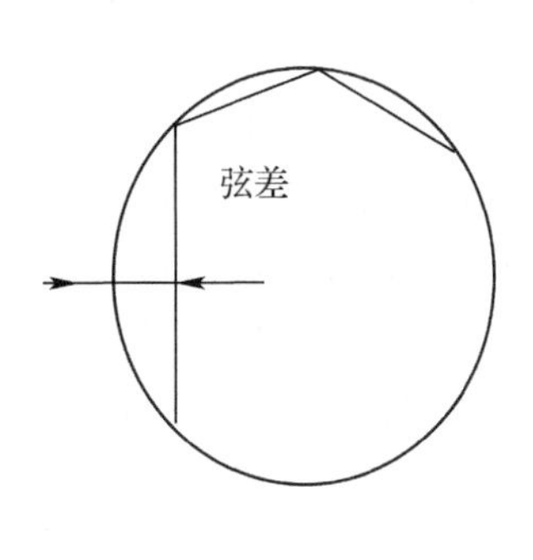

图 3-10 STL 输出的误差

之间存在差异，从而不可避免地造成近似结果与真正表面有较大的误差。

对 STL 格式模型进行切片处理时，由于受原材料厚度的制约，以及为达到较高的生产率，切片间距不可能太小（常取 0.1mm），因而会在模型表面造成“台阶效应”，如图 3-11 所示。

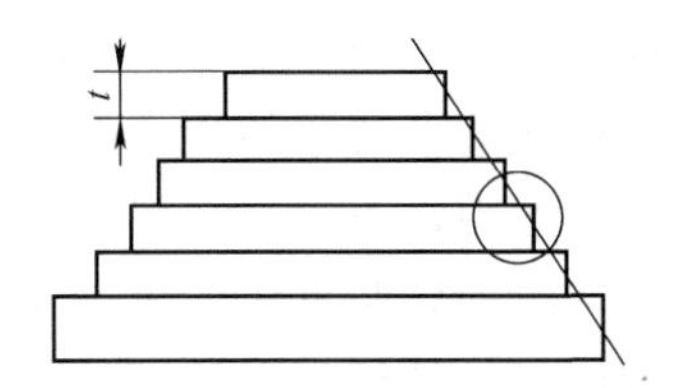

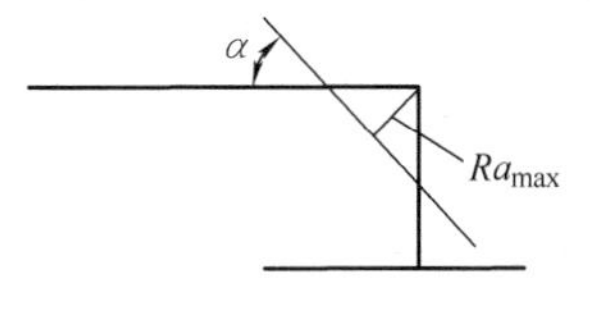

图 3-11 “台阶效应”示意图

从图 3-11 中可以看出，在厚度 t 一定的情况下，倾斜角 α 越小，最大粗糙度 Ra_{max} 越大。如果切片软件的精度过低，可能遗失两相邻切片层之间的小特征结构（如窄槽、小肋片、小突缘等）。

（2）设备精度误差 设备上激光头的运动定位精度，x、y 轴系导轨的垂直度，z 轴与工作台面的垂直度等都会对成型精度产生影响。但现代数控技术和精密传动技术可将激光头的运动定位精度控制在±0.02mm 以内，激光头的重复定位精度控制在 0.01mm 以内。因此相对于现阶段的成型件的精度±0.1mm 而言，其影响相对较小。

（3）成型过程中的误差

1）不一致的约束。由于相邻截面层的轮廓有所不同，它们的成型轨迹也可能有差别，因此每一层成型界面都会受到上、下相邻层的不一致的约束，导致复杂的内应力，使工件产生翘曲变形。在制作大件时，这种情况更容易出现。

2）成型功率控制不恰当。成型功率过大时，可能损伤已成型的前一层轮廓，在 LOM 机上难于绝对准确地将激光切割功率控制到正好切透一层纸，而且激光能量太高会将纸烧焦，降低激光器的使用寿命。激光能量和激光切割速度通常要相互配合选值。

3）切碎网格尺寸的多样性。LOM 快速成型机的激光切割系统，将每层没有轮廓的区域切割成小方网格，所需的原型被废料小方格包围，要剔除这些小方格才能得到三维工件，而切碎网格尺寸是人工设定的，具有多样性，其尺寸设定是否合理直接影响着余料去除的难易和成型件的精度。

4）工艺参数不稳定。在长时间或成型大尺寸原型时，可能出现工艺参数（如温度、压力、功率、速度等）不稳定的现象，从而导致层与层之间或同一层不同位置处的成型状况的差异。例如，当用 LOM 快速成型机制作大工件时，由于在 x 和 y 方向热压辊对纸施加的压力和热量不一致，会使粘结剂的粘度和厚度产生差异，并且导致工件厚度不均匀。

（4）成型之后环境变化引起的误差　从成型机上取下已成型的原型后，由于 LOM 成型采用的原材料常常是纸和涂在纸背面的胶组成，会因温度、湿度等环境状况的变化，吸入水分而发生变形和性能变化，甚至开裂，称之为热湿效应。热、湿变形是影响 LOM 原型精度的最关键的因素，也是最难控制的因素之一。

1）热变形。在 LOM 成型过程中，叠层块不断被热压和冷却，成型后制件逐步冷却至室温。在这两个过程中，制件内部存在复杂变化的内应力，会使制件产生不可恢复的热翘曲变形。这是因为：在成型过程中，由于粘结剂的热膨胀系数与纸的热膨胀系数相差甚大，所以粘结剂和纸受热时的膨胀量相差大，导致正在制作的原型翘曲。在热压后的冷却过程中，已切割成型的粘结剂和纸层的收缩受到相邻层结构的限制，造成不均匀约束，从而不能恢复到膨胀前的状态，最终产生不可恢复的热翘曲变形。

从快速成型机上取下叠层块并剥离废料后，由于制件内部有热残余应力，制件仍会发生变形，这种变形称之为残余变形。残余变形与制件的结构、刚度有关。制件刚度越小（如薄板件），残余变形越大；制件刚度越大（如有肋支撑），残余变形越小。同一制件的刚度可能不一致（特别是薄壁、薄肋部分），从而会引起复杂的内应力，导致翘曲、扭曲，严重时还会引起制件开裂。

2）湿变形。LOM 原型是由涂胶的薄层材料叠加而成，其湿变形遵守复合型材料的湿胀规律。当水分子在叠层的侧向开放表面聚集之后，将立即以较大的扩散速度通过胶层界面，使原型产生湿胀。

处理湿胀变形的方法一般是涂漆。为考察原型的吸湿性及涂漆的防湿效果，选取尺寸相同的通过快速成型机成型的长方形叠层块，经过不同处理后，置入水中 10min 进行实验，其尺寸和质量的变化情况见表 3-4。

表3-4　叠层块的湿变形引起的尺寸和质量变化

处理方式	叠层块初始尺寸(长/mm×宽/mm×高/mm)	叠层块初始质量/g	置入水中后的尺寸(长/mm×宽/mm×高/mm)	叠层方向增长高度/mm	置入水中后的质量/g	吸入水分的质量/g
未经过处理的叠层块	65×65×110	436	67×67×155	45	590	164
刷一层漆的叠层块	65×65×110	436	65×65×113	3	440	4
刷两层漆的叠层块	65×65×110	438	65×65×110	0	440	2

从表3-4可以看出，未经任何处理的叠层块对水分十分敏感，在水中浸泡10min，叠层方向便涨高45mm，增长41%，而且水平方向的尺寸也略有增长，吸入水分的质量达164g，说明未经处理的LOM原型是无法在水中使用的，或者在潮湿环境中不宜存放太久。为此，将叠层块涂上薄层油漆进行防湿处理。从实验结果看，涂漆起到了明显的防湿效果。在相同浸水时间内，叠层方向仅增长3mm，吸水质量仅4g。当涂刷两层漆后，原型尺寸已得到稳定控制，防湿效果已十分理想。

（5）工件后处理不当造成的误差　同其他快速成型方法相比，LOM法需要进行余料的去除，此过程人为因素很多，一旦损坏，再进行修补必然会使其精度受到影响。余料去除以后，为提高原型表面质量、保证尺寸稳定性及精度、强度要求或需要进一步翻制模具，则需对原型进行打磨、抛光和表面喷涂等后置处理。如果处理不当，对工件的形状、尺寸控制不严，也可能导致误差，对于有配合要求的位置，这种误差要尽量避免。

2. 提高叠层实体原型制作精度的措施

针对上述能造成LOM件精度误差的因素，在实际的LOM原型制作中，应注意以下几种控制措施：

1）在保证成型件形状完整平滑的前提下，在进行STL转换时，尽量避免过高的精度。不同的CAD软件所用的精度范围也不一样，例如Pro/E所选用的范围是0.01～0.05mm，UGⅡ所选用的范围是0.02～0.08mm，可以根据零件形状的不同复杂程度来定，如果零件的细小结构较多，可将转换精度设高一些。

2）原型制作设备上切片软件中STL文件拟合精度值的设定，应与STL文件输出精度的取值相匹配，切片软件处理STL文件设定的精度值，不应过高或过低于CAD造型软件输出STL文件的精度设定值。一般来说，两者接近较为合理。不过，也应根据原型结构来适当调整。若原型无细小结构，可适当降低切片软件处理STL文件的精度值，以提高切割的效率和原型表面的光顺程度；若原型存在精细结构，在CAD造型软件输出STL文件时，应将精度设定得高一些，同时切片软件处理 STL 文件的精度也相应提高，以确保精细结构的成型。

3）模型的成型方向对工件品质（尺寸精度、表面粗糙度、强度等）、材料成本和制作时间产生很大的影响。一般而言，无论哪种快速成型方法，由于不易控制工件 z 方向的翘曲变形等原因，工件的 x-y 方向的尺寸精度比 z 方向的更易保证，应该将精度要求较高的轮廓（例如，有较高配合精度要求的圆柱、圆孔），尽可能放置在 x-y 平面。

4）切碎网格的尺寸有多种设定方法，为提高成型效率，在保证易剥离废料的前提下，应尽可能减小网格线长度，可以根据不同的零件形状来设定。当原型形状比较简单时，可以将网格尺寸设大一些，提高成型效率；当形状复杂或零件内部有废料时，可以采用变网格尺寸的方法进行设定，即在零件外部采用大网格划分，零件内部采用小网格划分。

5）对于 LOM 制件的热湿变形可以从三个方面来进行控制：采用新材料和新涂胶方法，改进后处理方法，根据制件的热变形规律预先对 CAD 模型进行反变形修正。

原型叠层制作完毕后，应注意如下几点：

1）加压下冷却叠层块。成型完成后，对叠层块施加一定的压力，待其充分冷却后再撤除压力。这样做可以控制叠层块冷却时产生的热翘曲变形。在成型过程中，如有较长时间的间断，也应对叠层块加压，使其上表面始终保持平整，有助于预防继续成型时的开裂。

2）充分冷却后剥离。成型完成后，不立即剥离废料，而让工件在叠层块内冷却，使废料可以支承工件，减少因工件局部刚度不足和结构复杂引起的较大变形。

3）及时进行表面处理。为了防止工件吸湿膨胀，应及时对刚剥离的工件进行表面处理。表面处理的方法主要是涂覆增强剂（如强力胶、环氧树脂漆或聚氨酯漆等），有助于增加制件的强度和防潮效果。

3.5 叠层实体制造工艺后置处理中的表面涂覆

LOM 原型经过余料去除后，为了提高原型的性能和便于表面打磨，经常需要对原型进行表面涂覆处理。表面涂覆的好处有：

1）提高强度。

2）提高耐热性。

3）改进抗湿性。

4）延长原型的寿命。

5）易于表面打磨等处理。

6）经涂覆处理后，原型可更好地用于装配和功能检验。

纸材的最显著缺点是对湿度极其敏感，LOM 原型吸湿后叠层方向尺寸增长，严重时叠层会相互之间脱离。为避免因吸湿而引起的这些后果，在原型剥离后短期内应迅速进行密封处理。表面涂覆可以实现良好的密封，而且同时可以提高原型的强度和耐热、防湿性能。原型表面涂覆的示意图如图 3-12 所示。

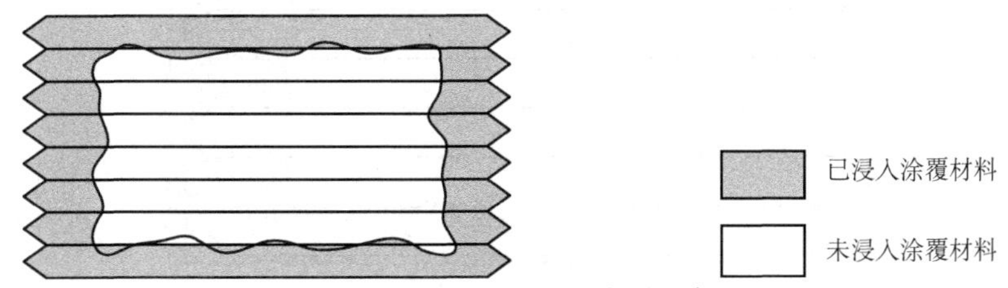

图 3-12 LOM 原型表面涂覆示意图

表面涂覆使用的材料一般为双组分的环氧树脂，如 TCC630 和 TCC115N 硬化剂等。原型通过表面涂覆处理后，尺寸稳定而且寿命也得到了提高。

表面涂覆的具体工艺过程如下：

1）将剥离后的原型表面用砂布轻轻打磨，如图 3-13 所示。

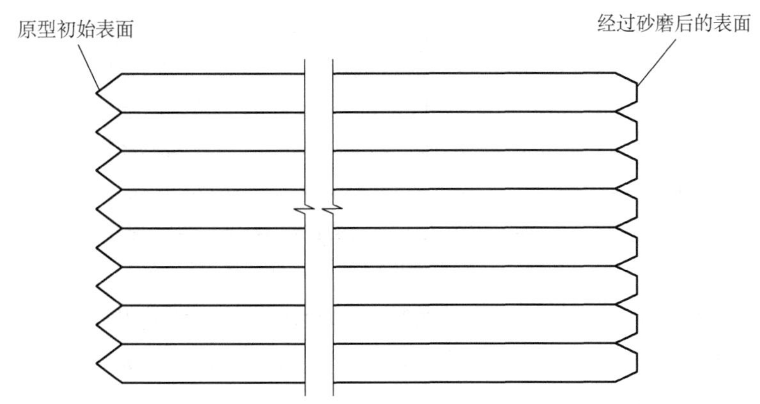

图 3-13 剥离后的原型经过砂布打磨前后表面形态示意图

2）按规定比例配备环氧树脂（质量比：100 份 TCC630 配 20 份 TCC115N），并混合均匀。

3）在原型上涂刷一薄层混合后的材料，因材料的粘度较低，材料会很容易浸入纸基的原型中，浸入的深度可以达到 1.2～1.5mm。

4）再次涂覆同样的混合后的环氧树脂材料，以填充表面的沟痕并长时间固化，如图 3-14 所示。

5）对表面已经涂覆了坚硬的环氧树脂材料的原型再次用砂布进行打磨，打磨之前和打磨过程中应注意测量原型的尺寸，以确保原型尺寸在要求的公差范围之内。

6）对原型表面进行抛光，达到无划痕的表面质量之后进行透明涂层的喷涂，以增加表面的外观效果，如图 3-15 所示。

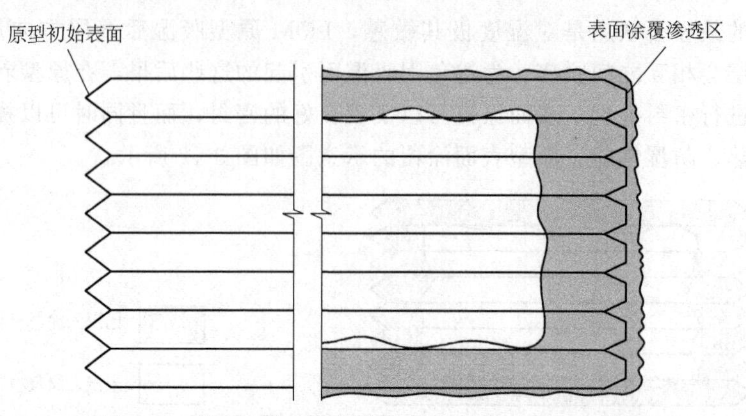

图 3-14 涂覆两遍环氧树脂后的原型表面形态示意图

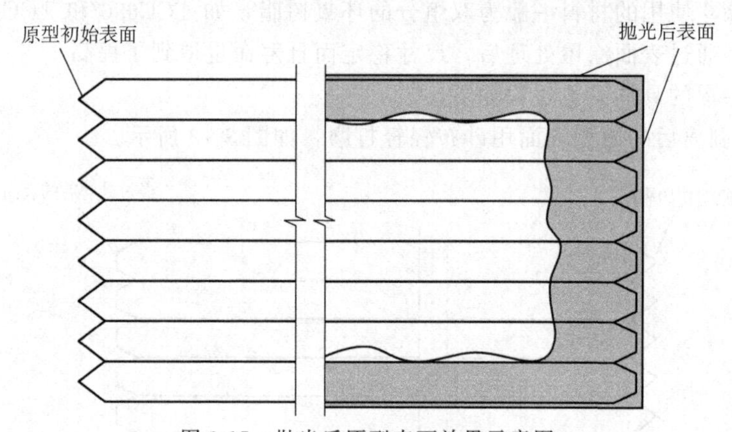

图 3-15 抛光后原型表面效果示意图

通过上述表面涂覆处理后，原型的强度和耐热、防湿性能得到了显著提高，将处理完毕的原型浸入水中，进行尺寸稳定性的检测，实验结果如图 3-16 所示。

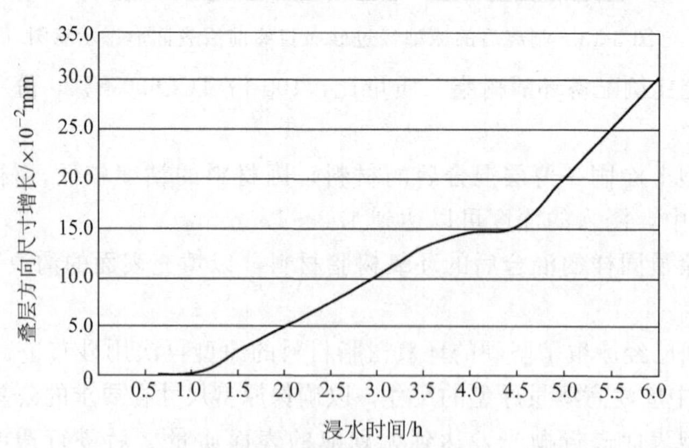

图 3-16 浸水时间与叠层方向尺寸增长实验曲线

3.6　新型叠层实体快速成型工艺方法

叠层实体快速成型工艺方法采用薄层材料整体粘接后，根据当前叠层的实体轮廓进行切割，逐层累积完成原型的制作，制作后需要去除余料。后处理中余料去除的工作量是比较繁重和费时的，尤其是对于内孔结构和内部型腔结构，余料的去除超常困难，有时甚至难以实现。针对这种状况，提出了采用双层薄材的新型叠层实体制造工艺方法，并进行了研究和尝试。

Ennex公司提出了一种新型叠层实体快速成型工艺方法，称为“Offset Fabrication”方法。该方法使用的薄层材料为双层结构，如图3-17a所示。上面一层为制作原型的叠层材料，下面的薄层材料是衬材。双层薄材在叠层之前进行轮廓切割，将叠层材料层按照当前叠层的轮廓进行切割，然后进行粘接堆积，如图3-17b所示。粘接后，衬层材料与叠层材料分离，带走当前叠层的余料。但是这种叠层方法只能适用于当前叠层需要去除余料的面积小于叠层实体面积的情况，否则，余料就会依然全部粘接在前一叠层上。比如，成型图3-18a所示的原型中灰色的叠层，进行了图3-18b所示的轮廓切割，然后按照图3-18c所示粘接在一起，当衬层材料移开时，却未能像预期的如图3-18d所示的情况带走余料，而是像图3-18e一样，所有的叠层材料全部粘接在前一叠层上了。

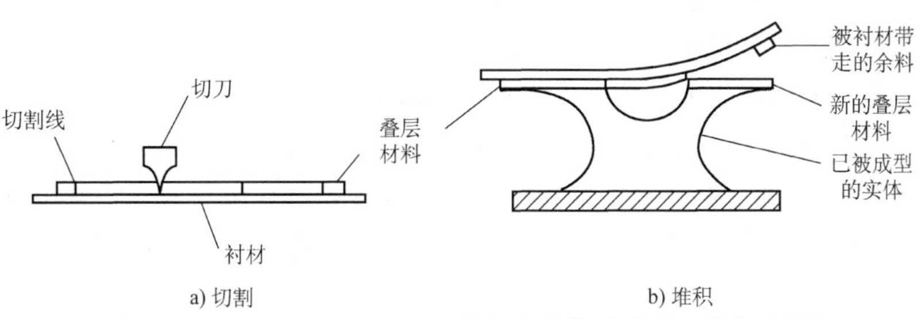

图3-17　“Offset Fabrication”叠层实体快速成型工艺方法原理

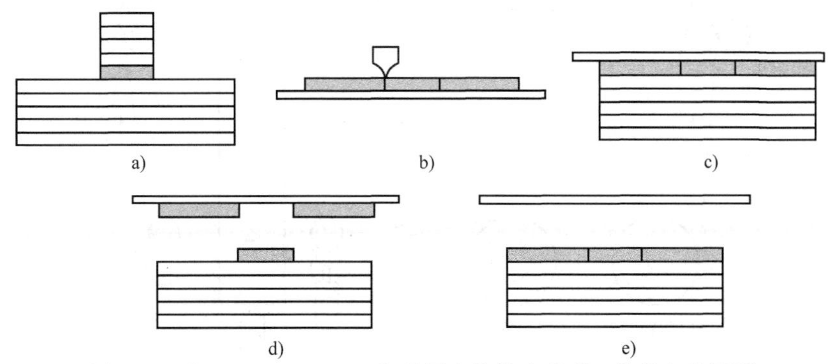

图3-18　“Offset Fabrication”叠层实体快速成型工艺存在的问题

针对“Offset Fabrication”方法存在的上述问题，Inhaeng Cho 提出了另外一种新的叠层实体快速成型工艺方法。Inhaeng Cho 提出的新工艺仍然采用双层薄材，只是衬层材料只起粘接作用，而叠层材料被切割两次。首先切割内孔或内腔的内轮廓，之后，内孔或内腔的余料在衬层与叠层分离时被衬层粘接带走，然后被去除内孔或内腔余料的叠层材料继续送进，与原来制作好的叠层实现粘接，接着进行第二次切割，切割其余轮廓。该方法建造过程的原理如图 3-19 所示。整个过程分为如下 6 步：

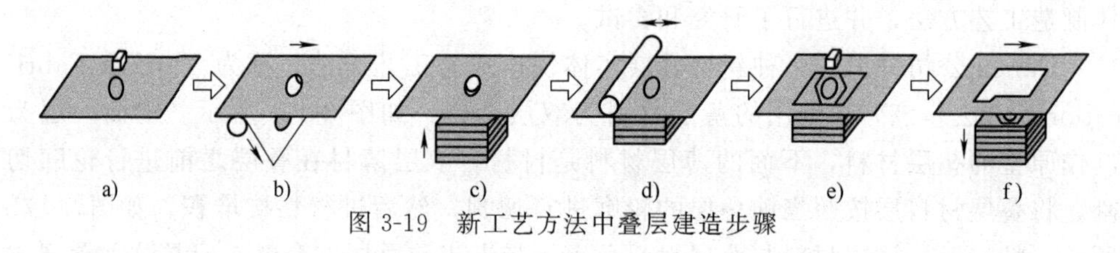

图 3-19 新工艺方法中叠层建造步骤

1）内孔或内腔内轮廓在第一次切割时被切开（图 3-19a）。

2）双层薄材送进，衬材和叠层材料分离，内孔或内腔余料粘接在衬层上（图 3-19b）。

3）工作台上升，使得已经切出内孔或内腔形状的叠层材料与先前制作的叠层接触（图 3-19c）。

4）压辊送进，新的叠层与原有的叠层实现粘接（图 3-19d）。

5）当前叠层的其余轮廓进行第二次切割（图 3-19e）。

6）工作台下移，当前叠层制作完毕（图 3-19f）。

上述过程反复进行，直至所有叠层制作完毕，完成原型的叠层制作过程。此时，内孔或内腔处的余料已经在制作过程中去除了，其他余料的去除就比较简单易行了。图 3-20 给出的是根据该方法原理构建的叠层制造系统机构示意图。图 3-21

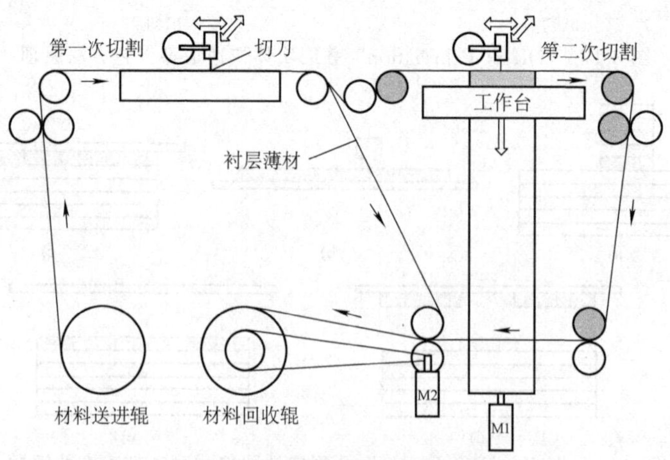

图 3-20 新工艺方法中叠层建造机构示意图

给出的是传统 LOM 方法和该新方法制作的某一原型的比较。图中给出的模型中有 5 个立柱，立柱中各有一个较深的不通孔。从图中两种原型的比较来看，基本没有什么差别。而新方法制作的原型，5 个不通孔处的余料已经去除了。

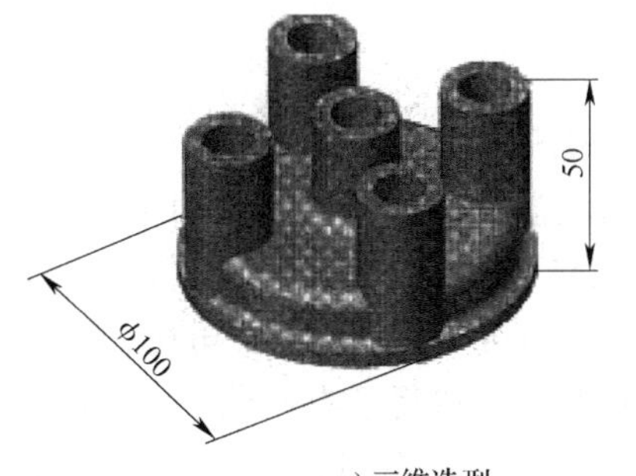

a) 三维造型

b) LOM原型

c) 新方法制作的原型

图 3-21　新工艺方法制作的原型与 LOM 原型比较

第4章　选择性激光烧结快速成型工艺

选择性激光烧结（Selective Laser Sintering，SLS）快速成型技术又称为选区激光烧结技术。该工艺方法最初是由美国德克萨斯大学奥斯汀分校的 Carl Deckard 于1989年在其硕士论文中提出的，稍后组建成 DTM 公司，于1992年开发了基于 SLS 的商业成型机（Sinterstation）。十几年来，奥斯汀分校和 DTM 公司在 SLS 领域做了大量的研究工作，在设备研制和工艺、材料开发上取得了丰硕成果。德国的 EOS 公司在这一领域也做了很多研究工作，并开发了相应的系列成型设备。

在国内，也有多家单位进行 SLS 的相关研究工作，如华中科技大学（武汉滨湖机电产业有限责任公司）、南京航空航天大学、中北大学和北京隆源自动成型有限公司等，也取得了许多重大成果和系列的商品化设备。

SLS 工艺是利用粉末材料（金属粉末或非金属粉末）在激光照射下烧结的原理，在计算机控制下层层堆积成型。SLS 的原理与 SLA 十分相像，主要区别在于所使用的材料及其形状不同。SLA 所用的材料是液态的紫外线光敏可凝固树脂，而 SLS 则使用粉状的材料。使用粉末材料是该项技术的主要优点之一，因为理论上任何可熔的粉末都可以用来制造模型，这样的模型可以用做真实的原型制件。

4.1　选择性激光烧结快速成型工艺的基本原理与特点

1. 选择性激光烧结快速成型工艺的基本原理

选择性激光烧结加工过程是采用铺粉辊将一层粉末材料平铺在已成型零件的上表面，并加热至恰好低于该粉末烧结点的某一温度，控制系统控制激光束按照该层的截面轮廓在粉层上扫描，使粉末的温度升至熔化点，进行烧结并与下面已成型的部分实现粘接。当一层截面烧结完后，工作台下降一个层的厚度，铺料辊又在上面铺上一层均匀密实的粉末，进行新一层截面的烧结，直至完成整个模型。在成型过程中，未经烧结的粉末对模型的空腔和悬臂部分起着支撑作用，不必像 SLA 工艺那样另行生成支撑工艺结构。SLS 使用的激光器是 CO_2 激光器，使用的原料有蜡、聚碳酸酯、尼龙、纤细尼龙、合成尼龙、金属，以及一些发展中的物料。

当实体构建完成且原型部分充分冷却后，粉末块上升至初始的位置，将其取出并放置到后处理工作台上，用刷子刷去表面粉末，露出加工件，其余残留的粉末可用压缩空气除去。

图4-1和图4-2分别给出了 SLS 系统的工艺原理和基本组成，包括 CO_2 激光器

和光学系统、粉料送进与回收系统、升降机构、工作台、构造室等。

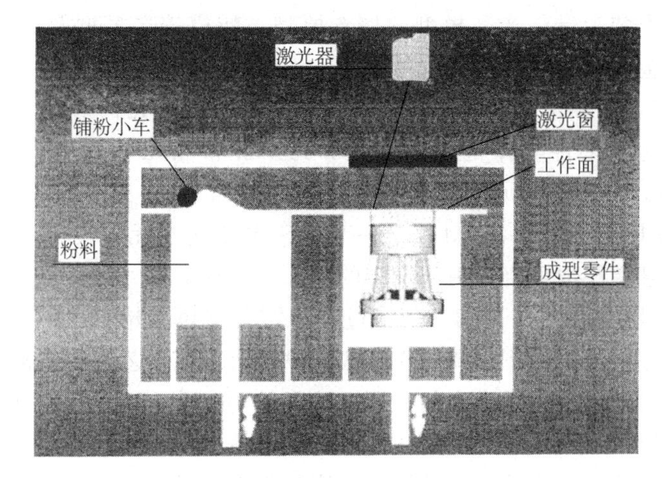

图 4-1　选择性激光烧结工艺原理图

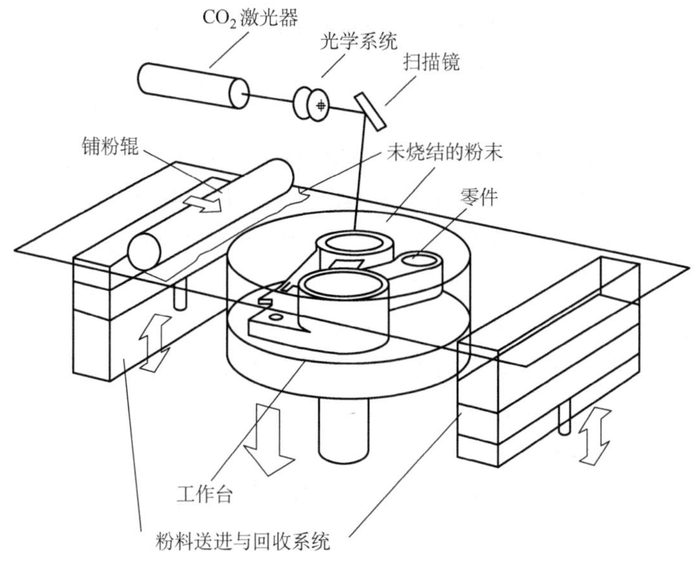

图 4-2　选择性激光烧结系统的基本组成

2. 选择性激光烧结快速成型工艺的特点

选择性激光烧结快速成型工艺和其他快速成型工艺相比，其最大的独特性是能够直接制作金属制品，同时该工艺还具有如下一些优点：

1）可采用多种材料。从原理上说，这种方法可采用加热时粘度降低的任何粉末材料，通过材料或各类含粘结剂的涂层颗粒制造出任何造型，适应不同的需要。

2）可制造多种原型。由于可用多种材料，选择性激光烧结工艺按采用的原料不同，可以直接生产复杂形状的原型、型腔模三维构件或部件及工具。例如，制造概念原型，可安装为最终产品模型的概念原型，蜡模铸造模型及其他少量母模生产，直接制造金属注塑模等。

3）高精度。依赖于使用的材料种类和粒径、产品的几何形状和复杂程度，该工艺一般能够达到工件整体范围内±（0.05～2.5）mm的偏差。当粉末粒径为0.1mm以下时，成型后的原型精度可达±1%。

4）无需支撑结构。和LOM工艺一样，SLS工艺也无需设计支撑结构，叠层过程中出现的悬空层面可直接由未烧结的粉末来实现支撑。

5）材料利用率高。由于SLS工艺过程不需要支撑结构，也不像LOM工艺那样出现许多工艺废料，也不需要制作基底支撑，所以该工艺方法在常见的几种快速成型工艺中，材料利用率是最高的，可以认为是100%。SLS工艺中的多数粉末的价格较便宜，所以SLS模型的成本相比较来看也是较低的。

但是，选择性激光烧结工艺的缺点也比较突出，具体如下：

1）表面粗糙。由于SLS工艺的原材料是粉状的，原型的建造是由材料粉层经过加热熔化而实现逐层粘接的，因此严格讲原型表面是粉粒状的，因而表面质量不高。

2）烧结过程挥发异味。SLS工艺中的粉层粘接是需要激光能源使其加热而达到熔化状态，高分子材料或者粉粒在激光烧结熔化时，一般要挥发异味气体。

3）有时需要比较复杂的辅助工艺。SLS技术视所用的材料而异，有时需要比较复杂的辅助工艺过程。以聚酰胺粉末烧结为例，为避免激光扫描烧结过程中材料因高温起火燃烧，必须在机器的工作空间充入阻燃气体，一般为氮气。为了使粉状材料可靠地烧结，必须将机器的整个工作空间内，直接参与造型工作的所有机件以及所使用的粉状材料预先加热到规定的温度，这个预热过程常常需要数小时。造型工作完成后，为了除去工件表面的浮粉，需要使用软刷和压缩空气，而这一步骤必须在封闭空间中完成，以免造成粉尘污染。

4.2 选择性激光烧结快速成型材料及设备

4.2.1 选择性激光烧结快速成型材料

选择性激光烧结工艺材料适应面广，不仅能制造塑料零件，还能制造陶瓷、石蜡等材料的零件。特别是可以直接制造金属零件，这使SLS工艺颇具吸引力。

用于SLS工艺的材料有各类粉末，包括金属、陶瓷、石蜡以及聚合物的粉末，如尼龙粉、覆裹尼龙的玻璃粉、聚碳酸酯粉、聚酰胺粉、蜡粉、金属粉（成型后常需进行再烧结及渗铜处理）、覆裹热凝树脂的细砂、覆蜡陶瓷粉和覆蜡金属粉等，SLS工艺采用的粉末粒度一般在50～125μm之间，见表4-1。

表 4-1　工程上粉体的等级及相应的粒度范围

粉体等级	粒度范围
粒体	大于 10mm
粉粒	10mm～100μm
粉末	100μm～1μm
细粉末或微粉末	1μm～10nm
超微粉末（纳米粉末）	小于 1nm

间接 SLS 用的复合粉末通常有两种混合形式：一种是粘结剂粉末与金属或陶瓷粉末按一定比例机械混合；另一种则是把金属或陶瓷粉末放到粘结剂稀释液中，制取具有粘结剂包裹的金属或陶瓷粉末。实践表明，采用粘结剂包裹的粉末的制备虽然复杂，但烧结效果较机械混合的粉末好。当烧结环境温度控制在聚碳酸酯软化点附近时，其线胀系数较小，进行激光烧结后，被烧结的聚碳酸酯材料翘曲较小，具有很好的工艺性能。为了提高原型的强度，用于 SLS 工艺材料的研究也逐渐转向金属和陶瓷。近年来开发的较为成熟的用于 SLS 工艺的材料见表 4-2。

表 4-2　SLS 工艺常用的材料及其特性

材料	特性
石蜡	主要用于熔模铸造，制造金属型
聚碳酸酯	坚固耐热，可以制造微细轮廓及薄壳结构，也可以用于消失模铸造，正逐步取代石蜡
尼龙、纤细尼龙、合成尼龙（尼龙纤维）	都能制造可测试功能零件，其中合成尼龙制件具有最佳的力学性能
铁铜合金	具有较高的强度，可做注塑模

国外的许多快速成型系统开发公司和使用单位都对快速成型材料进行了大量的研究工作，开发了多种适合于快速成型工艺的材料。其中在 SLS 领域，以 DTM 公司所开发的成型材料类别较多，最具代表性，其已商品化的 SLS 用成型材料产品见表 4-3。部分 DuraForm 系列粉末材料的具体型号及其指标与性能见表 4-4，部分金属粉末及树脂砂粉末的物理与力学性能见表 4-5。DuraForm PA 为尼龙粉，适于制作概念与功能模型，模型表面细腻，耐蚀性和抗吸湿性较好，力学性能与加工性均较好。DuraForm GF 是在尼龙中添加了玻璃粉材料，能制造微小特征，适合概念模型和测试模型制造，模型刚硬性及耐温性较好，尺寸稳定，可获得较好的表面质量。DuraForm EX 塑料粉烧结的模型强度较高，其强度类似于注射成形的 ABS 或 PP 制件，抗冲击性较好，可重复加工性强，适于制作复杂薄壁的管道制件等。CastForm PS 塑料粉烧结制作的消失型与蜡模相比，力学性能好，方便运输，便于装配与修复中的夹持，余灰少，陶瓷壳不易出现裂纹，可用于陶瓷模和石膏模的制作，适用于各种金属及合金的熔模铸造。

表 4-3 DTM 公司开发的 SLS 用成型材料

材料型号	材料类型	使用范围
DuraForm Polyamide	聚酰胺粉末	概念模型和测试模型制造
DuraForm GF	添加玻璃珠的聚酰胺粉	能制造微小特征，适合概念模型和测试模型制造
DTM Polycarbanate	聚碳酸酰粉末	消失模制造
TrueForm Polymer	聚苯乙烯粉末	消失模制造
SandForm Si	覆膜硅砂	砂型（芯）制造
SandForm ZR II	覆膜锆砂	砂型（芯）制造
Copper Polyamide	铜/聚酰胺复合粉	金属模具制造
RapidSteel 2.0	覆膜钢粉	功能零件或金属模具制造

表 4-4 部分 DuraForm 系列粉末材料及性能

指标 \ 型号	DuraForm FR100	DuraForm PA	DuraForm GF	DuraForm EX	DuraForm HST	True-Form PM
密度/(g/cm³)	1.03	1.00	1.49	1.01	1.20	1.08
邵氏硬度	73	73	77	74	75	—
吸湿性 (20℃,65% R.H.)	—	0.07%	0.22%	0.48%	—	0.26%
抗拉强度/MPa	27～32	43	26～27	48	31～51	10
拉伸模量/MPa	1880	1586	4068	1517	2900～5725	1604
延伸率(%)	3～20	14	1.4	5	2.7～4.5	1.2
弯曲强度/MPa	41～46	48	37	46	64～89	—
弯曲模量/MPa	1462	1387	3106	1310	2625～4550	—
冲击韧度/(J/m²)	49	32	41	74	37.4	11
热挠曲温度/℃	194	180	179	188	178.8～184	—
热膨胀系数/[μm/(m·℃)](0～50℃)/(85～145℃)	—	82.6/179.2	82.6/179.2	120/342	102.7/267.2	—
比热容/[J/(g·℃)]	—	1.64	1.09	1.75	1.503	—
热导率/[W/(m·K)]	—	0.70	0.47	0.51		

表 4-5 DTM 公司开发的部分金属粉末及树脂砂材料与性能

指标 \ 型号	Castform PS	Copper PA	Rapid Steel 2.0	SandForm Si	SandForm ZR 2.0
颜色	白	红	灰	黄	黄
粒子尺寸/μm	25～106	17～106	20～58	53～200	60～200
粉末密度/(g/cm³)	—	1.8	8.15	2.5	4.7
烧结后密度/(g/cm³)	—	3.45	7.5	1.6	—
抗拉强度/MPa	—	35	580	677	600
硬度	—	邵氏 D75	22HRC	—	—
熔点/℃	—	180	—	1710	2100

同样，粉末烧结快速成型设备著名开发商德国 EOS 公司也开发了系列粉末烧结材料，其型号及性能等见表 4-6。

表 4-6　EOS 公司开发的部分粉末材料型号及性能

指标＼型号	DirectSteel 50-V1	DirectSteel 50-V2	DirectSteel 50-V3	PA 2200	PA 3200 gf	EOSINTSquartz
颜色	灰	棕	棕	白	白	棕
粒子尺寸/μm	50	50	100	50	50	160
密度/(g/cm³)	8.2	9	9	1.03	—	—
粉末密度/(g/cm³)	4.3	5.1	5.7	0.45～0.5	0.70～0.75	1.4
烧结后密度/(g/cm³)	7.8	6.3	6.6	0.90～0.95	1.2～1.3	<1.4
弯曲强度/MPa	950	300～400	300	—	—	8
抗拉强度/MPa	500	120～200	180	50	40～47	—
邵氏硬度	73	73	77	74	75	—
冲击韧度/(kJ/m²)	—	—	—	21	15	—
熔点/℃	>700	>700	>700	180	180	—

我国对快速成型材料的研究与开发相对于工艺设备的研究与开发显得比较滞后，目前还处在起步阶段，与国外相比存在较大差距。虽然国内有多家研究开发单位对 SLS 材料和工艺进行了研究开发工作，但还没有专门的成型材料生产和销售单位。国内几家主要快速成型技术研究单位开发的材料见表 4-7。

表 4-7　国内几家开发的 SLS 用成型材料

研究单位	材料类型	使用范围
华中科技大学	覆膜砂、PS 粉等	砂铸、熔模铸造
北京隆源公司	覆膜陶瓷、塑料（PS、ABS）粉	熔模铸造
中北大学	覆膜金属、覆膜陶瓷、精铸蜡粉、原型烧结粉	金属模具、陶瓷精铸、熔模铸造、原型等

4.2.2　选择性激光烧结快速成型设备

研究选择性激光烧结（SLS）设备工艺的单位有美国的 DTM 公司、3D Systems 公司、德国的 EOS 公司，以及国内的华中科技大学、北京隆源公司和中北大学等。

1986 年，美国 Texas 大学的研究生 C. Deckard 提出了选择性激光烧结（SLS）的思想，稍后组建了 DTM 公司，于 1992 年推出 SLS 成型机。DTM 公司于 1992 年、1996 年和 1999 年先后推出了 Sinterstation 2000、2500 和 2500Plus 机型，如图 4-3 和图 4-4 所示。

图 4-3　DTM 公司的 Sinterstation2500 机型

图 4-4　DTM 公司的 Sinterstation2500 Plus 机型

其中，2500Plus 机型的成型体积比过去增加了 10%，同时通过对加热系统的优化，减少了辅助时间，提高了成型速度。

在材料方面，DTM 公司每年有数种新产品问世，其中 DuraForm GF 材料生产的制件，精度更高，表面更光滑；最近开发的弹性聚合物 Somos201 材料，具有橡胶特性，并可耐热和耐化学腐蚀，用该材料造出了汽车上的蛇形管、密封垫和门封等防渗漏的柔性零件；用 RapidSteel2.0 不锈钢粉制造的模具，可生产 10 万件注塑件，且其收缩率只有 0.2%，其制件可以达到较高的精度和较低的表面粗糙度值，几乎不需要后续抛光工序；DTM Polycarbonate 铜-尼龙混合粉末，主要用于制作小批量的注塑模。

华中科技大学的 HRPS—ⅢA 激光粉末烧结快速成型机如图 4-5 所示，在选择性激光烧结成型（SLS）技术方面有着自己先进的特点：

（1）硬件方面　扫描系统采用国际著名公司的振镜式动态聚焦系统，具有高速度（最大扫描速度为 4m/s）和高精度（激光定位精度小于 50μm）的特点；激光器采用美国 CO_2 激光器，具有稳定性好、可靠性高、模式好、寿命长、功率稳定、可更换气体、性能价格比高等特点，并配以全封闭恒温水循环冷却系统；新型送粉系统（专利）可使烧结辅助时间大大减少；排烟除尘系统能及时充分地排除烟尘，防止烟尘对烧结过程和工作环境的影响；全封闭式的工作腔结构，可防止粉尘和高温对设备关键元器件的影响。

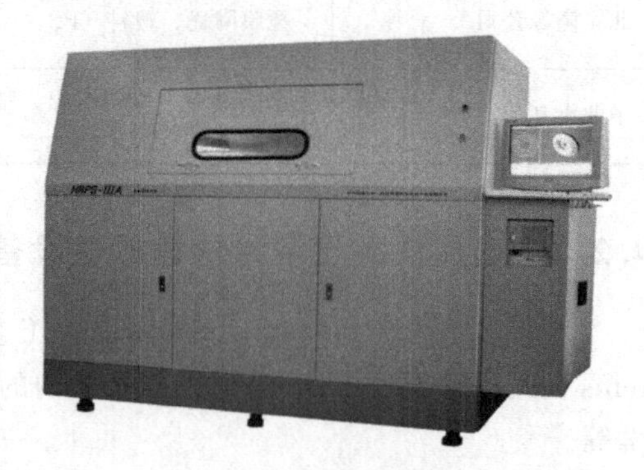

图 4-5　HRPS—ⅢA 激光粉末烧结快速成型机

（2）软件方面　自主开发的功能强大的HRPS'2002软件，具有易于操作的友好图形用户界面、开放式的模块化结构、国际标准输入输出接口，具有以下功能：

1）切片模块：具有HRPS—STL（基于STL文件）和HRPS—PDSLice（基于直接切片文件）两种模块，由用户选用。

2）数据处理：具有STL文件识别及重新编码、容错及数据过滤切片、STL文件可视化、原型制作实时动态仿真等功能。

3）工艺规划：具有多种材料烧结工艺模块（包括烧结参数、扫描方式和成型方向等）。

4）安全监控：设备和烧结过程故障自诊断，故障自动停机保护。

华中科技大学（武汉滨湖机电技术产业有限公司）开发了金属粉末熔化快速成型系统，目前推出了HRPM—Ⅰ和HRPM—Ⅱ两种型号。该设备可直接制作各种复杂精细结构的金属件及具有随形冷却水道的注塑模、压铸模等金属模具，材料利用率高。图4-6为HRPM—Ⅱ金属粉末熔化快速成型机。

图4-6　HRPM—Ⅱ金属粉末熔化快速成型机

表4-8为国内外部分选择性激光烧结（SLS）快速成型设备的特性参数。

表4-8　国内外部分选择性激光烧结（SLS）快速成型设备的特性参数

参数 型号	研制单位	加工尺寸/mm×mm×mm	层厚/mm	激光光源	激光扫描速度/(m/s)	控制软件
Sinterstation HiQ	3D Systems（美国）	381×330×457	—	30W CO_2 50W CO_2	5（标准） 10（快速）	VanguardHS si2™SLS system
Sinterstation Pro 140		550×550×460	0.1	70W CO_2	10	
Sinterstation Pro 230		550×550×750				
Sinterstation 2000	DTM（美国）	ϕ304.8mm×381mm	0.0762～0.508	50W CO_2	—	
Sinterstation 2500		350×250×500	0.07～0.12	50W CO_2	—	
Eosint S750	EOS（德国）	720×380×380	0.2	2×100W CO_2	3	Eos RP tools Magics RP Expert series
Eosint M250		250×250×200	0.02～0.1	200W CO_2	3	
Eosint P360		340×340×620	0.15	50W CO_2	5	
Eosint P700		700×380×580	0.15	50W CO_2	5	

（续）

参数 型号	研制单位	加工尺寸 /mm×mm×mm	层厚 /mm	激光光源	激光扫描 速度/(m/s)	控制软件
AFS—320MZ	北京隆源	320×320×435	0.08～0.3	50W CO_2	4	AFS Control 2.0
AFS—360		360×360×500	50W CO_2		2	
AFS—500		500×500×500			4	
HRPS—ⅡA	华中科大	320×320×450	0.2	50W CO_2		HPRS'2002
HRPS—ⅢA		400×400×450				
HRPS—ⅣA、B		500×500×400				
HRPS—Ⅴ		500×500×400	50W CO_2			
HRPM—Ⅰ		250×250×250	半导体泵 ND：YAG		—	Power RP
HRPM—Ⅱ		250×250×250	光纤激光器			

4.3　选择性激光烧结工艺过程

选择性激光烧结工艺使用的材料一般有石蜡、高分子材料、金属、陶瓷粉末和它们的复合粉末材料。材料不同，其具体的烧结工艺也有所不同。

1. 高分子粉末材料烧结工艺

和其他快速成型工艺方法一样，高分子粉末材料激光烧结快速成型制造工艺过程同样分为前处理、粉层烧结叠加以及后处理三个阶段。下面以某一铸件的 SLS 原型在 HRPS—IVB 设备上的制作为例，介绍具体的工艺过程。

（1）前处理　前处理阶段主要完成模型的三维 CAD 造型，并经 STL 数据转换后输入到粉末激光烧结快速成型系统中。图 4-7 给出的是某个铸件的 CAD 模型。

图 4-7　某铸件的 CAD 模型

（2）粉层激光烧结叠加　在叠层加工阶段，设备根据原型的结构特点，在设定的建造参数下，自动完成原型的逐层粉末烧结叠加过程。与 LOM 和 SLA 工艺相比较而言，SLS 工艺中成型区域温度的控制是比较重要的。

首先需要对成型空间进行预热，对于 PS 高分子材料，一般需要预热到 100℃左右。在预热阶段，根据原型结构特点进行制作方位的确定。当摆放方位确定后，将状态设置为加工状态，如图 4-8 所示。

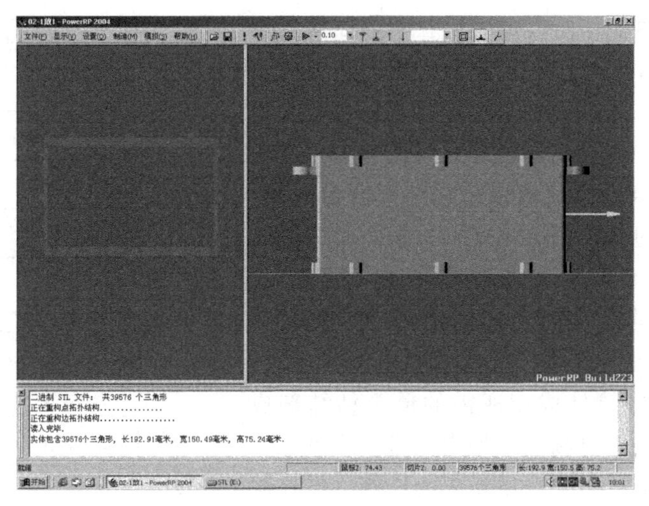

图 4-8　原型方位确定后的加工状态

然后设定建造工艺参数，如层厚、激光扫描速度和扫描方式、激光功率、烧结间距等。当成型区域的温度达到预定值时，便可以制作了。

在制作过程中，为确保制件烧结质量，减少翘曲变形，应根据截面变化，相应地调整粉料预热的温度。

当所有叠层自动烧结叠加完毕后，需要将原型在成型缸中缓慢冷却至 40℃以下，取出原型并进行后处理。

(3) 后处理　激光烧结后的 PS 原型件，强度很弱，需要根据使用要求进行渗蜡或渗树脂等补强处理。由于该原型用于熔模铸造，所以进行渗蜡处理。渗蜡后的该铸件原型如图 4-9 所示。

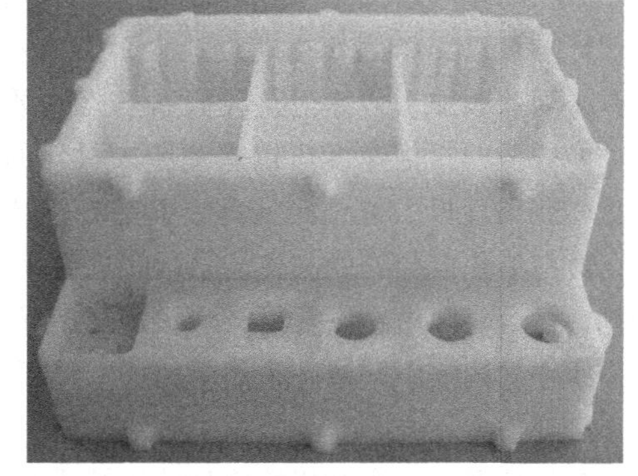

图 4-9　某铸件经过渗蜡处理的 SLS 原型

2. 金属零件间接烧结工艺

在广泛应用的几种快速成型技术方法中，只有 SLS 工艺可以直接或间接地烧结金属粉末来制作金属材质的原型或零件。金属零件间接烧结工艺使用的材料为混合有树脂材料的金属粉末材料，SLS 工艺主要实现包裹在金属粉粒表面树脂材料的粘接。基于 SLS 方法金属零件间接制造工艺过程，如图 4-10 所示。由图 4-10 可知，整个工艺过程主要分三个阶段：一是 SLS 原型件（“绿件”）的制作，二是粉末烧结件（“褐件”）的制作，三是金属熔渗后处理。

SLS原型件制作阶段的关键在于，如何选用合理的粉末配比和加工工艺参数实现原型件的制作。试验表明，对SLS原型件成型来说，混合粉体中环氧树脂粉末比例高，有利于其准确致密成型，成型质量高。但环氧树脂粘结剂含量过高，金属粉末含量过低，则会出现褐件制作时的烧失“塌陷”现象和金属熔渗时出现局部渗不足现象。可见，粉末材料配比将严重影响原型件及褐件的制作质量，而且两阶段对配比的要求相互矛盾。原则上必须兼顾绿件成型所需的最少粘结剂成分，同时又不致因过高而导致褐件难以成型。实际加工中，环氧树脂与金属粉末的比例一般控制在1∶5与1∶3之间。同时，影响激光烧结快速成型原型件质量的烧结参数很多，如粉末材料的物性、扫描间隔、扫描层厚、激光功率以及扫描速度等。对于小功率激光器的激光烧结快速成型系统，激光功率可调范围很小，激光功率对烧结性能的影响可以归结到扫描速度上，而扫描速度的选择必须兼顾加工效率及烧结过程与烧结质量的要求。较低的扫描速度可以保证粉末材料的充分熔化，获得理想的烧结致密度；但是扫描速度过低，材料熔化区获得的激光能量过多，容易引起“爆破飞溅”现象，出现烧结表面“疤痕”，且熔化区内易出现材料炭化，从而降低烧结表面质量。为保证加工层面之间与扫描线之间的牢固粘接，采用的扫描间隔不宜过大。实际加工中，烧结线间及层面间应有少许重叠，方可获得较好的烧结质量。扫描层厚也是激光烧结成型的一个重要参数，它的选择也与激光烧结成型的烧结质量密切相关。扫描层厚度必须小于激光束的烧结深度，使当前烧结的新层与已烧结层能牢固地粘连在一起，形成致密的烧结体；但过小的扫描层厚度，会增加烧结应力，损坏已烧结层面，烧结效果反而降低，因此扫描层厚的选择必须适当才能保证获得较好的烧结质量。总的来说，工艺参数的选取不仅要保证层面之间及烧结线之间的牢固粘接，还应该保证粉末材料的充分熔化，即烧结实体中不应存在“夹生”现象，应保证烧结成型各工艺参数的互相匹配。同时，尽量做到粉末材料不炭化，烧结过程平稳。在此基础上，尽可能采用较大的工艺参数，以提高加工效率。

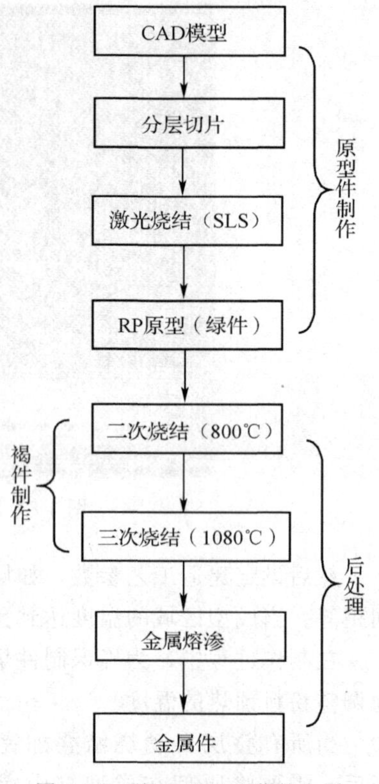

图4-10 基于SLS工艺的金属零件间接制造工艺过程

“褐件”制作的关键在于，烧失原型件中的有机杂质获得具有相对准确形状和强度的金属结构体。褐件制作时，需经过两次烧结过程，烧结温度和时间是主要的影响因素。应控制合适的烧结温度和时间，随着粘结剂烧失的同时，使金属粉末颗粒间发生微熔粘接，从而保证原型件不致塌陷。

金属熔渗阶段的关键在于，选用合适的熔渗材料及工艺，以获得较致密的最终金属零件。原型件烧结完成后，经过二次烧结与三次烧结，得到一个具有一定强度与硬度、内部具有疏松性“网状连通”结构的“褐件”。这些都是金属熔渗工艺的有利条件。试验表明，合适的熔渗材料对形成金属件的致密性有较大影响。所选渗入金属必须比“褐件”中金属的熔点低，以保证在较低温度下渗入。

采用上述工艺过程进行金属零件的快速制造试验。试验中采用金属铁粉末、环氧树脂粉末、固化剂粉末混合，其体积比为67%、16%、17%；用40W激光功率，取扫描速度170mm/s、扫描间隔0.2mm左右、扫描层厚为0.25mm时进行烧结。后处理二次烧结时，控制温度在800℃，保温1h；三次烧结时，温度1080℃，保温40min；熔渗铜时，温度1120℃，熔渗时间40min。所成型的金属齿轮零件，如图4-11所示。

图4-11　金属齿轮零件

3. 金属零件直接烧结工艺

金属零件直接烧结工艺采用的材料是纯粹的金属粉末，是采用SLS工艺中的激光能源对金属粉末直接烧结，使其熔化，实现叠层的堆积。其工艺流程如图4-12所示。

由工艺过程示意图可知，成型过程较间接金属零件制作过程明显缩短，无需间接烧结时复杂的后处理阶段。但必须有较大功率的激光器，以保证直接烧结过程中金属粉末的直接熔化。因而，直接烧结中激光参数的选择、被烧结金属粉末材料的熔凝过程及控制是烧结成型中的关键。

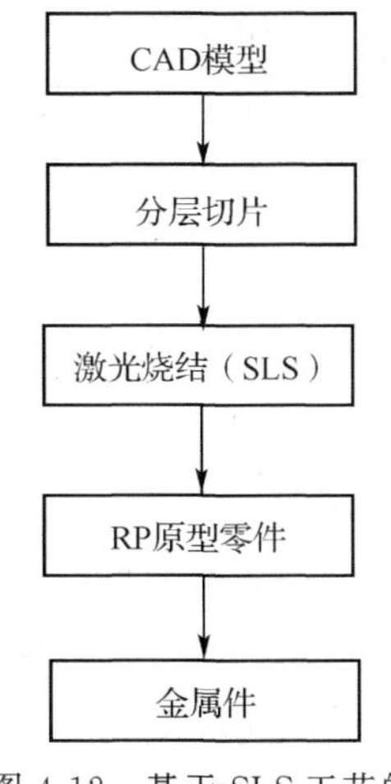

图4-12　基于SLS工艺的金属零件直接制造工艺流程

激光功率是激光直接烧结工艺中的一个重要影响因素。功率越高，激光作用范围内能量密度越高，材料熔化越充分，同时烧结过程中参与熔化的材料就越多，形成的熔池尺寸也就越大，粉末烧结固化后易生成凸凹不平的烧结层面，激光功率高到一定程度，激光作用区内粉末材料急剧升温，能量来不及扩散，易造成部分材料甚至不经过熔化阶段直接汽化，产生金属蒸气。在激光作用下，该部分金属蒸气与粉末材料中的空气一起在激光作用区内汇聚、膨胀、爆破，形成剧烈的烧结飞溅现象，带走熔池内及周边大量金属，形成不连续表面，严重影响烧结工艺的进行，甚至导致烧结无法继续进行。同时，这种状况下的飞溅产物也容易造成烧结过程的“夹杂”。光斑直径是激光烧结工艺的另外一个重要影响因素。总的来说，在满足烧结基本条件的前提下，光斑直径越小，熔池的尺寸也就可以控制得越小，越易在烧结过程中形成致密、精细、均匀一致的微观组织。同时，光斑越细，越容易得到精度较好的三维空间结构，但是光斑直径的减小，预示着激光作用区内能量密度的提高，光斑直径过小，易引起上述烧结飞溅现象。扫描间隔是选择性激光烧结工艺的又一个重要影响因素，它的合理选择对形成较好的层面质量与层间结合，提高烧结效率均有直接影响。同间接工艺一样，合理的扫描间隔应保证烧结线间与层面间有少许重叠。

在激光连续烧结成型过程中，整个金属熔池的凝固结晶是一个动态的过程。随着激光束向前移动，在熔池中金属的熔化和凝固过程是同时进行的。在熔池的前半部分，固态金属不断进入熔池处于熔化状态，而在熔池的后半部分，液态金属不断脱离熔池而处于凝固状态。由于熔池内各处的温度、熔体的流速和散热条件是不同的，在其冷却凝固过程中，各处的凝固特征也存在一定的差别。对多层多道激光烧结的样品，每道熔区分为熔化过渡区和熔化区。熔化过渡区是指熔池和基体的交界处，在这区域内晶粒处于部分熔化状态，存在大量的晶粒残骸和微熔晶粒，它并不是构成一条线，而是一个区域，即半熔化区。半熔化区的晶粒残骸和微熔晶粒都有可能作为在凝固开始时的新晶粒形核核心。对 Ni 基金属粉末烧结成型的试样分析表明：在熔化过渡区，其主要机制为微熔晶核作为异质外延，形成的枝晶取向沿着固-液界面的法向方向。熔池中除熔化过渡区外，其余部分受到熔体对流的作用较强，金属原子迁移距离大，称为熔化区。该区域在对流熔体的作用下，将大量的金属粉末粘接到熔池中，由于粉末颗粒尺寸的不一致（粉末的粒径分布为 15～130μm），当激光功率不太大时，小尺寸粉末颗粒可能完全熔化，而大尺寸粉末颗粒只能部分熔化，这样在熔化区中存在部分熔化的颗粒，这部分的颗粒有可能作为异质形核核心；当激光功率较高时，能够完全熔化熔池中的粉末，在这种情况下，该区域主要为均质形核。在激光功率较小时，容易形球，且形球对烧结成型不利，因此对 Ni 基金属粉末烧结成型，通常采用较大的功率密度，其熔化区主要为均质型核，形成等轴晶。

根据上述分析，进行了 Ni 基 F105 合金粉末的激光烧结试验。试验中，激光功率为 900W，光斑直径为 0.8mm，扫描间隔为 0.6mm，扫描速度为1.2m/min，粉层厚度为 0.1mm。成型的块体金属零件如图 4-13 所示。

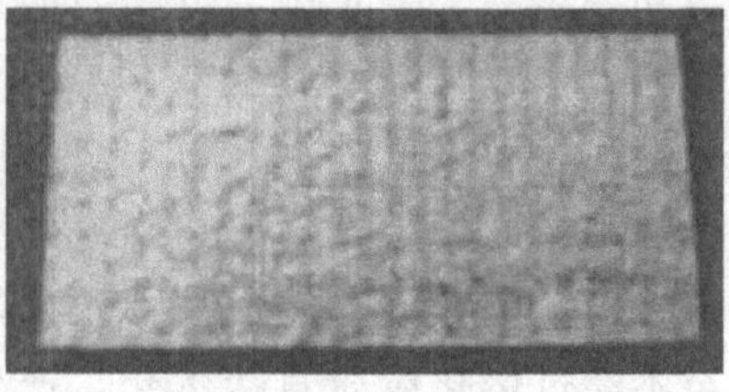

图 4-13 多层烧结制件表面

4. 陶瓷粉末烧结工艺

陶瓷粉末材料的选择性激光烧结工艺需要在粉末中加入粘结剂。目前所用的纯陶瓷粉末原料主要有 Al_2O_3 和 SiC，而粘结剂有无机粘结剂、有机粘结剂和金属粘结剂等三种。例如，用于选择性激光烧结的 Al_2O_3 陶瓷粉末有：Al_2O_3 陶瓷粉加无机粘结剂磷酸二氢氨（$NH_4H_2PO_4$）粉、Al_2O_3 陶瓷粉加有机粘结剂甲基丙烯酸甲酯（PMMA）、Al_2O_3 陶瓷粉加金属粘结剂 Al 粉等。

Al_2O_3 陶瓷粉加无机粘结剂磷酸二氢氨（$NH_4H_2PO_4$）粉进行烧结时，在烧结温度高于粘结剂磷酸二氢氨的熔点 190℃时，固体粉末晶体磷酸二氢氨首先分解，生成的 P_2O_4 与 Al_2O_3 发生反应，生成磷酸铝 $AlPO_4$，$AlPO_4$ 是一种无机粘结剂，可用于粘接 Al_2O_3 陶瓷。Al_2O_3 陶瓷粉和 PMMA 粉末按一定比例均匀混合时，控制好激光参数，使激光束扫描到的区域内 PMMA 熔化，将 Al_2O_3 陶瓷粉末粘接在一起。之后，对激光烧结件进行后续处理，以除去 PMMA。对于 Al_2O_3 陶瓷粉加金属粘结剂 Al 粉的烧结，也一样是控制激光参数，使扫描区域的 Al 粉熔化，熔化的 Al 将 Al_2O_3 陶瓷粉末粘接在一起。

当材料为陶瓷粉末时，可以直接烧结铸造用的壳型来生产各类铸件，甚至是复杂的金属零件。由于工艺过程中铺粉层的原始密度低，因而制件密度也低，故多用于铸造型壳的制造。例如，以反应性树脂包覆的陶瓷粉末为原料，烧结后，型壳部分成为烧结体，零件部分不属于扫描烧结的区域，仍是未烧结的粉末。将壳体内部的粉末清除干净，再在一定温度下使烧结过程中未完全固化的树脂充分固化，得到型壳。结果表明，壳型在强度、透气性和发气量等方面的指标均能满足要求，但表面质量仍有待改善。

陶瓷粉末烧结的制件的精度由激光烧结时的精度和后续处理时的精度决定。在激光烧结过程中，粉末烧结收缩率、烧结时间、光强、扫描点间距和扫描线行间距对陶瓷制件坯体的精度有很大影响。另外，光斑的大小和粉末粒径直接影响陶瓷制件的精度和表面粗糙度。后续处理（焙烧）时产生的收缩和变形也会影响陶瓷制件的精度。

4.4 高分子粉末烧结件的后处理

高分子粉末材料烧结件的后处理工艺主要有渗树脂和渗蜡两种。当原型件主要用于融模铸造的消失型时，需要进行渗蜡处理；当原型件为了提高强硬性指标时，需要进行渗树脂处理。

以高分子粉末为基底的烧结件力学性能较差，作为原型件一般需对烧结件进行树脂增强。在树脂涂料中，环氧树脂的收缩率较小，可以较好地保持烧结原型件的尺寸精度，提高了高分子粉末烧结件的适用范围。

1. 收缩精度的影响

由于烧结件微粒间除熔融粘连外，有大量的空隙存在，环氧固化体系溶液由于毛细管作用浸入烧结件内部，填充了大量空隙，如图 4-14 所示。由于环氧树脂固化体积收缩，对于烧结件有一个体积收缩过程，另外树脂在 PS 烧结件表面形成的涂层有所膨胀。这样就有膨胀收缩的存在，或正或负。对于烧结件较厚的地方，树脂涂层对体积变化无太大影响。烧结件较薄的地方，树脂涂层厚度和固化收缩对收缩率的影响则较大。对小尺寸部位有孔洞存在的烧结件，树脂涂层后，烧结件固化膨胀小，固化收缩大。

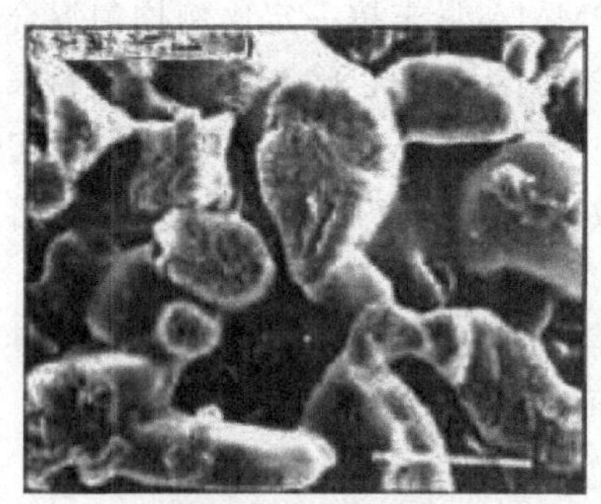

a) 未经处理的PS原型件

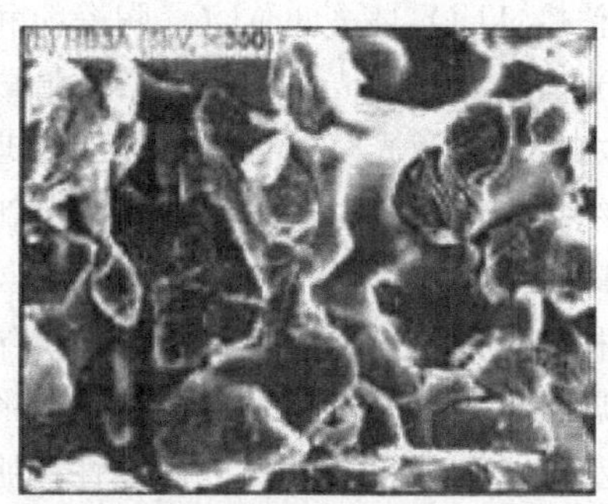

b) 经过渗树脂后的PS原型件

图 4-14 PS 材料 SLS 原型处理前后的断面 SEM 照片

从断面的 SEM 照片可以看出，未经处理的烧结件的微粒间除熔融粘连外，有大量的空隙存在；而经树脂处理后的烧结件，树脂填充了大量的空隙，烧结件的强度和抗冲击能力都大大提高了。

2. 力学性能的影响

塑性硬度是表示抵抗其他较硬物体的压入性能，是材料软硬程度有条件性的定量反映。烧结后的材料表面有一定的硬度，浸渍后，烧结件的邵氏硬度由 51HD 提高到 73HD 左右，硬度有了显著的改善。冲击性能对复合材料的宏观缺陷和微观结构上的差异十分敏感。经树脂处理后的烧结件的抗冲击性能得到了改善，抗冲性能约为未处理件的 1.9～2.7 倍，可以经受实际组装测试高速冲击状态下对断裂的抵抗能力。未经树脂处理的原烧结制件的最大受压力为 26.894MPa，经不同环氧树脂体系处理的烧结制件的最大受压为 47.207～67.137MPa。处理过后的抗压能力约为之前的 1.8～2.5 倍。经树脂处理后，烧结制件所能承受的拉伸载荷成倍地增加。烧结原型件的微粒间除熔融粘连外，亦有大量的空隙存在；而经树脂处理后的烧结件，树脂填充了大量的空隙，烧结件的抗冲击能力提高。

4.5　选择性激光烧结工艺参数

选择性激光烧结是一种先进的成型技术，它能缩短设计制造周期，从而减少生产成本，提高市场竞争力。在选择性激光烧结的过程中，通过 CO_2 激光器放出的热量使粉末材料加热熔化后一层层地叠加组成一个三维物体。激光束在计算机的控制下，通过扫描器以一定的速度和能量密度按分层面的二维数据扫描。激光束扫描之处，粉末烧结成一定厚度的实体片层，未扫描的地方仍保持松散的粉末状。根据物体截面层的厚度而升降工作台，铺粉滚筒再次将粉铺平后，开始新一层的扫描。然后激光束又照射这层被选定的区域，使其牢固地粘接在前一层上。如此重复直到整个制件成型完毕。

影响 SLS 成型精度的因素很多，例如 SLS 设备精度误差、CAD 模型切片误差、扫描方式、粉末颗粒、环境温度、激光功率、扫描速度、扫描间距、单层厚度等。

烧结工艺参数对精度和强度的影响是很大的。激光和烧结工艺参数，如激光功率、扫描速度和方向及间距、烧结温度、烧结时间以及单层厚度等对层与层之间的粘接、烧结体的收缩变形、翘曲变形甚至开裂都会产生影响。

1. 激光功率

随着激光功率的增加，尺寸误差向正方向增大，并且厚度方向的增大趋势要比长宽方向的尺寸误差大，这主要是因为对于波长一定的激光，其光斑直径是固定的。当激光功率增加时，光斑直径不变，但向四周辐射的热量会增加，这样导致长宽方向的尺寸误差随着功率的增加向正误差方向增大。由于激光的方向性，导致热量主要沿着激光束的方向进行传播，所以随着激光功率的增加，厚度方向即激光束的方向，更多的粉末烧结在一起。

当激光功率增加时，强度也随着增大。因为当激光功率比较低时，粉末颗粒只是边缘熔化而粘接在一起，球形的颗粒粉末之间存在着大量的孔隙，使得强度不会很高。当激光功率增大到一定程度时，粉末颗粒从完全熔化到固化。层内和层间的粉末已经不是一个个的颗粒了，而是熔化烧结成一个固体，使得致密度提高，强度也随之有相当大的提高。但是激光功率过大会加剧因熔固收缩而导致的制件翘曲变形，所以要综合选用激光和烧结工艺参数。

2. 扫描速度

当扫描速度增大时，尺寸误差向负误差的方向减小，强度减小。扫描速度对原型尺寸精度和性能的影响正好与激光功率的影响相反。扫描速度增大，则单位面积上的能量密度减小，相当于减小了激光功率，但扫描速度对快速成型的效率有一定的影响，所以要根据实际情况来选择。

3. 烧结间距

随着扫描间距的增大，尺寸误差向负误差方向减小，同时强度减小。扫描间距就是两条激光扫描线之间的距离。扫描间距越小，单位面积上的能量密度越大，粉末熔化就越充分，制件的强度越高。扫描间距越小，两束激光的重叠部分就越大，温度也会升高，这使得更多的粉末烧结在一起，导致尺寸误差向正误差方向增大。相反，当扫描间距增大时，尺寸误差向负误差方向减小，强度降低。但是扫描间距也是影响成型效率的一个重要指标，间距越大，成型效率越高，所以在实际生产中，应综合考虑，选取合适的扫描间距。

4. 单层厚度

随着单层厚度的增加，强度减小，尺寸误差向负方向减小。随着层厚增加，各层粘接的牢固程度逐渐减弱，容易剥离，甚至最终只能得到沿叠层方向的一系列面片。所以随着层厚的增加，强度逐渐减弱。层厚增加，需要熔化的粉末增加，向外传递的热量减少，使得尺寸误差向负方向减小。单层层厚对成型效率有很大的影响，应根据零件的形状进行综合考虑。

此外，预热是 SLS 工艺中的一个重要环节，没有预热，或者预热温度不均匀，将会使成型时间增加，所成型零件的性能低和质量差，零件精度差，或使烧结过程完全不能进行。对粉末材料进行预热，可减小因烧结成型时在工件内部产生的热应力，防止其产生翘曲和变形，提高成型精度。

第5章 熔融沉积快速成型工艺

熔融沉积快速成型（Fused Deposition Modeling，FDM）是继光固化快速成型和叠层实体快速成型工艺后的另一种应用比较广泛的快速成型工艺方法。该工艺方法以美国Stratasys公司开发的FDM制造系统应用最为广泛。该公司自1993年开发出第一台FDM 1650机型后，先后推出了FDM 2000、FDM 3000、FDM 8000及1998年推出的引人注目的FDM Quantum机型，FDM Quantum机型的最大成型体积达到600mm×500mm×600mm。此外，该公司推出的Dimension系列小型FDM三维打印设备得到市场的广泛认可，仅2005年的销量就突破了1000台。国内的清华大学与北京殷华公司也较早地进行了FDM工艺商品化系统的研制工作，并推出熔融挤压制造设备MEM 250等。

熔融沉积快速成型工艺比较适合家用电器、办公用品、模具行业新产品开发，以及用于义肢、医学、医疗、大地测量、考古等基于数字成像技术的三维实体模型制造。该技术无需激光系统，因而价格低廉，运行费用低且可靠性高。此外，从目前出现的快速成型工艺方法来看，FDM工艺在医学领域的应用尤其具有独特的优势。Stratasys公司在1998年与MedModeler公司合作开发了专用于医学领域的MedModeler机型，使用ABS材料，并于1999年推出可使用聚酯热塑性塑料的Genisys改进机型Genisys Xs。

5.1 熔融沉积快速成型工艺的基本原理和特点

1. 熔融沉积快速成型工艺的基本原理

熔融沉积又叫熔丝沉积，它是将丝状的热熔性材料加热熔化，通过带有一个微细喷嘴的喷头挤喷出来。喷头可沿 x 轴方向移动，而工作台则沿 y 轴方向移动。如果热熔性材料的温度始终稍高于固化温度，而成型部分的温度稍低于固化温度，就能保证热熔性材料挤喷出喷嘴后，随即与前一层面熔结在一起。一个层面沉积完成后，工作台按预定的增量下降一个层的厚度，再继续熔喷沉积，直至完成整个实体模型。

熔融沉积制造工艺的基本原理如图5-1所示，其过程如下：

将实心丝材原材料缠绕在供料辊上，由电动机驱动辊子旋转，辊子和丝材之间的摩擦力使丝材向喷头的出口送进。在供料辊与喷头之间有一导向套，导向套采用低摩擦材料制成，以便丝材能顺利、准确地由供料辊送到喷头的内腔。喷头的前端有电阻丝式加热器，在其作用下，丝材被加热熔融，然后通过出口涂覆至工作台上，并在冷却后形成界面轮廓。由于受结构的限制，加热器的功率不可能太大，因此丝材一般为熔点不太高的热塑性塑料或蜡。丝材熔融沉积的层厚随喷头的运动速度而变化，通常最大层厚为0.15～0.25mm。

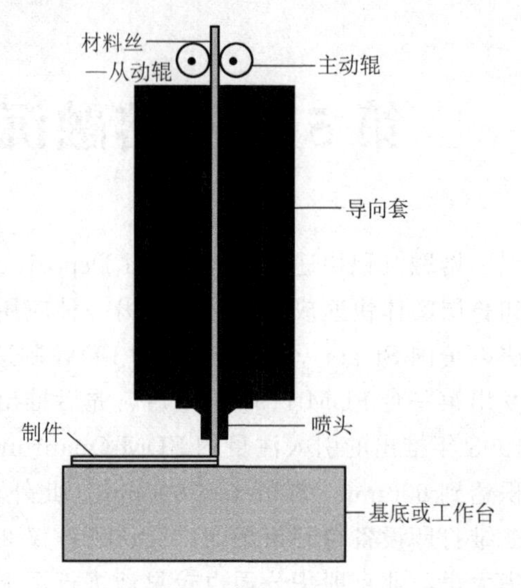

图 5-1　熔融沉积制造工艺的基本原理

熔融沉积快速成型工艺在原型制作时需要同时制作支撑，为了节省材料成本和提高沉积效率，新型 FDM 设备采用了双喷头，如图 5-2 所示。一个喷头用于沉积模型材料，一个喷头用于沉积支撑材料。一般来说，模型材料丝精细而且成本较高，沉积的效率也较低；而支撑材料丝较粗且成本较低，沉积的效率也较高。双喷头的优点除了沉积过程中具有较高的沉积效率和降低模型制作成本以外，还可以灵活地选择具有特殊性能的支撑材料，以便于后处理过程中支撑材料的去除，如水溶材料、低于模型材料熔点的热熔材料等。

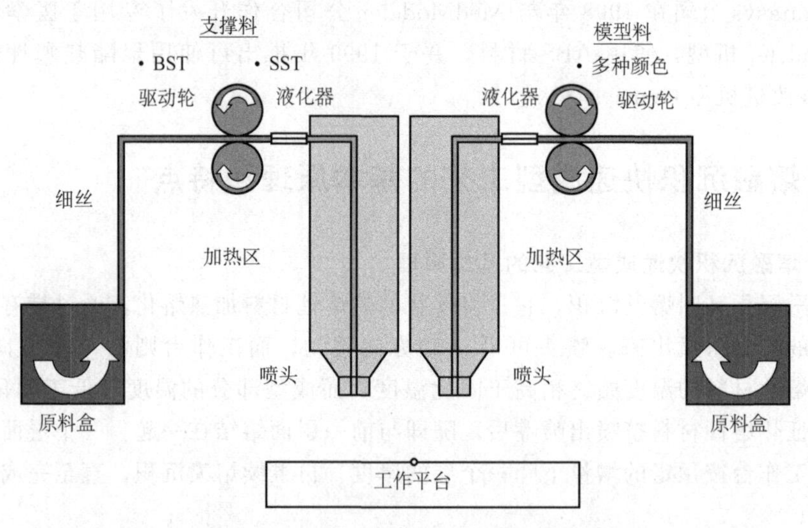

图 5-2　双喷头熔融沉积工艺的基本原理

BST—剥离式去除支撑（手动）　SST—溶解式去除支撑（自动）

2. 熔融沉积快速成型工艺的特点

熔融沉积快速成型工艺之所以被广泛应用，是因为它具有其他成型方法所不具有的许多优点。具体如下：

1）由于采用了热融挤压头的专利技术，使整个系统构造原理和操作简单，维护成本低，系统运行安全。

2）可以使用无毒的原材料，设备系统可在办公环境中安装使用。

3）用蜡成型的零件原型，可以直接用于熔模铸造。

4）可以成型任意复杂程度的零件，常用于成型具有很复杂的内腔、孔等零件。

5）原材料在成型过程中无化学变化，制件的翘曲变形小。

6）原材料利用率高，且材料寿命长。

7）支撑去除简单，无需化学清洗，分离容易。

8）可直接制作彩色原型。

当然，FDM工艺与其他快速成型制造工艺相比，也存在着许多缺点，主要如下：

1）成型件的表面有较明显的条纹。

2）沿成型轴垂直方向的强度比较弱。

3）需要设计与制作支撑结构。

4）需要对整个截面进行扫描涂覆，成型时间较长。

5）原材料价格昂贵。

表5-1给出了FDM工艺与其他几种常见的快速成型工艺方法的比较。

表5-1　FDM工艺与其他几种快速成型工艺方法的比较

指　标	SLA	LOM	SLS	FDM
成型速度	较快	快	较慢	较慢
原型精度	高	较高	较低	较低
制造成本	较高	低	较低	较低
复杂程度	复杂	简单	复杂	中等
零件大小	中小件	中大件	中小件	中小件
常用材料	热固性光敏树脂等	纸、金属箔、塑料薄膜等	石蜡、塑料、金属、陶瓷等粉末	石蜡、尼龙、ABS、低熔点金属等

5.2　熔融沉积快速成型材料及设备

5.2.1　熔融沉积快速成型材料

熔融沉积快速成型制造技术的关键在于热融喷头，喷头温度的控制要求使材料挤出时既保持一定的形状又有良好的粘接性能。除了热熔喷头以外，成型材料的相关特性（如材料的粘度、熔融温度、粘接性以及收缩率等）也是该工艺应用过程中的关键。

1）材料的粘度。材料的粘度低、流动性好，阻力就小，有助于材料顺利挤出。材料的粘度高，流动性差，需要很大的送丝压力才能挤出，会增加喷头的起停响应时间，从而影响成型精度。

2）材料熔融温度。熔融温度低可以使材料在较低温度下挤出，有利于提高喷头和整个机械系统的寿命。减少材料在挤出前后的温差，能够减少热应力，从而提高原型的精度。

3）粘接性。FDM 原型的层与层之间往往是零件强度最薄弱的地方，粘接性好坏决定了零件成型以后的强度。粘接性过低，有时在成型过程中因热应力会造成层与层之间的开裂。

4）收缩率。由于挤出时，喷头内部需要保持一定的压力才能将材料顺利挤出，挤出后材料丝一般会发生一定程度的膨胀。如果材料收缩率对压力比较敏感，会造成喷头挤出的材料丝直径与喷嘴的名义直径相差太大，影响材料的成型精度。FDM 成型材料的收缩率对温度不能太敏感，否则会产生零件翘曲、开裂。

由以上材料特性对 FDM 工艺实施的影响来看，FDM 工艺对成型材料的要求是熔融温度低、粘度低、粘接性好、收缩率小。

熔融沉积工艺使用的材料分为两部分：一类是成型材料，另一类是支撑材料。成型材料主要有 ABS 及医学专用的 ABSi、MABS 塑料丝、蜡丝、聚烯烃树脂丝、尼龙丝及聚酰胺丝等，其部分选用的基本信息及各种材料的特性指标分别见表 5-2 和表 5-3。

表 5-2　FDM 工艺成型材料的基本信息

材　料	适用的设备系统	可供选择的颜色	备　注
ABS 丙烯腈丁二烯苯乙烯	FDM1650、FDM2000、FDM8000、FDMQuantum	白、黑、红、绿、蓝	耐用的无毒塑料
ABSi 医学专用 ABS	FDM1650、FDM2000	黑、白	被食品及药物管理局认可的、耐用的且无毒的塑料
E20	FDM1650、FDM2000	所有颜色	人造橡胶材料，与封铅、轴衬、水龙带和软管等使用的材料相似
ICW06 熔模铸造用蜡	FDM1650、FDM2000	不详	—
可机加工蜡	FDM1650、FDM2000	不详	—
造型材料	Genisys Modeler	不详	高强度聚酯化合物，多为磁带式而不是卷绕式

表 5-3　FDM 工艺成型材料的特性指标

材　料	抗拉强度 /MPa	抗弯强度 /MPa	冲击韧度 /(J/m²)	延伸率 (%)	邵氏硬度 D	玻璃化温度 /℃
ABS	22	41	107	6	105	104
ABSi	37	61	101.4	3.1	108	116
ABSplus	36	52	96	4	—	—
ABS—M30	36	61	139	6	109.5	108
PC—ABS	34.8	50	123	4.3	110	125
PC	52	97	53.39	3	115	161
PC—ISO	52	82	53.39	5	—	161
PPSF	55	110	58.73	3	86	230
E20	6.4	5.5	347	—	96	—
ICW06	3.5	4.3	17	—	13	—
Genisys Modeling Material	19.3	26.9	32	—	62	—

FDM 工艺对支撑材料的要求是能够承受一定的高温、与成型材料不浸润、具有水溶性或者酸溶性、具有较低的熔融温度、流动性要特别好等，具体介绍如下：

1）能承受一定高温。由于支撑材料要与成型材料在支撑面上接触，所以支撑材料必须能够承受成型材料的高温，在此温度下不产生分解与融化。由于 FDM 工艺挤出的丝比较细，在空气中能够比较快速地冷却，所以支撑材料能承受 100℃以下的温度即可。

2）与成型材料不浸润，便于后处理。支撑材料是加工中采取的辅助手段，在加工完毕后必须去除，所以支撑材料与成型材料的亲和性不应太好。

3）具有水溶性或者酸溶性。由于 FDM 工艺的一大优点是可以成型任意复杂程度的零件，经常用于成型具有很复杂的内腔、孔等零件，为了便于后处理，最好是支撑材料在某种液体里可以溶解。这种液体不能产生污染或有难闻气味。由于现在 FDM 使用的成型材料一般是 ABS 工程塑料，该材料一般可以溶解在有机溶剂中，所以不能使用有机溶剂。目前已开发出水溶性支撑材料。

4）具有较低的熔融温度。具有较低的熔融温度可以使材料在较低的温度挤出，提高喷头的使用寿命。

5）流动性要好。由于支撑材料的成型精度要求不高，为了提高机器的扫描速度，要求支撑材料具有很好的流动性，相对而言，黏性可以差一些。

5.2.2　熔融沉积快速成型制造设备

供应熔融沉积制造（FDM）设备的单位主要有美国的 Stratasys 公司、3D Systems 公司、MedModeler 公司以及国内的清华大学等。

Stratasys公司的FDM技术在国际市场上所占比例较大。Scott Crump在1988年提出了熔融沉积（FDM）的思想，并于1991年开发了第一台商业机型。Stratasys公司于1993年开发出第一台FDM 1650（台面为254mm×254mm×254mm）机型，如图5-3所示。

图5-3 Stratasys公司的FDM 1650机型

Stratasys公司又先后推出了FDM 2000、FDM 3000和FDM 8000机型。其中FDM 8000的台面达457mm×457mm×609mm；引人注目的是1998年Stratasys公司推出的FDM Quantum机型，最大成型体积为600mm×500mm×600mm，如图5-4所示。由于采用了挤出头磁浮定位系统，可在同一时间独立控制两个挤出头，因此其成型速度为过去的5倍。

Stratasys公司1998年与MedModeler公司合作开发了专用于医院和医学研究单位的MedModeler机型，使用ABS材料，并于1999年推出可使用聚酯热塑性塑料的FDM Genisys型改进机型FDM Genisys Xs，其成型体积达305mm×203mm×203mm，如图5-5所示。

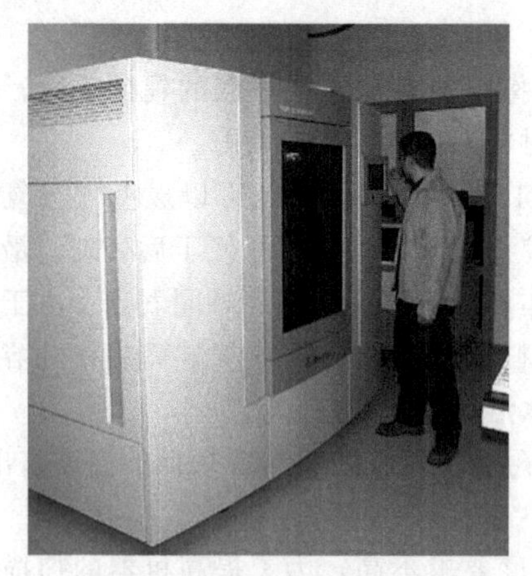

图5-4 Stratasys公司的FDM Quantum机型

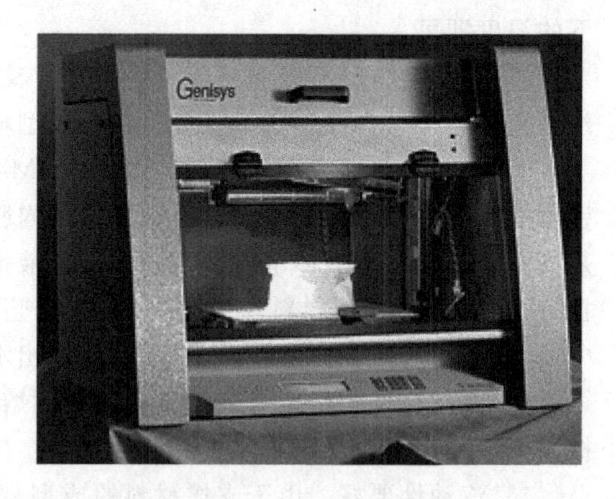

图5-5 Stratasys公司的FDM Genisys Xs机型

由于在几种常用的快速成型设备系统中，唯有FDM系统可以成为办公室使用的产品。为此，Stratasys公司专门成立了负责小型机器销售和研发的部门——Dimension部门，目前已经推出了Dimension BST768、Dimension BST1200、

Dimension SST768、Dimension SST1200 及 Dimension Elite 系列“三维打印设备”。BST768 为 Dimension 系列产品中的入门级机型，该机型最大成型尺寸为 203mm×203mm×305mm，该套设备采用 BST 技术（剥离式支撑技术），模型在打印完毕之后只需用工具将支撑材料移除即可。免去了其他技术中除尘、固化等后期工序，能够为使用者提供更大的便捷。BST1200 是 BST768 机型的升级产品，打印的最大尺寸提高到 254mm×254mm×305mm，比 BST768 机型增加了近 56%的空间，打印速度也有所加强，平均节省 10%～20%的时间。在内部结构上则采用了分体式喷嘴，打印时喷嘴的切换均由自动感应器完成，原先的手动校正也改为自动校正系统，维护成本较 BST768 机型有了较大幅度的下降。图5-6与图 5-7 给出的是 Stratasys 公司 Dimension BST768 和 Dimension BST1200 两种机型。

图 5-6　Stratasys 公司的 Dimension BST768 机型

图 5-7　Stratasys 公司的 Dimension BST1200 机型

此外，3D Systems 公司自推出光固化快速成型系统及选择性激光烧结系统后，又推出了熔融沉积式的小型三维成型机 Invision 3—D Modeler 系列。该系列机型采用多喷头结构，成型速度快，材料具有多种颜色，采用溶解性支撑，原型稳定性能好，成型过程中无噪声。图 5-8 与图 5-9 给出的是 3D Systems 公司推出的 Invision 3—

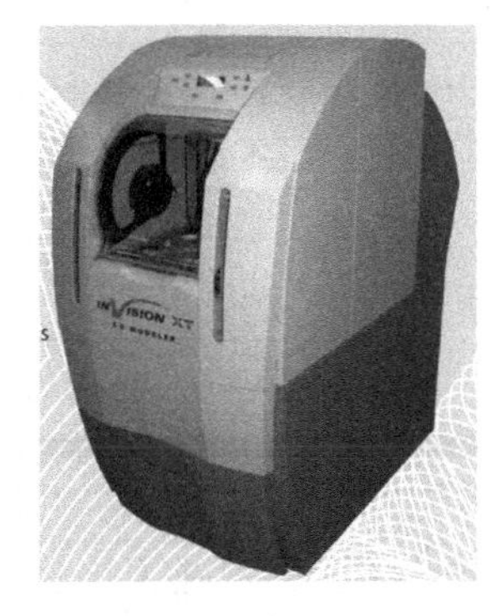

图 5-8　3D Systems 公司的 XT 3—D Modeler 机型

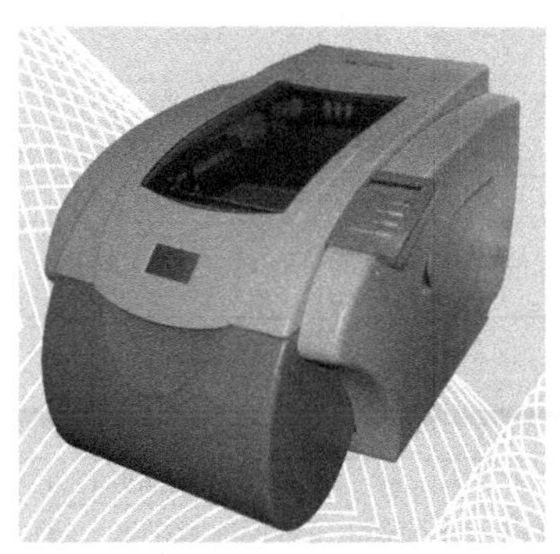

图 5-9　3D Systems 公司的 LD 3—D Modeler 机型

D Modeler 两款机型。

熔丝线材方面，其材料主要是 ABS、人造橡胶、铸蜡和聚酯热塑性塑料。1998 年澳大利亚的 Swinburn 工业大学，研究了一种金属-塑料复合材料丝。1999 年 Stratasys 公司开发出水溶性支撑材料，有效地解决了复杂、小型孔洞中的支撑材料难以去除的难题。

软件方面，Stratasys 公司开发了对 FDM 系统的 QuickSlice6.0 和对 Genisys 系统的 AutoGen3.0 软件包，采用了触摸屏，使操作更加直观。

国内清华大学研制的熔融挤压沉积成型（Melted Extrusion Modeling，MEM）设备也有其独特的特点，MEM 机型着重于特殊的喷嘴和设备的开发，成卷轴状的丝质原材料是通过加热喷头挤出，原型在一个垂直上下移动的底座上逐层制造出来。

该设备采用先进的喷嘴设计（包括丝质材料加热、挤出、输入和控制），起停补偿和超前控制，保证了熔化材料的堆积精度；采用了先进的、独特的悬挂式装置，因而机床具有良好的吸振性能，扫描精度也大大提高，性能可靠，稳定性好；由于未采用激光，因此它的运行费用在所有的 RP 设备中是较低的；该设备无噪声，对环境无污染。

国内外部分熔融沉积制造（FDM）快速成型设备的特性参数见表 5-4。Stratasys 公司 Dimension 系列三维打印设备的特性参数见表 5-5。

表 5-4 国内外部分熔融沉积（FDM）快速成型设备特性参数

参数 型号	研制单位	材料	加工尺寸/mm×mm×mm	精度/mm	层厚/mm	外形尺寸（长/mm×宽/mm×高/mm）
MEM 250		ABS、蜡、尼龙	250×250×250	0.15	—	—
MEM320A	北京殷华	ABS、蜡、尼龙	320×320×350	0.20	—	—
MEM450A		ABS、蜡、尼龙	400×400×450	0.20	—	—
FDM 1650		热塑性塑料、ABS	254×254×254	0.127	—	—
FDM 2000		ABS、蜡	254×254×254	—	0.127～0.762	2057×1524×1448
FDM 3000		ABS、ABSi、蜡、橡胶	254×254×406	0.127	0.178～0.356	660×1067×914
FDM 8000		ABS	457×457×609	0.127～0.254	0.0508～0.762	—
FDM Quantum	Stratasys（美国）	ABS	600×500×600	0.127	0.1778～0.254	—
Genisys Xs		塑料、蜡	305×203×203	—	—	—
FDM Maxum		ABS	600×500×600		0.127～0.250	2235×1981×1118
FDM TITAN		ABS、聚碳酸酯	355×406×406		0.25	1270×876×1981
FDM Prodigy		ABS、蜡	203×203×254	0.127	0.1778、0.254、0.3302	—
FDM Prodigy Plus		ABS	203×203×305		0.178、0.254、0.330	1686×864×410
FDM Maxum		ABS、ABSi	600×500×600		—	—
Invision XT		VisiJet SR200	298×185×203			720×1230×1450
Invision HR	3D Systems（美国）	VisiJet HR200	127×178×50	—	0.15	770×1240×1480
Invision LD		VisiJet LD100	160×210×135			465×770×420

表5-5　Stratasys公司Dimension系列三维打印设备特性参数

型号 参数	BST 1200	BST 768	SST 1200	SST 768	Elite
加工尺寸（长/mm×宽/mm×高/mm）	254 ×254×305	203×203×305	254×254×305	203×203×305	203×203×305
成型材料及颜色	ABS塑料，颜色有白色、蓝色、黄色、黑色、红色、绿色或金属灰色。可提供定制颜色				ABS Plus（增强型塑料）
支撑材料	易剥除性支撑材料		水溶性支撑材料		
材料盒	一个自动装料盒，装有922cm³（56.3in³）ABS材料；一个自动装料盒，装有922cm³（56.3in³）支持材料				
层厚/mm	0.254～0.33				0.178～0.254
机器尺寸（长/mm×宽/mm×高/mm）	838×737×1143	686×914×1041	838×737×1143	686×914×1041	686×914×1041
质量/kg	148	136	148	136	136
电源要求	110～120V AC，60Hz，最低15A专用线路或220～240V AC，50/60Hz，最低7A专用线路。建议配置UPS系统				

5.3　熔融沉积快速成型工艺过程

和其他几种快速成型工艺过程类似，熔融沉积快速成型的工艺过程也可以分为前处理、成型及后处理三个阶段。下面以海宝笔筒快速成型为例介绍FDM工艺过程。

1. 前处理

前处理内容主要包括三维造型获取快速成型数据源以及对模型数据进行分层处理。

（1）CAD数字建模　通过海宝笔筒的二维图样，进行三维建模设计，如图5-10所示。建模完成后，输出为STL快速成型需要的文件。

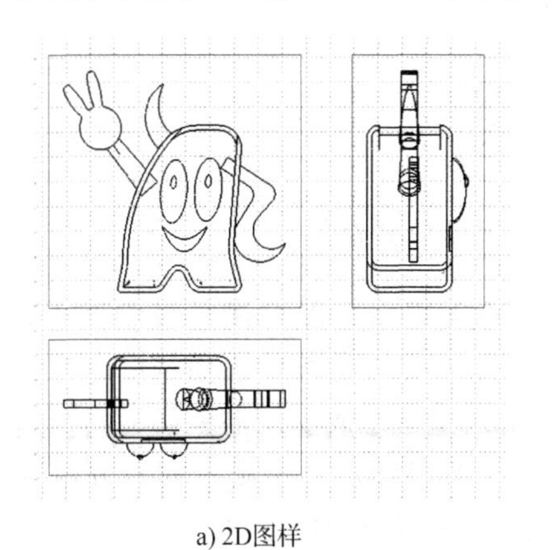

a) 2D图样

b) 三维造型

图5-10　海宝笔筒2D图样与三维造型

（2）载入模型　将 STL 文件读入专用的分层软件，如图 5-11 所示，视窗中的长方体框架即为所使用的快速成型机的成型空间。

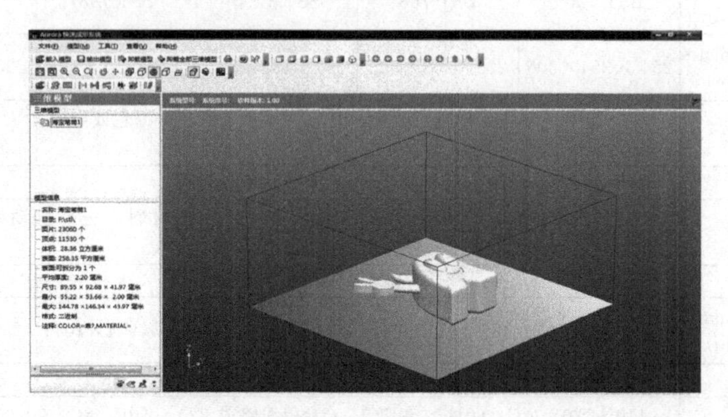

图 5-11　分层软件界面

（3）STL 文件校验与修复　快速成型工艺对 STL 文件的正确性和合理性有较高的要求，主要是要保证 STL 模型无裂缝、空洞，无悬面、重叠面和交叉面，以免造成分层后出现不封闭的环和歧义现象。一般我们通过 CAD 系统直接输出为 STL 模型时，发生错误的概率较小。图 5-12 为校验无误显示的信息。

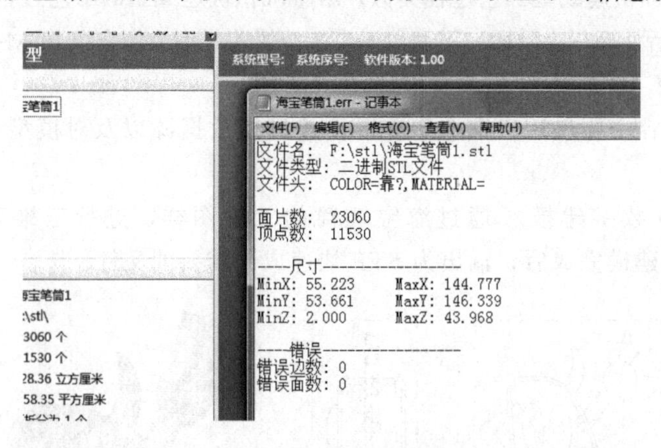

图 5-12　STL 文件校验

（4）确定摆放方位　STL 数据校验无误后，即可调整模型制作的摆放方位。调整摆放方位主要遵循以下几个依据：第一是考虑模型表面精度，第二是考虑模型强度，第三是考虑支撑材料的施加，第四是考虑成型所需要的时间。其中考虑模型强度在 FDM 成型中比其他几种成型工艺都显得更为重要。摆放方位调整好后，如果需要同时制作多个模型，还需要对调整好方位的模型进行复制或者调入不同的模型对其进行摆放方位调整并排列。综合考虑海宝笔筒制作时的各种影响因素，确定

图 5-13 中的第一个方案为最优摆放方位。

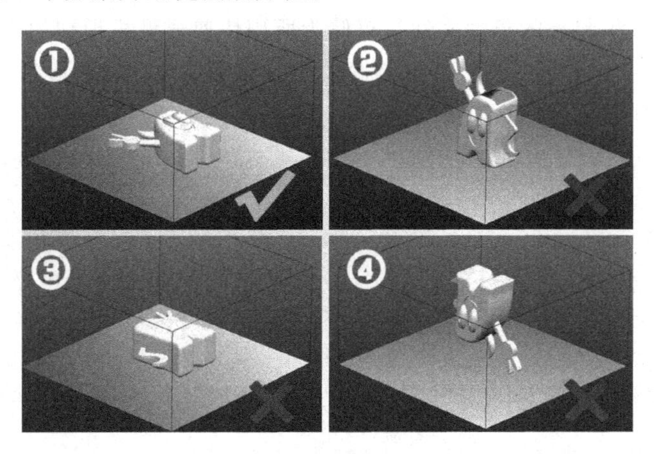

图 5-13　摆放方位确定方案

（5）确定分层参数　分层参数的确定就是对加工路径的规划及支撑材料的施加过程。通常情况下，分层参数是不需要进行改动的，设备调试好之后，会保存一个合理的参数集。如果对成型质量有更高的要求，也可以根据所掌握的参数设定经验，进行改动。分层参数包括层厚参数、路径参数及支撑参数等。层厚影响着模型制作的表面质量及制作的时间，FDM 成型中层厚范围相对于其他几种工艺较宽，通常为 0.1～0.4mm。海宝笔筒模型制作的分层参数如图 5-14 所示。

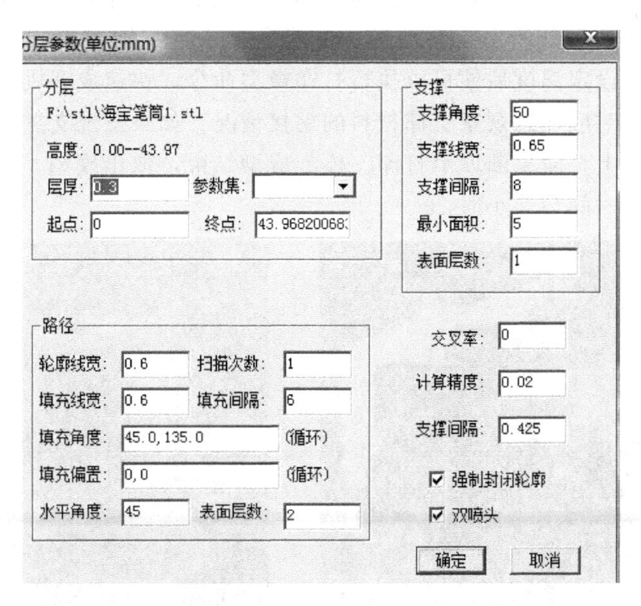

图 5-14　分层参数确定

（6）存储分层文件　分层参数设定完毕后，可对模型进行分层。分层完成后得到一个由层片累积起来的模型文件，存储为所用快速成型机识别的格式，以进行调用和修改。图 5-15 给出的是该海宝笔筒模型各典型层片的轮廓形状。

至此，前处理工作结束。

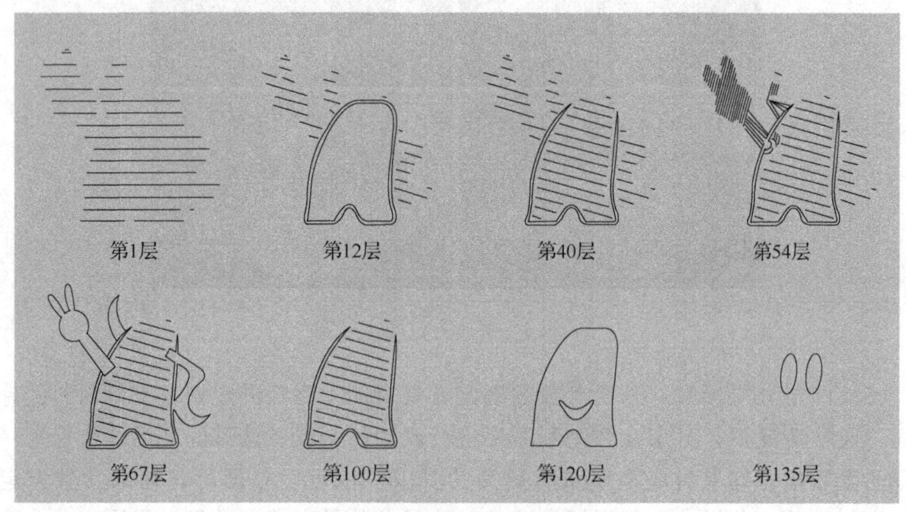

图 5-15　海宝笔筒分层轮廓

2. 成型

首先，打开快速成型机，将设备与计算机连接起来，并载入前处理生成的切片模型。工作台清洁后开始系统初始化，也就是 x、y、z 轴归零的过程，之后成型室进行预热，到设定温度后便可以执行打印模型命令，快速成型机开始自动进行叠层制作。刚开始时应注意观察支撑材料的粘接情况，如果发现支撑材料并没有很好地粘接在工作台上，应果断取消打印。模型成型结束，取出模型，如图 5-16 所示。整个制作过程的时间为 3 小时 20 分。

a) 处理前

b) 处理后

图 5-16　海宝笔筒模型

3. 后处理

FDM 工艺成型的模型后处理比较简单，主要就是去除支撑和打磨。图 5-16a 为后处理前的模型，图中深色部分为支撑。白色部分为模型，图 5-16b 为去除支撑后的海宝笔筒模型。

5.4 熔融沉积快速成型工艺因素分析

1. 材料性能的影响

材料性能的变化直接影响成型过程及成型件精度。材料在工艺过程中要经过固体—熔体—固体的两次相变，在凝固过程中，由材料的收缩而产生的应力变形会影响成型件精度。如 ABS 丝材，其收缩的因素主要有如下两点：

（1）热收缩　热收缩即材料因其固有的热膨胀率而产生的体积变化，它是收缩产生的最主要原因。由热收缩引起的收缩量：

$$\Delta D = \delta D \Delta t \tag{5-1}$$

式中　δ——材料的线膨胀系数（$℃^{-1}$）；

D——零件尺寸（mm）；

Δt——温差（℃）。

（2）分子取向的收缩　成型过程中，熔态的高分子材料在填充方向上被拉长，又在随后的冷却过程中产生收缩，而取向作用会使堆积丝在填充方向的收缩率大于与该方向垂直方向的收缩率。

为了提高精度，应减小材料的收缩率，可通过改进材料的配方来实现，而最基本的方法是在设计时考虑收缩量进行尺寸补偿。在目前的数据处理软件中，只能在 x、y、z 三个方向应用“收缩补偿因子”，即针对不同的零件形状和结构特征，根据经验采用不同的因子大小，这样零件成型时的尺寸实际上是略大于 CAD 模型的尺寸，当冷却凝固时，设想按照预定的收缩量，零件尺寸最终收缩到 CAD 模型的尺寸。

2. 喷头温度和成型室温度的影响

喷头温度决定了材料的粘接性能、堆积性能、丝材流量以及挤出丝宽度。喷头温度太低，则材料粘度加大，挤丝速度变慢，这不仅加重了挤压系统的负担，极端情况下还会造成喷嘴堵塞，而且材料层间粘接强度降低，还会引起层间剥离；而温度太高，材料偏向于液态，粘度变小，流动性强，挤出过快，无法形成可精确控制的丝，制作时会出现前一层材料还未冷却成型，后一层就加压于其上，从而使得前一层材料坍塌和破坏。因此喷头温度应根据丝材的性质在一定范围内选择，以保证挤出的丝呈熔融流动状态。

成型室的温度会影响到成型件的热应力大小。温度过高，虽然有助于减小热应力，但零件表面易起皱；而温度太低，从喷嘴挤出的丝骤冷使成型件热应力增加，容易引起零件翘曲变形。由于挤出丝冷却速度快，在前一层截面已完全冷却凝固后才开始堆积后一层，这会导致层间粘接不牢固，会有开裂的倾向。为了顺利成型，一般将成型室的温度设定为比挤出丝的熔点温度低1～2℃。

3. 挤出速度的影响

挤出速度是指喷头内熔融态的丝从喷嘴挤出的速度，单位时间内挤出丝体积与挤出速度成正比。在与填充速度合理匹配范围内，随着挤出速度增大，挤出丝的截面宽度逐渐增加，当挤出速度增大到一定值，挤出的丝黏附于喷嘴外圆锥面，就不能正常加工。

4. 填充速度与挤出速度交互的影响

填充速度应与挤出速度匹配。填充速度比挤出速度快，则材料填充不足，出现断丝现象，难以成型。相反，填充速度比挤出速度慢，熔丝堆积在喷头上，使成型面材料分布不均匀，表面会有疙瘩，影响原型质量。因此填充速度与挤出速度之间应在一个合理的范围内匹配，应满足：

$$V_j/V_t \in [\alpha_1, \alpha_2] \tag{5-2}$$

式中 α_1——成型时出现断丝现象的临界值；

α_2——出现黏附现象的临界值；

V_j——挤出速度；

V_t——填充速度。

5. 分层厚度的影响

分层厚度是指在成型过程中每层切片截面的厚度。由于每层有一定厚度，会在成型后的实体表面产生台阶现象，这将直接影响成型后实体的尺寸误差和表面粗糙度。对FDM工艺而言，完全消除台阶现象是不可能的。一般来说，分层厚度越小，实体表面产生的台阶越小，表面质量也越高，但所需的分层处理和成型时间会变长，降低了加工效率。相反，分层厚度越大，实体表面产生的台阶也就越大，表面质量越差，不过加工效率则相对较高。为了提高成型精度，可在实体成型后进行打磨、抛光等后处理。

6. 成型时间的影响

每层的成型时间与填充速度、该层的面积大小及形状的复杂度有关。若层的面积小，形状简单，填充速度快，则该层成型的时间就短；相反，时间就长。在加工时，控制好喷嘴的工作温度和每层的成型时间，才能获得精度较高的成型件。在加工一些截面很小的实体时，由于每层的成型时间太短，往往难以成型，因为前一层还来不及固化成型，下一层就接着再堆，将引起“坍塌”和“拉丝”的现象。为消除这种现象，除了要采用较小的填充速度，增加成型时间外，还应在当前成型面上吹冷风强制冷却，以加速材料固化速度，保证成型件的几何稳定性。而成型面积很大时，则应选择较快的填充速度，以减少成型时间，这一方面能提高成型效率，另一方面还可以减小成型件的开裂倾向，当成型时间太长时，前一层截面已完全冷却凝固，此时再开始堆积后一层时，将会导致层间粘接不牢固。

7. 扫描方式的影响

熔融沉积快速成型工艺方法中的扫描方式有多种，有螺旋扫描、偏置扫描及回转扫描等。螺旋扫描是指扫描路径从制件的几何中心向外依次扩展，偏置扫描是指按轮廓形状逐层向内偏置进行扫描，回转扫描是指按 x、y 轴方向扫描、回转。通常，偏置扫描成型的轮廓尺寸精度容易保证，而回转扫描路径生成简单，但轮廓精度较差。可以采用一种复合扫描方式，即外部轮廓用偏置扫描，而内部区域填充用回转扫描，这样既可以提高表面精度，也可以简化扫描过程，提高扫描效率。扫描方式与原型的内应力密切相关，合适的扫描方式可降低原型内应力的积累，有效防止零件的翘曲变形。

5.5　气压式熔融沉积快速成型系统

1. 气压式熔融沉积快速成型系统的工作原理

气压式熔融沉积快速成型系统（Air-pressure Jet Solidification，AJS）基本结构如图 5-17 所示。被加热到一定温度的低黏性材料（该材料可由不同相组成，如粉末—粘结剂的混合物），通过空气压缩机提供的压力由喷头挤出，涂覆于工作平台或前一沉积层之上。喷头按当前层的层面几何形状进行扫描堆积，实现逐层沉积凝固。工作台由计算机系统控制做 x、y、z 三维运动，可逐层制造三维实体和直接制造空间曲面。

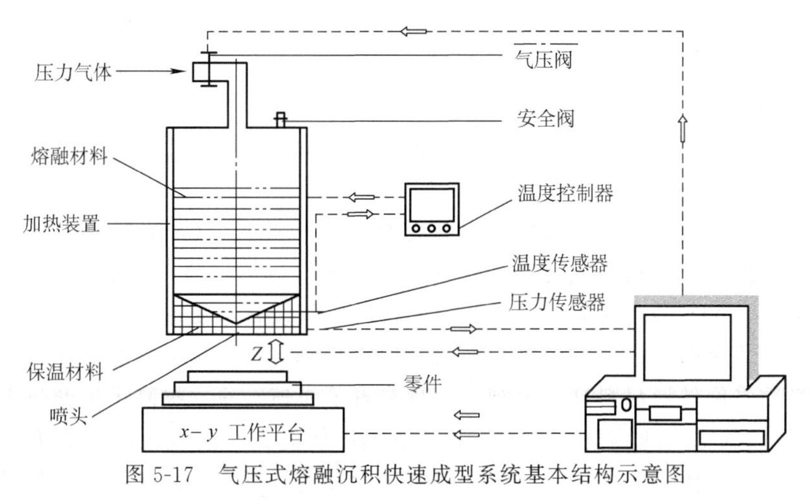

图 5-17　气压式熔融沉积快速成型系统基本结构示意图

AJS 系统主要由控制、加热与冷却、挤压、喷头机构、可升降工作台及支架机构6部分组成。其中控制用计算机配置有CAD模型切片软件和加支撑软件，对三维模型进行切片和诊断，并在零件的高度方向，模拟显示出每隔一定时间的一系列横截面的轮廓，加支撑软件对零件进行自动加支撑处理。数据处理完毕后，混合均匀的材料按一定比例人工送入加热室。加热室由电阻丝加热，经热电阻测温并由温度控制器使其温度恒定，使材料处于良好的熔融挤压状态，后经压力传感器测压后进行挤压，制造原型零件。控制系统能使整个AJS系统实现自动控制，其中包括气路的通断、喷头的喷射速度，以及喷射量与原型零件整体制造速度的匹配等。

2. 气压式熔融沉积快速成型系统的特点

气压式熔融沉积快速成型系统的优点如下：

1）成型材料广泛。一般的热塑性材料，如塑料、尼龙、橡胶、蜡等，做适当改性后都可用于沉积成型。

2）设备成本低、体积小。熔融沉积成型是靠材料熔融时的黏性粘接成型，不像SLA、LOM、SLS等工艺靠激光的作用来成型，没有激光器及其电源和树脂槽，大大简化了设备，使成本降低。熔融沉积成型设备运行、维护容易，工作可靠，是桌面化快速成型设备的最佳工艺。

3）无污染。熔融沉积成型所用的材料为无毒、无味的热塑性材料，并且废弃的材料还可以回收利用，因此材料对周围环境不会造成污染。

气压式熔融沉积快速成型系统的缺点如下：

1）由于喷嘴孔径较小，对成型材料的黏稠度、包含杂质的颗粒度等的要求都很严格。

2）由于可成型零件的最小圆角取决于出丝直径和控制技术，成型时不能成型很尖锐的拐点，成型过程中，在每一层的开始与结束点的结合处会出现熔接痕，整个零件上会出现接缝。

3. 与传统FDM的不同之处

与传统的FDM工艺相比，AJS系统具有的不同之处主要表现在如下三个方面：

1）FDM工艺一般采用低熔点丝状材料，如蜡丝或ABS塑料丝，如果采用高熔点的热塑性复合材料，或对于一些不易加工成丝材的材料，如EVA材料等，就会相当困难。AJS系统无需再采用专门的挤压成丝设备来制造丝材，工作时只需将热塑性材料直接倒入喷头的腔体内，依靠加热装置将其加热到熔融挤压状态，不但避免了必须采用丝形材料这一限制，而且节省了一道工序，提高了生产效率。

2）所选的空气压缩机可提供1MPa范围内任何大小的气压，能准确控制送入加热室的压缩气体压力恒定（不同材料其压力设定值可不同）。压力装置结构简单，提供的压力稳定可靠，成本低。

3）传统的 FDM 有较重的送丝机构为喷头输送原料，即用电动机驱动一对送进轮来提供推力，送丝机构和喷头采用推、拉相结合的方式向前运动，作用原理类似于活塞，难免会有由于送丝滚轮的往复运动，致使挤出过程不连续和因振动较大而产生的运动惯性对喷头定位精度的影响。改进后的 AJS 系统由于没有了送丝部分而使喷头变得轻巧，减小了机构的振动，提高了成型精度。

第6章　三维打印快速成型及其他快速成型工艺

快速成型技术作为基于离散/堆积原理的一种崭新的加工方式，自出现以来得到了广泛的关注，对其成型工艺方法的研究一直十分活跃，除了前面几章介绍的4种快速成型技术方法比较成熟之外，其他的许多技术也已经实用化，如三维打印快速成型（Three Dimensional Printing and Gluing，3DP）、数码累积成型（Digital Brick Laying，DBL）、光掩膜法（Solid Ground Curing，SGC，也称立体光刻）、弹道微粒制造（Ballistic Particle Manufacturing，BPM）、直接壳法（Direct Shell Production Casting，DSPC）、三维焊接（Three Dimensional Welding）、直接烧结技术、全息干涉制造、光束干涉固化等。其中三维打印快速成型技术因其材料较为广泛，设备成本较低且可小型化到办公室使用等，近年来发展较为迅速。三维打印快速成型工艺之所以称之为打印成型，是因为该种快速成型工艺是以某种喷头作为成型源，其运动方式与喷墨打印机的打印头类似，在台面上做 $x-y$ 平面运动，所不同的是喷头喷出的不是传统喷墨打印机的墨水，而是粘结剂、熔融材料或光敏材料等，基于快速成型技术基本的堆积建造模式，实现原型的快速制作。

依据其使用材料的类型及固化方式，3DP快速成型技术可分为粉末材料三维喷涂粘结成型、熔融材料喷墨三维打印成型两大类工艺。

6.1　三维喷涂粘接快速成型工艺

1. 三维喷涂粘接快速成型工艺的基本原理

三维喷涂粘接快速成型工艺是由美国麻省理工学院开发成功的，它的工作过程类似于喷墨打印机。目前使用的材料多为粉末材料，如陶瓷粉末、金属粉末、塑料粉末等，其工艺过程与SLS工艺类似。所不同的是，材料粉末不是通过烧结连接起来的，而是通过喷头喷涂粘结剂（如硅胶）将零件的截面“印刷”在材料粉末上面。用粘结剂粘接的零件强度较低，还需后处理。后处理过程主要是先烧掉粘结剂，然后在高温下渗入金属，使零件致密化以提高强度。三维喷涂粘接的工艺原理如图6-1所示。首先按照设定的层厚进行铺粉，然后利用喷嘴按指定路径将液态粘结剂喷在预先铺好的粉层特定区域，之后工作台下降一个层厚的距离，继续进行下一叠层的铺粉，逐层粘接后去除多余底料便得到所需形状的制件。

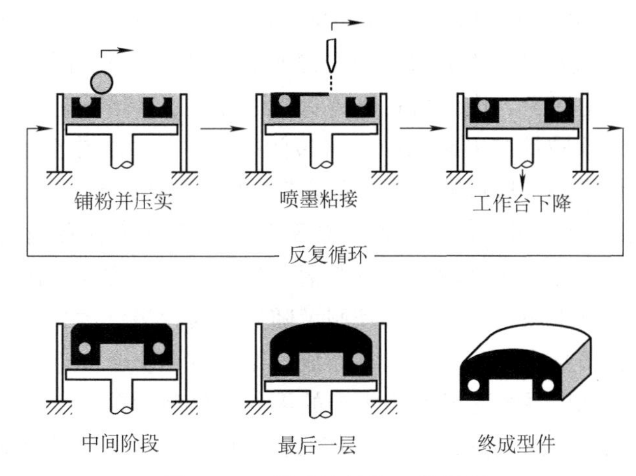

图 6-1　三维喷涂粘接工艺原理

2. 三维喷涂粘接快速成型工艺的特点

三维喷涂粘接快速成型制造技术在将固态粉末生成三维零件的过程中，与传统方法比较具有很多优点：

(1) 成本低　无需复杂昂贵的激光系统，设备整体造价大大降低。

(2) 材料广泛　根据使用要求，三维喷涂粘接快速成型使用的材料可以是常用的高分子材料、金属或陶瓷材料，也可以是石膏粉、淀粉及各种复合材料，还可以是梯度功能材料等。

(3) 成型速度快　成型喷头一般具有多个喷嘴，喷射粘结剂的速度比 SLS 或 SLA 单点逐线扫描快速得多。

(4) 安全性较好　成型过程中不使用激光器，无大量热量产生，使用过程安全性较好。

(5) 应用范围广　三维喷涂粘接技术在制造零件过程中可以改变材料，因此可以生产各种不同材料、颜色、力学性能、热性能组合的零件。

三维喷涂粘接快速成型技术在制造模型时也存在许多缺点，如果使用粉状材料，其模型精度和表面粗糙度比较差，零件易变形甚至出现裂纹等，模型强度较低，这些都是该技术目前需要解决的问题。

3. 三维喷涂粘接快速成型工艺过程

三维喷涂粘接快速成型技术制作模型的过程与 SLS 工艺过程类似，下面以三维喷涂粘接快速成型工艺在陶瓷制品中的应用为例，介绍其工艺过程。

MIT 的 Jason Grau 等采用三维喷涂粘接技术制备了用于粉浆浇注的氧化铝模以代替传统的石膏模。氧化铝模具有更高的强度，并可加热至几百度以缩短干燥时间，还可以控制模型的微观和宏观结构。

英国Brunel大学的P. F. Blazdell等配制φ(陶瓷粉浆）=60%，多层打印(Multi-layer Printing）制备陶瓷件。打印基底是滤纸和硝化纤维，将配好的ZrO_2悬浮液逐层打印到基底上，成型后在气体保护下加热至120℃保温1h以去除溶剂。然后置于Al_2O_3粗颗粒铺层上或Al_2O_3平板间，在空气中加热至450℃保温，去除基底，1500℃烧结成件。通过喷炭黑“墨水”，可调整微结构。该工艺的关键是配制“墨水”，墨水粘度不可太高，因而需要稀释剂，而加入稀释剂又带来干燥以及孔隙问题。今后努力方向是合理选用分散剂，尽可能增加陶瓷粉体积含量，同时增加溶剂挥发性，控制干燥过程，也就控制了随后的喷“墨”过程。

用三维喷涂粘接技术将陶瓷粉末制作成三维零件的步骤如下：

1）利用三维CAD系统完成所需生产的零件的模型设计。

2）设计完成后，在计算机中将模型生成STL文件，并利用专用软件将其切成薄片。每层的厚度由操作者决定，在需要高精度的区域通常切得很薄。

3）计算机将每一层分成矢量数据，用以控制粘结剂喷射头移动的走向和速度。

4）用专用铺粉装置将陶瓷粉末铺在活塞台面上。

5）用校平鼓将粉末滚平，粉末的厚度应等于计算机切片处理中片层的厚度。

6）计算机控制的喷射头按步骤3）的要求进行扫描喷涂粘接，有粘结剂的部位，陶瓷粉粘接成实体的陶瓷体，周围无粘结剂的粉末则起支撑粘接层的作用。

7）计算机控制活塞使之下降一定高度（等于片层厚度）。

8）重复步骤4）、5）、6）、7）四步，一层层地将整个零件坯体制作出来。

9）取出零件坯，去除未粘接的粉末，并将这些粉末回收。

10）对零件坯进行后续处理，在温控炉中进行焙烧，焙烧温度按要求随时间变化。后续处理的目的是为了保证零件有足够的机械强度及耐热强度。

图6-2给出的是采用该工艺制作的结构陶瓷制品和注塑模具。此外，三维喷涂粘接技术也可像SLS技术一样制作金属制件。图6-3给出的是经过该工艺制作的金属制件。

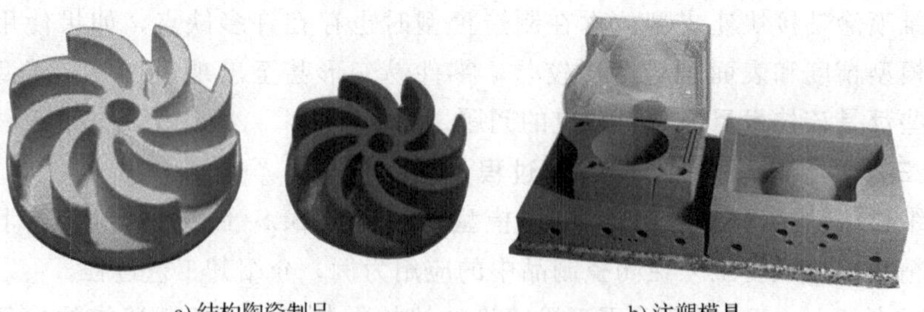

a) 结构陶瓷制品　　b) 注塑模具

图6-2　采用三维喷涂粘接工艺制作的结构陶瓷制品和注塑模具

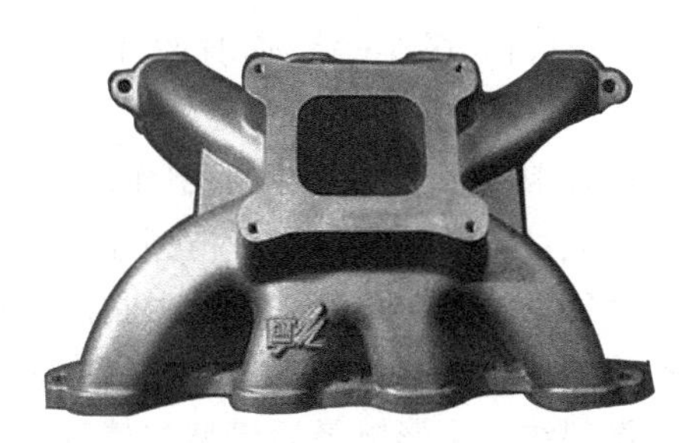

图 6-3　经过 3DP 工艺制作的金属制件

4. 三维喷涂粘接快速成型技术若干问题

(1) 成型材料性能要求　三维喷涂粘接快速成型工艺对粉末材料的基本要求如下：

1) 颗粒小，尺度均匀。

2) 流动性好，确保供粉系统不堵塞。

3) 熔滴喷射冲击时不产生凹坑、溅散和空洞等。

4) 与粘结剂作用后固化迅速。

三维喷涂粘接快速成型工艺对粘结剂的基本要求如下：

1) 易于分散且稳定，可长期储存。

2) 不腐蚀喷头。

3) 粘度低，表面张力大。

4) 不易干涸，能延长喷头抗堵塞时间。

(2) 基本工艺参数　三维喷涂粘接快速成型的基本工艺参数包括：喷头到粉末层的距离、粉层厚度、喷射和扫描速度、辊子运动参数、每层间隔时间等。当制件精度及强度要求较高时，层厚应取较小值。层厚最大值取决于粉末粘接所需的粘结剂饱和度的限制，一般小于 SLS 层厚。粘结剂与粉末空隙体积比即为饱和度，其程度取决于层厚、喷射量及扫描速度的大小，对制件的性能和质量具有较大影响。饱和度的增加，在一定范围内会提高制件的密度和强度，但是饱和度过大，容易导致制件的翘曲变形，甚至使制件无法成型。喷头喷射模式和扫描速度直接影响着成型的精度和效率，低的喷射速度和扫描速度可提高制件的精度，但是会增加成型的时间。喷射与扫描速度应根据制件精度与质量及时间的要求与层厚等因素综合考虑。

(3) 成型速度　三维喷涂粘接快速成型工艺的成型速度受粘结剂喷射量的限制。假设制作的模型含有同等体积量的粘结剂和材料粉末，则模型的制作速度是粘结剂喷射量的两倍。典型的喷嘴以 $1cm^3/min$ 的流量喷射粘结剂，若有 100 个喷嘴，则模型制作速度为 $200cm^3/min$。美国麻省理工学院开发了两种形式的喷射系统：点滴式与连续式。这种多喷嘴的点滴式系统的成型速度已达每层仅用

5s 的时间（每层面积为 0.5m×0.5m），而连续式的则达到每层 0.025s 的时间。

（4）成型精度　三维喷涂粘接快速成型技术制作的模型的精度由两个方面决定：一是喷涂粘接时制作的模型坯的精度，二是模型坯经后续处理（焙烧）后的精度。在喷涂粘接过程中，喷射粘滴的定位精度，喷射粘滴对粉末的冲击作用以及上层粉末质量对下层模型的压缩作用均会影响零件坯的精度。后续处理（焙烧）时模型产生的收缩和变形甚至微裂纹均会影响最后模型的精度。粉末的粗细和喷射粘滴的大小同时也会影响模型的表面粗糙度。

6.2　喷墨式三维打印快速成型工艺

像三维喷涂粘接快速成型工艺的建造过程类似于 SLS 工艺一样，喷墨式三维打印快速成型工艺的建造过程类似于 FDM 工艺。喷墨式三维打印快速成型设备的喷头更像喷墨式打印机的打印头。与喷涂粘接工艺显著不同之处是其累积的叠层不是通过铺粉后喷射粘结剂固化形成的，而是从喷射头直接喷射液态的工程塑料瞬间凝固而形成薄层。依据其基本的喷墨打印原理、不同的喷射技术及有关专利，制造商们开发了各自的三维快速成型打印机，成型原理不尽相同。

多喷嘴喷射成型是喷墨式三维打印设备的主要成型方式，喷嘴呈线性分布。3D Systems 公司推出的小型家用打印机及 ProJet 系列商用打印机都是采用多喷头喷射成型。目前，多喷嘴三维打印机已经发展成为该类设备开发的主流，而且喷嘴数量越来越多，打印精度（分辨率）越来越高，例如 3D Systems 公司的 ProJet6000 型设备的特清晰打印模式（XHD）的打印精度为 0.075mm，层厚为 0.05mm。其基本原理如图 6-4 所示，工作台做垂直运动，喷头做平面运动的同时喷射微熔滴，微熔滴喷射出来后瞬间固化堆积形成层面轮廓。熔滴直径的大小决定了其成型的精度或打印分辨率，喷嘴的数量多少决定了成型效率的高低。

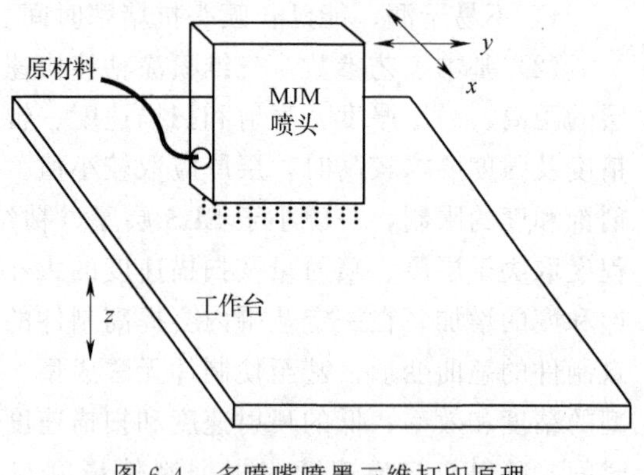

图 6-4　多喷嘴喷墨三维打印原理

6.3　三维打印快速成型设备及材料

三维打印快速成型技术作为喷射成型技术之一，具有快捷、适用材料广等许多独特的优点。该项技术是继 SLA、LOM、SLS 和 FDM 四种应用最为广泛的快速成型工艺技术后，发展前景最为看好的一项快速成型技术。该项技术由 MIT 研究取得成功后，转让给 ExtrudeHone、Soligen、SpecificSurfaceCoporation、TDK Coporation、Therics 以及 Z Coporation 等 6 家公司。已经开发出来的部分商品化设备机型有 Z Corp 公司的 Z 系列，Objet 公司的 Eden 系列、Connex 系列及桌上型 3D 打印系统，3D Systems 公司开发的 Personal Printer 系列与 Professional 系列以及 Solidscape 公司（原 Sanders Prototype Inc.）的 T 系列等。

1. Z Corp 公司开发的设备及材料

表 6-1 给出了 Z Corp 公司开发的 Z 系列三维打印快速成型设备的部分明细。图 6-5 为 Z150 设备及其制作的白色模型。图 6-6 为 Z250 设备及其制作的彩色模型。Z250 型三维打印设备的外形及基本结构与 Z150 型基本一致，所不同的是采用了彩色喷头，喷头数量更多。图 6-7 与图 6-8 分别为 Z350 设备及其制作的白色模型与 Z450 设备及其制作的彩色模型。Z350 型与 Z450 型设备高度与宽度尺寸与 Z150 型、Z250 型尺寸一致，而长度尺寸增加许多，可建造更大尺寸的模型。Z450 型设备彩色范围更宽，可以打印数值分析给出的等色云图模型。图 6-9 为 Z650 设备及其制作的彩色模型，该型号的三维打印设备可制作更大尺寸的彩色模型，色彩将更加丰富，喷头数量更多，制作速度更快。

表 6-1　Z Corp 公司开发的 Z 系列三维打印快速成型设备一览表

参数 \ 型号	Z150	Z250	Z350	Z450	Z650
颜色	白	64 色	白	180000 色	390000 色
分辨率/dpi	300×450	300×450	300×450	300×450	600×540
最小特征尺寸/mm	0.4	0.4	0.15	0.15	0.10
建造速度/(mm/h)	20	20	20	23	28
模型尺寸/mm	236×185×127	236×185×127	203×254×203	203×254×203	254×381×203
层厚/mm	0.1	0.1	0.089～0.102	0.089～0.102	0.089～0.102
喷头数量	304	604	304	604	1520
数据格式	STL，VRML，PLY，3DS，ZPR	STL，VRML，PLY，3DS，ZPR	STL，VRML，PLY，3DS，ZPR	STL，VRML，PLY，3DS，ZPR	STL，VRML，PLY，3DS，ZPR
设备尺寸(长/mm×宽/mm×高/mm)	740×790×1400	740×790×1400	1220×790×1400	1220×790×1400	1880×740×1450
设备质量/kg	165	165	179	193	340

图 6-5　Z Corp 公司的 Z150 设备及其制作的白色模型

图 6-6　Z Corp 公司的 Z250 设备及其制作的彩色模型

图 6-7　Z Corp 公司的 Z350 设备及其制作的白色模型

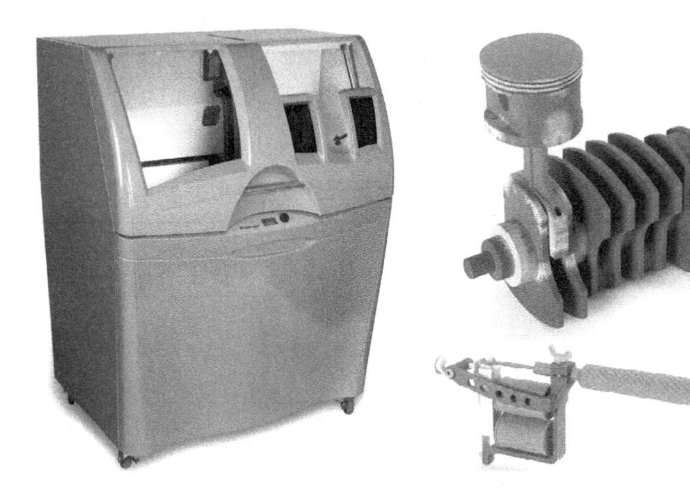

图 6-8　Z Corp 公司的 Z450 设备及其制作的彩色模型

图 6-9　Z Corp 公司的 Z650 设备及其制作的彩色模型

2. Objet 公司开发的设备及材料

Objet 公司利用自己独特的技术开发的 Connex Family 打印系统、Eden 3D 打印系统及桌上型产品系列设备。Objet 公司开发的三维打印快速成型设备主要有 Eden 系列、Connex 系列及桌上型 3D 打印系统等，其基本参数见表 6-2。Objet 的 Connex 家族打印系统基于 Objet 独特的 PolyJet Matrix™ 技术，其主要型号有 Connex500™、Connex350™ 及 Objet260 Connex 等。Connex500™ 与 Connex350™ 系统是一种支持多种模型材料同时打印的 3D 打印系统，可以在单个建造任务中打印具有不同力学与物理特性材料组成的模型。设备外形如图 6-10 所示。Objet260 Connex™ 打印系统价格低、设计紧凑，适于小型办公室。设备外形如图 6-11 所示。其托盘尺寸为 260mm×260mm×200mm，层厚仍然为 16μm。Eden350V 和 Eden350 三维打印系统利用 Objet 先进的 Eden 平台，同样采用 PolyJet™ 技术，均采用高质量模式打印，可制作精细超薄结构。Eden500V™ 三维打印系统可制作大尺寸模型，而且可以在一个托盘中同时制作多个模型，提高了制作效率，图 6-12 为该两种 Eden 型号设备的照片。Objet24 和 Objet30 为桌上型三维打印机，体积较小、质量较轻、操作方便，为办公环境的理想选择，图 6-13 为 Objet24 与 Objet30 桌上型三维打印机照片。

表 6-2 Objet 公司开发的系列三维打印快速成型设备一览表

参数 \ 型号	Connex500™	Connex350™	Eden500V	Eden350	Objet30
成型托盘尺寸/(长/mm×宽/mm×高 mm)	500×400×200	350×350×200	500×400×200	350×350×200	300×200×150
净成型尺寸/mm	490×390×200	342×342×200	490×390×200	340×340×200	294×192.7×148.6
层厚/μm	16	16	16	16	28
分辨率/dpi	600×600×1600	600×600×1600	600×600×1600	600×600×1600	600×600×900
精度/mm	0.1～0.3	0.1～0.3	0.1～0.3	0.1～0.3	0.10
数据格式	STL，SLC，objDF	STL，SLC，objDF	STL，SLC	STL，SLC	STL，SLC
喷射头	SHR（单体更换打印头），8 组单元	SHR（单体更换打印头），8 组单元	SHR（单体更换打印头），8 组单元	SHR（单体更换打印头），8 组单元	SHR（单体更换打印头），两个喷射头
设备尺寸/(长/mm×宽/mm×高/mm)	1420×1120×1130	1420×1120×1130	1320×990×1200	1320×990×1200	825×620×590
设备质量/kg	500	500	410	410	93

a) Connex500

b) Connex350V

图 6-10 Objet 公司的 Connex 型号设备

图 6-11 Objet 公司的 Objet260 型号设备

a) Eden500 b) Eden350

图 6-12 Objet 公司的 Eden 型号设备

图 6-13　Objet 公司的 Eden 型号设备

Objet 三维打印设备有 60 多种材料可供选择，包括 10 多种盒装材料及 50 多种数码材料（Digital Materials TM），能制作高度逼真的满足视觉及有关功能的彩色模型。Objet 材料能够模拟具有不同特性的材料，包括各种等级的橡胶、清晰透明的玻璃及工程塑料（类 ABS、类 PP 等）、耐高温材料及用于医学口腔正畸领域的生物相容性透明材料等。

表 6-3 为 Objet 系列三维打印设备使用的部分类似于工程塑料的材料的物性指标。表 6-4 为 Objet 系列三维打印设备使用的部分类似于橡胶的材料的物性指标。Object 三维打印系统使用的生物相容性透明材料 MED610 是一种耐缩水、无色、透明的刚性材料，其性能指标见表 6-3。该材料适用于需要长期皮肤接触（30 天以上）和短期黏膜接触（最长 24h）的应用情况。该 Objet 生物相容性材料已通过细胞毒性、基因毒性、迟发型超敏反应、刺激性和美国药典塑料 VI 级等 5 项医疗审批。该生物相容性材料可用于医疗和牙科领域，制作牙科手术导板等。

表 6-3　Objet 系统使用的类似工程塑料的材料的性能指标

指标 \ 型号	RGB5160-DM	RGD525	FullCure720	FullCure840	FullCure430	MED610
基本特性	类 ABS	耐高温	透明	非透明	类 PP	透明
抗拉强度/MPa	55～60	70～80	50～65	50～60	20～30	50～65
延伸率（%）	—	10～15	15～25	15～25	40～50	10～25
弹性模量/MPa	2600～3000	3200～3500	2000～3000	2000～3000	1000～2000	2000～3000
弯曲强度/MPa	65～75	110～130	80～110	60～70	30～40	75～110
弯曲模量/MPa	1700～2200	3100～3500	2700～3300	1900～2500	1200～1600	2200～3200
热挠曲温度/℃（0.45MPa/1.82MPa）	56～68/51～55	63～67/55～57	45～50/45～50	45～50/45～50	37～42/32～34	45～50
冲击韧度/(J/m^2)	65～80	14～16	20～30	20～30	40～50	20～30
玻璃化温度 T_g/℃	47～53	62～65	48～50	48～50	35～37	N/A
邵氏硬度　D	85～87	87～88	83～86	83～86	74～78	83～86

表 6-4　Objet 系统使用的部分类似于橡胶的材料的性能指标

指标 \ 型号	FullCure980 & FullCure930	FullCure970	FullCure950
基本特性	类橡胶		
抗拉强度/MPa	0.8～1.5	1.8～2.4	3～5
延伸率（%）	170～220	45～55	45～55
压缩率（%）	4～5	0.5～1.5	0.5～1.5
邵氏硬度　A	26～28	60～62	73～77
抗撕裂阻力/(kg/cm)	2～4	3～5	8～12
聚合后的密度/(g/cm³)	1.12～1.13	1.12～1.13	1.16～1.17

3. 3D Systems 公司开发的设备及材料

3D Systems 公司作为快速成型设备全球最早的设备供应商，一直以来致力于快速成型技术的研发与技术服务工作，在引领 SLA 光固化快速成型技术的同时，也陆续开展了其他快速成型技术的研究，陆续推出 SLS 设备及 3DP 设备等。近期，成功并购 Z Corp 公司，3DP 技术的实力和地位再上新台阶。面向不同用户的需求，目前推出的 3DP 设备分为 Personal 系列与 Professional 系列。2009 年以来，3D Systems 公司推出价格 1 万美元以下的面向小客户的 Personal 3DP 设备。主要型号有 Glider、Axis Kit、RapMan、3D Touch、ProJet 1000、ProJet 1500、V—Flash 等。

Glider 3D Printer 的外轮廓尺寸只有 508（长）mm×406.4（厚）mm×355.6（高）mm 大小，质量只有 7kg。建造速度为 23mm/h，可制作模型的大小为 203（长）mm×203（厚）mm×140（高）mm。层厚为 0.3mm，喷嘴直径为 0.5mm，位置精度为 0.1mm。图 6-14 为 Gilder 3D Printer 的照片，售价仅 1400 美元左右。

图 6-14　3D Systems 公司的 Gilder 三维打印机

3D Touch Printer 增加了触摸屏，型号分为单头、双头和三头等，轮廓尺寸为600mm×600mm×700mm，质量为38kg，价格约为4000美元，适合于家庭、学校教室及办公室使用。图6-15为3D Touch Printer的照片。

Glider 3D Printer与3D Touch Printer使用的材料有PLA（白、蓝、绿）和ABS（黑、红）丝材，直径3mm，如图6-16所示。表6-5给出了3D Systems公司上述Personal 3DP使用的丝材的基本参数和要求。

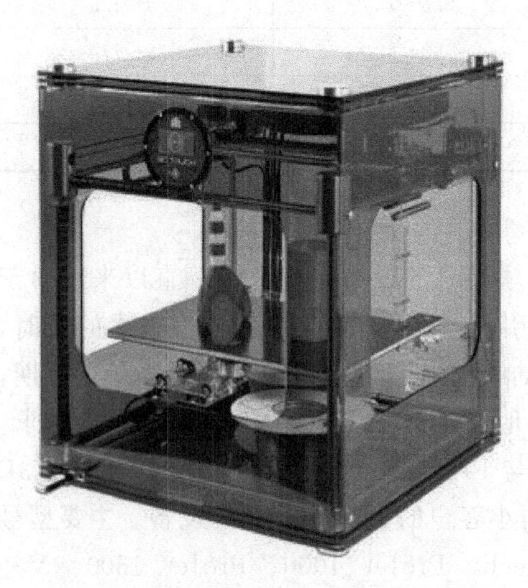

图6-15 3D Systems公司的3D Touch三维打印机

图6-16 3D Systems公司的Personal三维打印机使用的丝材

表6-5 3D Systems Personal 3DP打印机使用材料的基本参数

指标 \ 型号	ABS		PLA	
	白色	彩色	不透明	透明
打印温度/℃	240～245	243～248	210～225	210～220
首层温度/℃	230	232	200	200
基底材料	Acrylic/ABS		MDF/Acrylic	
丝材直径/mm	3.0		3.0	
单卷质量/kg	1.0		1.0	

ProJet 1000&1500个人打印机及V—Flash个人打印机具有更高的打印分辨率和速度、更明亮的色彩及打印的模型耐久性更好，其设备主要参数见表6-6，使用材料为VisiJet FTI，其性能见表6-7。

表 6-6 3D Systems 公司开发的高级个人打印机主要参数

参数 \ 型号	ProJet 1000	ProJet 1500	V—Flash
模型最大尺寸/(长/mm×宽/mm×高/mm)	171×203×178	171×228×203	228×171×203
分辨率/dpi	1024×768	1024×768	768×1024
层厚/μm	102	102（高速模式为152）	102
垂直建造速度/(mm/h)	12.7	12.7（高速模式为20.3）	—
最小特征尺寸/ mm	0.254	0.254	—
最小垂直壁厚/ mm	0.64	0.64	0.64
材料颜色	白	白红灰蓝黑黄	黄色和乳白色
件数据格式	STL、CTL		STL
外轮廓尺寸/(长/mm×宽/mm×高/mm)	555×914×724	555×914×724	666×685×787
设备质量/kg	55.3	55.3	66

表 6-7 3D Systems 公司的高级个人打印机使用材料的性能指标

指标 \ 型号	白色	红	灰	蓝	黑	黄
单卷质量/kg	2	2	2	2	2	2
密度（液态）/(g/cm^3)	1.08	1.08	1.08	1.08	1.08	1.08
抗拉强度/MPa	12～22	8～18	8～18	10～24	13～25	15～29
拉伸模量/MPa	800～1200	400～600	600～1000	600～1300	600～1000	800～1500
延伸率（%）	2～3	2～4	2～3	2～3	2～4	2～3
弯曲强度/MPa	23～34	16～22	20～36	13～29	19～34	29～53
弯曲模量/MPa	750～1100	500～700	700～1000	300～800	600～1000	900～1400
热挠曲温度/℃	52	50	45	47	50	52
冲击韧度/(J/m^2)	16	17	17	16	17	19
玻璃化温度 T_g/℃	47～53	62～65	48～50	48～50	35～37	—
邵氏硬度 D	77～80	65～70	75～80	70～80	75～82	72～85

3D Systems 公司开发的专家级及生产用打印机的主要型号有 ProJet SD 3000、ProJet HD 3000 & 3000plus、ProJet CP 3000、ProJet CPX 3000 & 3000plus、ProJet DP 3000、ProJet MP 3000、ProJet 5000 及 ProJet 6000 等。其中部分型号设备的参数见表 6-8。图 6-17～图 6-19 分别给出的是 ProJet SD 3000、ProJet 5000 与 ProJet 6000 型 3DP 设备照片。

表 6-8　3D Systems ProJet 高端系列部分打印机主要参数

型号 \ 指标		模型尺寸/(长/mm×宽/mm×高/mm)	分辨率/dpi	精度/mm	使用材料 VisiJet
ProJet SD3000		298×185×203	375×375×790	0.025～0.05	EX200，SR200
ProJet HD3000	HD（高清晰）	298×185×203	375×375×790	0.025～0.05	EX200，SR200，HR200
	UHD（超清晰）	127×178×152	750×750×890		
ProJet HD3000 plus	HD（高清晰）	298×185×203	375×375×790	0.025～0.05	EX200，SR200，HR200
	UHD（超清晰）	203×178×152	750×750×890		
	XHD（特清晰）	203×178×152	750×750×1600		
ProJet CP3000		298×185×203	375×375×775	0.025～0.05	CP200 Wax
ProJet CPX3000	HD（高清晰）	298×185×203	375×375×775	0.025～0.05	CPX200 Wax
	HDHiQ（高清高质）	298×185×203	375×375×775		
	XHD（特清晰）	127×178×152	694×750×1600		
ProJet CPX3000 plus	HD（高清晰）	298×185×203	375×375×775	0.025～0.05	CPX200 Wax
	HDHiQ（高清高质）	298×185×203	375×375×775		
	UHD（超清晰）	203×178×152	694×750×1300		
	XHD（特清晰）	203×178×152	694×750×1600		
ProJet DP3000	HD（高清晰）	298×185×203	375×375×790	0.025～0.05	DP200
	UHD（超清晰）	203×178×152	750×750×890		
ProJet MP3000		298×185×203	375×375×790	0.025～0.05	MP200
ProJet 5000	HD（高清晰）	550×393×300	328×328×600	0.025～0.05	MX
	UHD（超清晰）		656×656×800		
ProJet SD6000	HD（高清晰）	250×250×250 250×250×125 250×250×50	0.125mm 层厚 0.125mm	0.025～0.05	Flex，Tough，Clear，HiTemp
	UHD（超清晰）		0.125mm 层厚 0.100mm		
ProJet HD6000	HD（高清晰）	250×250×250 250×250×125 250×250×50	0.125mm 层厚 0.125mm	0.025～0.05	Flex，Tough，Clear，HiTemp
	UHD（超清晰）		0.125mm 层厚 0.100mm		
	XHD（特清晰）		0.075mm 层厚 0.050mm		
ProJet MP6000	HD（高清晰）	250×250×250 250×250×125 250×250×50	0.125mm 层厚 0.125mm	0.025～0.05	Flex，Tough，Clear，HiTemp，e-Stone
	UHD（超清晰）		0.125mm 层厚 0.100mm		
	XHD（特清晰）		0.075mm 层厚 0.050mm		

图 6-17　3D Systems 公司的 ProJet SD 3000 三维打印机

图 6-18　3D Systems 公司的 ProJet 5000 三维打印机

图 6-19　3D Systems 公司的 ProJet 6000 三维打印机

6.4 其他快速成型工艺

1. 光掩膜法快速成型技术

光掩膜法是以色列 Cubital 公司开发出的一种快速成型工艺方法。同 SLA 一样，该系统同样利用紫外线来固化光敏树脂，但光源和具体的工艺方法与 SLA 不同，曝光是采用光学掩膜技术，电子成像系统先在一块特殊玻璃上通过曝光和高压充电过程产生与截面形状一致的静电潜像，并吸附上碳粉形成截面形状的负像，接着以此为“底片”用强紫外线灯对涂敷的一层光敏树脂同时进行曝光固化，把多余的树脂吸附走以后，用石蜡填充截面中的空隙部分，接着用铣刀把这个截面修平，在此基础上进行下一个截面的固化。与 SLA 对比，SGC 效率更高，因为 SGC 的每层固化是瞬间完成的。SGC 的工作空间较大，可以一次制作多个零件，也可以制作单个大零件（例如，尺寸可以达到 500mm × 350mm × 500mm）。图 6-20 为 SGC 工艺制作的一个模型。

图 6-20 用光掩膜法工艺制作的小车模型

光掩膜法的工艺原理如图 6-21 所示。具体工艺步骤如下：

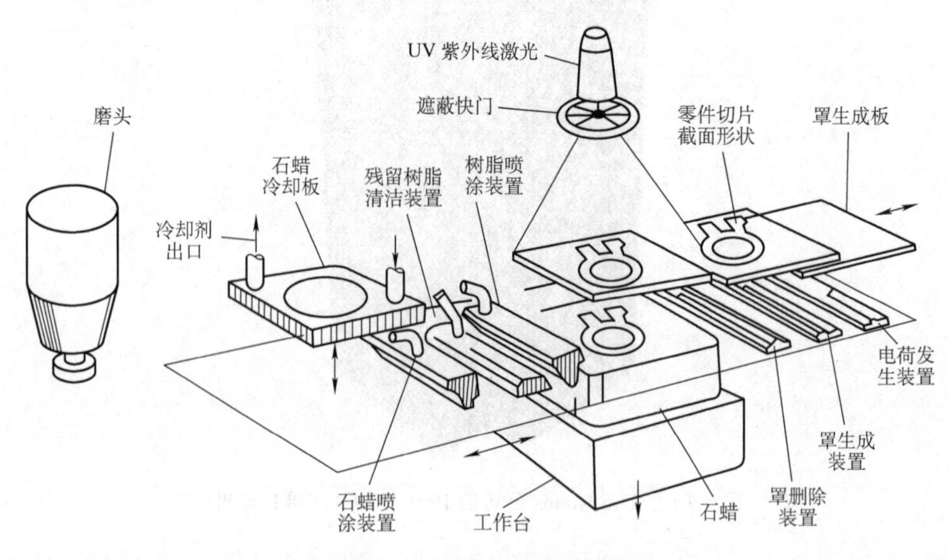

图 6-21 光掩膜法的工艺原理

1）零件三维造型，并利用切片软件切片。在每层制作之初，用光敏树脂均匀喷涂工作平面，如图 6-22a 所示。

2）在每一层利用 Cubital 公司的专利印刷技术进行光掩膜，如图 6-22b 所示。

3）然后用强紫外线灯（2kW）照射，暴露在外的光敏性树脂被一次固化，如图 6-22c 所示。

4）每一层固化后，未固化的光敏性树脂被真空抽走以便重复利用。固化的光敏性树脂在一个更强的紫外线灯（4kW）的照射下得以二次固化，如图 6-22d 所示。

5）用蜡填充被真空抽走的区域。通过冷却系统使蜡冷却变硬，硬化的蜡可以作为支撑，因此不需要做额外的支撑，如图 6-22e 所示。

6）将蜡、树脂层压平，以便进行下一层的制作，如图 6-22f 所示。

7）零件制作完成后，将蜡去掉，打磨，得到模型，无需其他的后处理，如图 6-22g 所示。

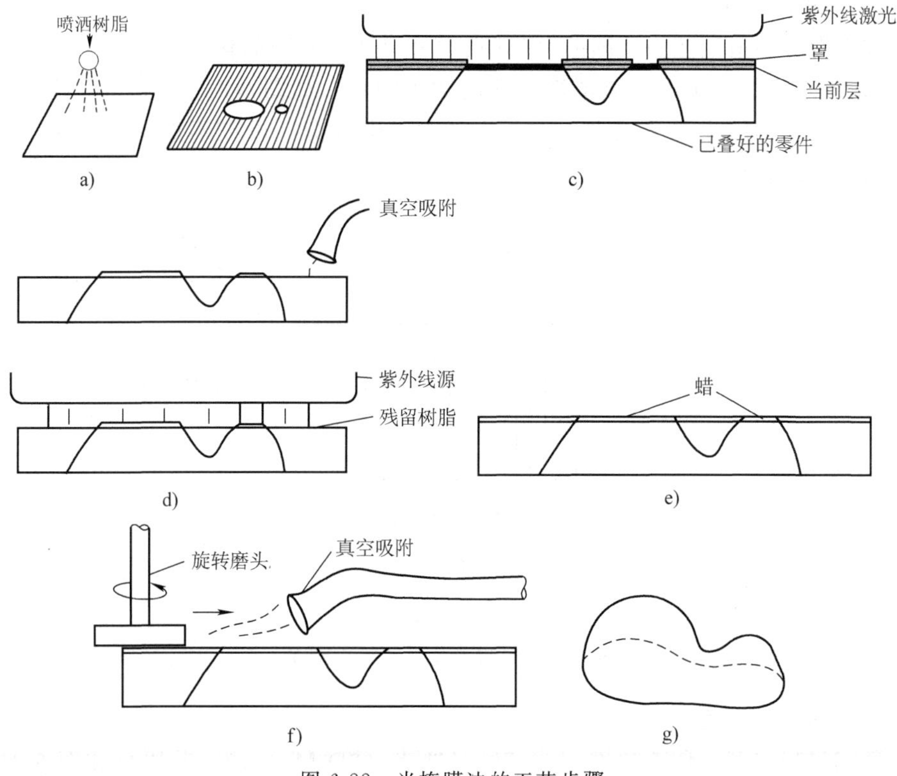

图 6-22　光掩膜法的工艺步骤

光掩膜法的优点如下：

1）不需要设计支撑结构。

2）零件的成型速度不受复杂程度的影响，只与体积有关。树脂瞬时曝光，速度快，整层一次成型，效率高。

3）精度高，相对精度约在0.1%左右。

4）最适合制作多件原型，制作过程中可以随意选择不同零件的制作次序；一个零件未制作完时，可以先做另一个零件，再回过头来继续做未完零件。

5）模型内应力小，变形小，适合制作大型件。

6）制作过程中如发现错误，可以把错误层铣掉，重新制作此层。

同时，光掩膜法也存在如下的缺点：

1）树脂和石蜡的浪费较大，且工序复杂。

2）设备占地大，噪声高，维护费用昂贵。

3）可选材料少，使用材料有毒，且需密封避光保存。

4）制作过程中，感光过度会使树脂材料失效。

5）后处理过程需要除蜡。

2. 弹道微粒制造

弹道微粒制造工艺由美国的BPM技术公司开发和商品化。它用一个压电喷射（头）系统来沉积熔化了的热塑性塑料的微小颗粒，如图6-23所示。BPM的喷头安装在一个5轴的运动机构上，对于零件中悬臂部分，可以不加支撑；而“不连通”的部分还要加支撑。

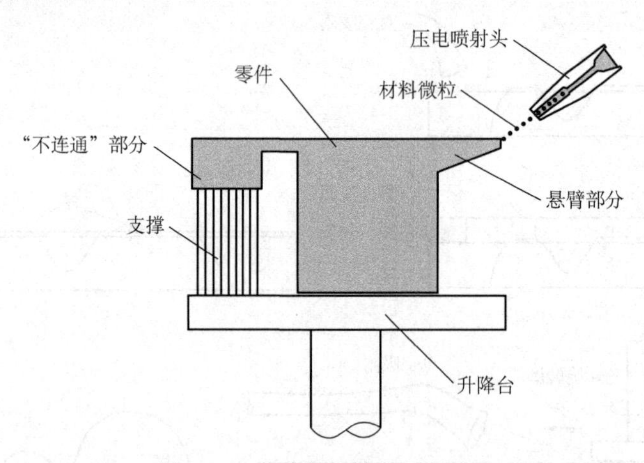

图6-23 弹道微粒制造工艺原理

3. 数码累积成型

数码累积成型也称喷粒堆积或三维马赛克（3D Mosaic），其原理如图6-24所示。用计算机分割三维造型体而得到空间一系列一定尺寸的有序点阵，借助三维制造系统按指定路径在相应的位置喷出可迅速凝固的流体或布置固体单元，逐点、线、面完成粘接并进行处理后完成原型制造。

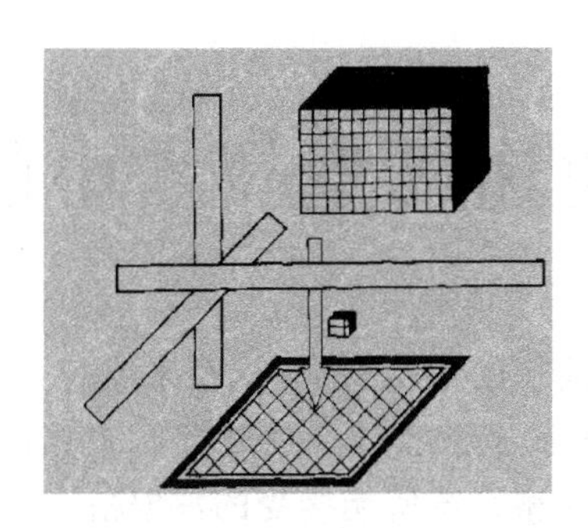

图 6-24　数码累积成型工艺原理

该工艺类似于砌砖或搭积木，每一间隔增加一个“积木”单元，甚至可以采用晶粒、分子或原子级的单元，以提高加工的精度。也可以通过排列不同成分、颜色、性能的材料单元，实现三维空间的复杂结构材料原型或零件的制造。

第7章 快速成型技术中的数据处理

快速成型的制作需要前端的CAD数字模型来支持，也就是说，所有的快速成型制造方法都是由CAD数字模型经过切片处理后来直接驱动的。来源于CAD的数字模型必须处理成快速成型系统所能接受的数据格式，而且在原型制作之前或制作过程中还需要进行叠层方向的切片处理。因此在快速成型技术实施之前以及原型制作过程中，需要进行大量的数据准备和处理工作，数据的充分准备和有效的处理决定着原型制作的效率、质量和精度，因此在整个快速成型技术的实施过程中，数据的处理是十分必要和重要的。

7.1 CAD三维模型的构建方法

目前，基于数字化的产品快速设计有两种主要途径：一种是根据产品的要求或直接根据二维图样在CAD软件平台上设计产品三维模型，常被称为概念设计；另一种是在仿制产品时用扫描机对已有的产品实体进行扫描，得到三维模型，常被称为反求工程。两种常用的产品设计思路如图7-1所示。

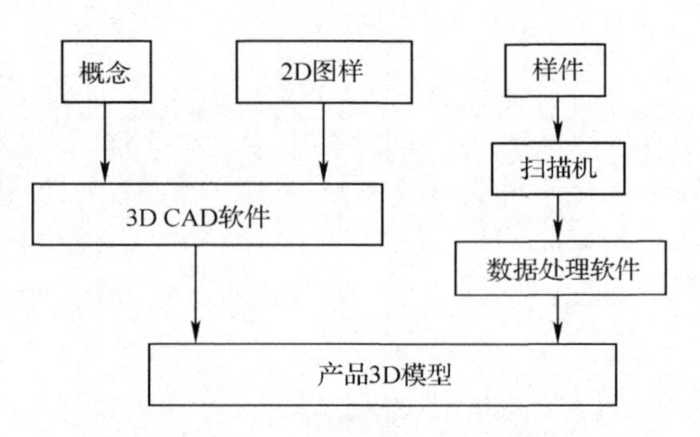

图7-1 基于数字化产品快速设计基本途径

7.1.1 概念设计

目前产品的设计已经广泛地直接采用计算机辅助设计软件来构造产品三维模型，也就是说，产品的现代设计已基本摆脱传统的图样描述方式，而直接在三维造型软件平台上进行。目前，几乎尽善尽美的商品化CAD/CAM一体化软件为产品造型提供了强大的空间，使设计者的概念设计能够随心所欲，且特征修改也十分方便。目前，应用较多的具有三维造型功能的CAD/CAM软件主要有UG、Pro/E、Catia、Cimatron、Delcam、Solidedge、MDT等，见表7-1。

一般来说，从事快速成型研究与服务的机构和部门都已经配备了三维设计手段，一般的设计开发部门也逐渐地由传统的2D设计发展到3D上来。表7-2给出的是1995年日本几家从事RP服务的公司所服务的客户的设计来源是否采用3D设计的统计。

随着计算机硬件的迅猛发展，许多原来基于计算机工作站开发的大型 CAD/CAM 系统已经移植于个人计算机上，反过来，也促进了 CAD/CAM 软件的普及。其中，广泛使用的有 Pro/E、UG、Cimatron 等。

表 7-1　国外部分通用的 CAD/CAM 系统

软件名称	开发公司	国别
Pro/E	Parametric Technology Co.	美国
Unigraphics	Unigraphics Solutions Co.	美国
Catia	Dassault Systems Co.	法国
Cimatron	Cimatron Co.	以色列
I—Deas	Structural Dynamics Research Co.	美国
CADDS 5	Computervision Co.	美国
DUCT	Delcam Co.	英国
CADAM	Dassault Co.	法国
MDT	Autodesk Co.	美国
Space—E	日立造船情报系统株式会社	日本

表 7-2　日本使用 3D 设计的统计

RP 服务公司和机构	2D 与 3D 的使用
Tokuda Industries	80%的用户提供 2D CAD 文件，RP 服务之前进行 3D 再设计
INCS. Inc.	90%的用户提供 CAD 文件： ——55% 3D 数据 ——35% 2D 绘图文件 10% 其他 1993 年，3D 数据的创建占用整个产品开发时间的 50%
Kyoden Co.	1993 年，100%的 2D 到 3D 转换 1995 年，70%的用户提交 2D 文件 预测 2000 年，小公司 50%、大公司 100%使用 3D
Shonan Design Co.	50% 2D；20% Pro/E；30% Catia

7.1.2　反求工程

新产品开发过程中的另一条重要路线就是样件的反求。反求工程技术（Reverse Engineering，RE）又称逆向工程技术，是 20 世纪 80 年代末期发展起来的一项先进制造技术，是以产品及设备的实物、软件（图样、程序及技术文件等）或影像（图片、照片等）等作为研究对象，反求出初始的设计意图，包括形状、材料、工艺、强度等诸多方面。简单地说，反求就是对存在的实物模型或零件进行测量，并根据测量数据重构出实物的CAD模型，进而对实物进行分析、修改、检验和制造的过程。反求工程主要用于已有零件的复制、损坏或磨损零件的还原、模型精度的提高及数字化模型检测等。

反求工程技术不是传统意义上的“仿制”，而是综合应用现代工业设计的理论方法、生产工程学、材料学和有关专业知识，进行系统地分析研究，进而快速开发制造出高附加值、高技术水平的新产品。反求工程对于难以用CAD设计的零件模型，以及活性组织和艺术模型的数据摄取是非常有利的工具，对快速实现产品等的改进和完善或参考设计具有重要的工程应用价值。尤其是该项技术与快速成型技术的结合，可以实现产品的快速三维复制，并经过CAD重新建模修改或快速成型工艺参数的调整，还可以实现零件或模型的变异复原，如图7-2所示。

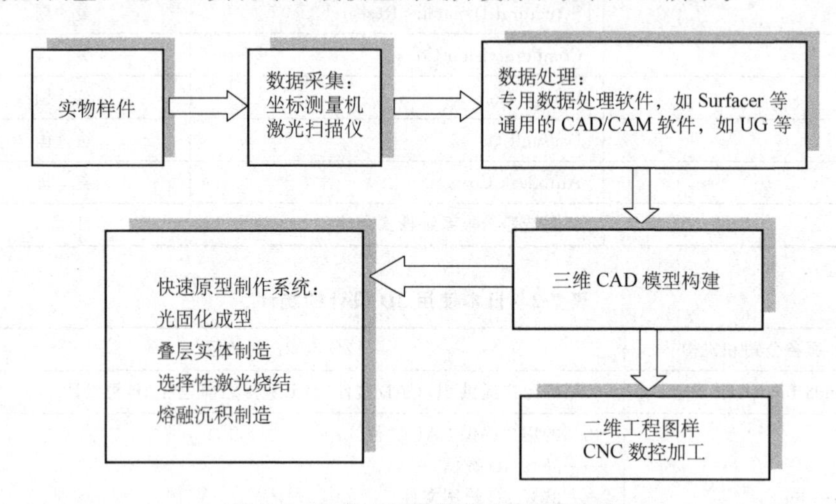

图7-2 反求工程技术应用开发流程图

反求的主要方法有三坐标测量法、投影光栅法、激光三角形法、核磁共振和CT法以及自动断层扫描法等。常用的扫描机有传统的坐标测量机（Coordinate Measurement Machine，CMM）、激光扫描机（Laser Scanner）、零件断层扫描机（Cross Section Scanner）以及CT（Computer Tomography）和MRI（Magnetic Resonance Imaging）等。

采用反求工程方法进行产品快速设计，需要对样品进行数据采集和处理，具体内容如图7-3所示。反求工程中较大的工作量就是离散数据的处理。一般来说，反求系统中应携带具有一定功能的数据拟合软件，或借用常规的CAD/CAM软件UG、Pro/E等，也有独立的曲面拟合与修补软件如Surfacer等。

Imageware Surfacer软件是SDRC（Structural Dynamics Research Corporation）公司推出的逆向工程软件，是对产品开发过程前后阶段的补充，是专门用于

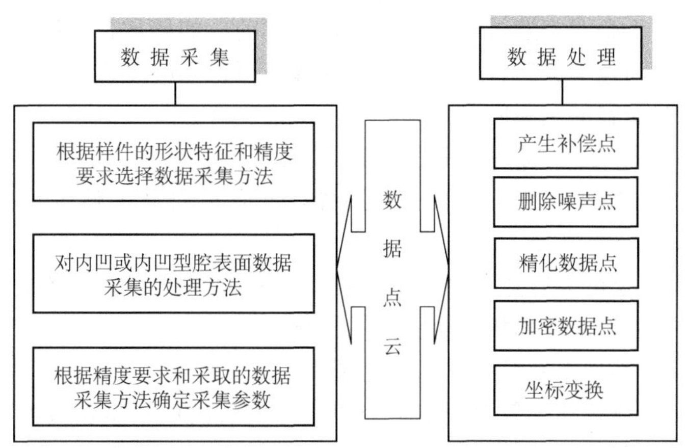

图 7-3　反求工程中的数据采集与处理技术

将扫描数据转换成曲面模型的软件。Imageware Surfacer 提供了在逆向工程、曲面设计和曲面评估方面最好的功能，它能接收各种不同的数据来源，通过 3D 点数据能够生成高质量曲线和曲面几何形状。该软件能够进行曲面检定，分析曲面与实际点的距离，可以进行着色、反射或曲率分析及横截面功能。曲线和曲面可以进行即时交换式形状修改。Imageware Surfacer 软件具有扫描点处理、曲面制造工具、曲面分析工具、曲线处理以及曲面处理等功能和模块。图 7-4 给出的是 Imageware Surfacer 软件的界面及其正在进行的曲线处理。

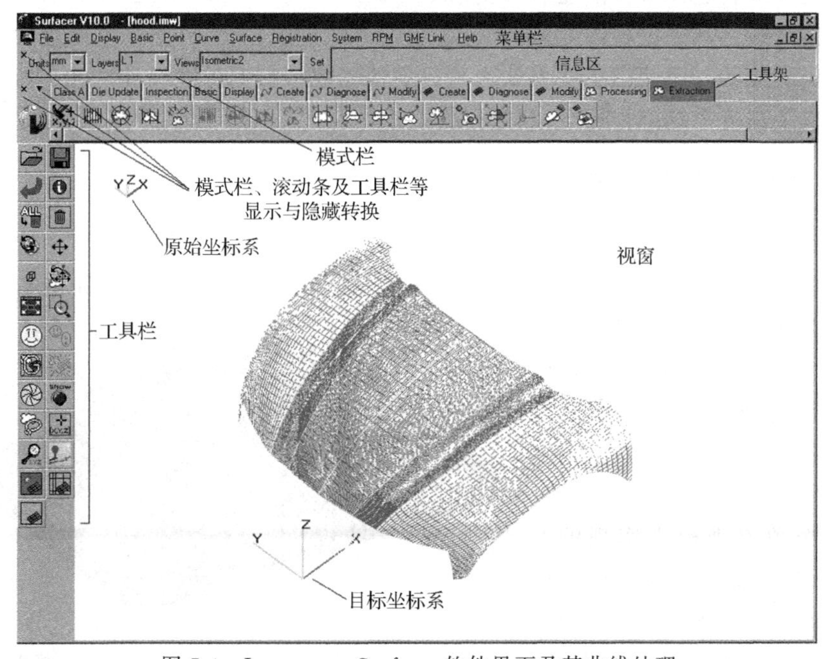

图 7-4　Imageware Surfacer 软件界面及其曲线处理

逆向工程对于企业制造过程来说是非常重要的。如何从企业仅有的样件、油泥模型、模具等“物理世界”快速地过渡到计算机可以随心所欲处理的“数字世界”，这是制造业普遍面临的实际问题。

Imageware Surfacer 特别适用于以下情况：

1）企业只能拿到真实零件而没有图样，又要求对此零件进行分析、复制及改型。

2）在汽车、家电等行业要分析油泥模型，对油泥模型进行修改，得到满意结果后将此模型的外形在计算机中建立数字模型。

3）对现有的零件工装等建立数字化图库。

4）在模具行业，往往需要用手工修模，修改后的模具型腔数据必须及时地反映到相应的 CAD 设计之中，这样才能最终制造出符合要求的模具。

此外，Imageware Verdict 软件的快速成型模块能够快速利用数字化数据，或利用其他系统的曲面几何形状生成原型，从而缩短了进行数字化、生成 CAD 模型直至最后生成原型这一过程的周期，而且该软件模块可以直接根据产品的 STL 文件自动制作出该产品的模具模型。

7.2 STL 数据文件及处理

快速成型制造设备目前能够接受诸如 STL、SLC、CLI、RPI、LEAF、SIF 等多种数据格式。其中由美国 3D Systems 公司开发的 STL 文件格式可以被大多数快速成型机所接受，因此被工业界认为是目前快速成型数据的准标准，几乎所有类型的快速成型制造系统都采用 STL 数据格式。

7.2.1 STL 文件的格式

STL 文件的主要优势在于表达简单清晰，文件中只包含相互衔接的三角形片面节点坐标及其外法向量。STL 数据格式的实质是用许多细小的空间三角形面来逼近还原 CAD 实体模型，这类似于实体数据模型的表面有限元网格划分，如图7-5所示。STL 模型的数据是通过给出三角形法向量的三个分量及三角形的三个顶点坐标来实现的。STL 文件记载了组成 STL 实体模型的所有三角形面，它有二进制（Binary）和文本文件

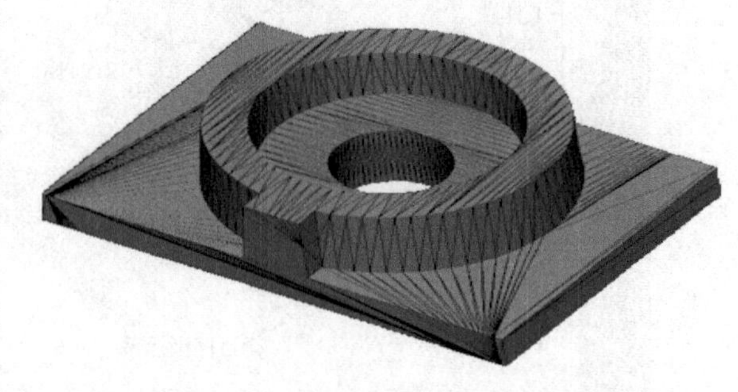

图 7-5 采用 STL 数据格式描述的 CAD 模型

（ASCII）两种形式。ASCII 文件格式的特点是能被人工识别并被修改，但是由于该格式的文件占用空间太大（一般是 Binary 形式存储的 STL 文件的 6 倍），因此主要用来调试程序。

1. STL 的 ASCII 文件格式

ASCII 起初主要是为了检验 CAD 界面而设计开发的。但是由于其自身格式太大，使它在实际中没有太大的应用。下面就是 ASCII STL 文件的语法格式。

```
solid name _ of _ object
facet normal x y z
   outer loop
      vertex x y z
      vertex x y z
      vertex x y z
   endloop
endfacet
facet normal x y z
   outer loop
      vertex x y z
      vertex x y z
      vertex x y z
   endloop
endfacet
……
endsolid name _ of _ object
```

通常向量和点坐标都是以科学计数法来书写的（±d. ddddddE±ee），下面示例的是一个小型的 STL 文件片断：

```
solid bottletop. bin
facet normal -4. 470293E-02 7. 003503E-01 -7. 123981E-01
   outer loop
      vertex -2. 812284E+00 2. 298693E+01 0. 000000E+00
      vertex -2. 812284E+00 2. 296699E+01 -1. 960784E-02
      vertex -3. 124760E+00 2. 296699E+01 0. 000000E+00
   endloop
endfacet
facet normal -7. 853186E-02 6. 811538E-01 -7. 279164E-01
   outer loop
```

```
      vertex -2.343570E+00 2.296699E+01 -7.017544E-02
      vertex -2.812284E+00 2.296699E+01 -1.960784E-02
      vertex -2.343570E+00 2.304198E+01 0.000000E+00
    endloop
  endfacet
  ……
  facet normal 1.138192E-01 -7.113919E-01 6.935177E-01
    outer loop
    vertex 1.874856E+00 -2.674482E+01 2.450000E+01
    vertex 2.050624E+00 -2.671670E+01 2.450000E+01
    vertex 1.874856E+00 -2.671670E+01 2.452885E+01
    endloop
  endfacet
  endsolid bottletop.bin
```

2. STL 的二进制文件格式

二进制文件采用 IEEE 类型整数和浮动型小数。文件用 84B 的头文件和 50B 的后述文件来描述一个三角形：

# of bytes	description
80	有关文件、作者姓名和注释信息
4	小三角形平面的数目
	facet 1
4	float normal x
4	float normal y
4	float normal z
4	float vertex1 x
4	float vertex1 y
4	float vertex1 z
4	float vertex2 x
4	float vertex2 y
4	float vertex2 z
4	float vertex3 x
4	float vertex3 y
4	float vertex3 z
2	未用（构成 50 个字节）
	facet 2

```
4          float normal x
4          float normal y
4          float normal z
4          float vertex1 x
4          float vertex1 y
4          float vertex1 z
4          float vertex2 x
4          float vertex2 y
4          float vertex2 z
4          float vertex3 x
4          float vertex3 y
4          float vertex3 z
2          未用（构成 50 个字节）
           facet 3
           …
```

上述的面目录一般是以三角形法向量的三坐标开始的。该法向量指向面的外侧并且是一个单位长，顺序是 x、y、z，法向量的方向符合右手定则。

注意到每个面目录都是 50B，如果是所生成的 STL 文件是由 10000 个小三角形构成的，再加上 84B 的头文件，该 STL 文件的大小便是 84B＋50B×10000＝500084B≈0.5MB。若同样的精度下，采用 ASCII 形式输出该 STL 文件，则此时的 STL 文件的大小约为 6×0.5MB＝3.0MB。

7.2.2　STL 文件的精度

STL 文件的数据格式是采用小三角形来近似逼近三维实体模型的外表面，小三角形数量的多少直接影响着近似逼近的精度。显然，精度要求越高，选取的三角形应该越多。但是就本身面向快速成型制造所要求的 CAD 模型的 STL 文件，过高的精度要求也是不必要的。因为过高的精度要求，可能会超出快速成型制造系统所能达到的精度指标，而且三角形数量的增多需要加大计算机存储容量，同时带来切片处理时间的显著增加，有时截面的轮廓会产生许多小线段，不利于激光头的扫描运动，导致低的生产效率和表面不光洁。所以从 CAD/CAM 软件输出 STL 文件时，选取的精度指标和控制参数，应该根据 CAD 模型的复杂程度以及快速原型精度要求的高低进行综合考虑。

不同的 CAD/CAM 系统，输出 STL 格式文件的精度控制参数是不一致的，但最终反映 STL 文件逼近 CAD 模型的精度指标表面上是小三角形的数量，实质上是三角形平面逼近曲面时的弦差的大小。弦差指的是，近似三角形的轮廓边与曲面之间的径向距离。从本质上看，用有限的小三角面的组合来逼近CAD模型表面，是原始模型的一阶近似，它不包含邻接关系信息，不可能完全表达原始设计的意图，离真正的表面有一定的距离，而在边界上有凸凹现象，所以无法避免误差。第3章图3-10为球面STL输出时的三角形划分，从图中可以看出弦差的大小直接影响输出的表面质量。

下面以具有典型形状的圆柱体和球体为例，说明选取不同三角形个数时的近似误差，见表7-3和表7-4。从弦差、表面积误差以及体积误差的本身对比和两者之间的对比可以看出：随着三角形数目的增多，同一模型采用STL格式逼近的精度会显著地提高；而不同形状特征的CAD模型，在相同的精度要求条件下，最终生成的三角形数目的差异很大。

表7-3 用三角形近似表示圆柱体的误差

三角形数目	弦差（%）	表面积误差（%）	体积误差（%）
10	19.1	6.45	24.32
20	4.89	1.64	6.45
30	2.19	0.73	2.90
40	1.23	0.41	1.64
100	0.20	0.07	0.26

表7-4 用三角形近似表示球体的误差

三角形数目	弦差（%）	表面积误差（%）	体积误差（%）
20	83.49	29.80	88.41
30	58.89	20.53	67.33
40	45.42	15.66	53.97
100	19.10	6.45	24.32
500	3.92	1.31	5.18
1000	1.97	0.66	2.61
5000	0.39	0.13	0.53

7.2.3 STL文件的纠错处理

1. STL文件的基本规则

（1）取向规则　STL文件中的每个小三角形面都是由三条边组成的，而且具有方向性。三条边按逆时针顺序由右手定则确定面的法向量指向所描述的实体表面的外侧。相邻的三角形的取向不应出现矛盾，如图7-6所示。

（2）点点规则　每个三角形必须也只能跟与它相邻的三角形共享两个点，也就

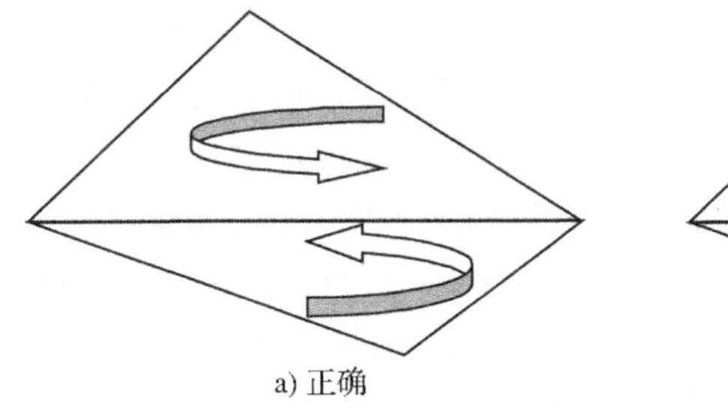
a) 正确

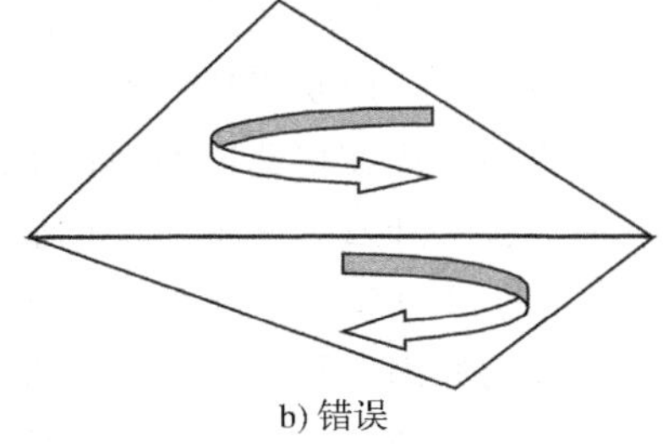
b) 错误

图 7-6 切面的方向性示意图

是说，不可能有一个点会落在其旁边三角形的边上。图 7-7 便示意了存在问题的点。

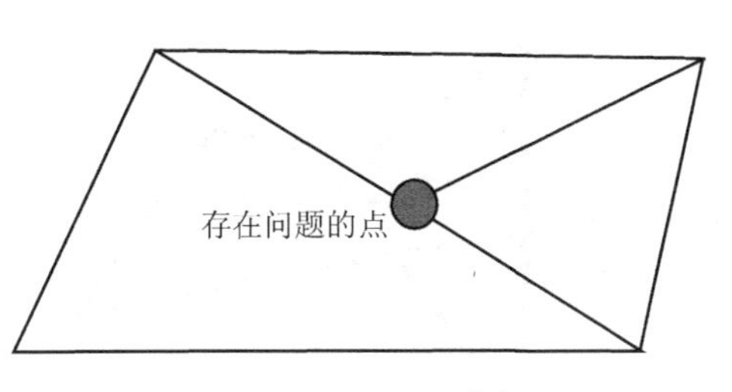

图 7-7 错误点示意图

因为每一个合理的实体面至少应有 1.5 条边，因此下面的三个约束条件在正确的 STL 文件中应该得到满足：

1）面必须是偶数。

2）边必须是 3 的倍数。

3）2×边=3×面。

（3）取值规则 STL 文件中所有的顶点坐标必须是正的，零和负数是错的。然而，目前几乎所有的 CAD/CAM 软件都允许在任意的空间位置生成 STL 文件，唯有 AutoCAD 软件还要求必须遵守这个规则。

STL 文件不包含任何刻度信息，坐标的单位是随意的。很多快速成型前处理软件是以实体反映出来的绝对尺寸值来确定尺寸的单位。STL 文件中的小三角形通常是以 z 增大的方向排列的，以便于切片软件的快速解算。

（4）合法实体规则 STL 文件不得违反合法实体规则，即在三维模型的所有表面上，必须布满小三角形平面，不得有任何遗漏（即不能有裂缝或孔洞），不能有厚度为零的区域，外表面不能从其本身穿过等。

2. 常见的 STL 文件错误

像其他的 CAD/CAM 常用的交换数据一样，STL 也经常出现数据错误和格式错误，其中最常见的错误如下：

（1）遗漏 尽管在 STL 数据文件标准中没有特别指明所有的 STL 数据文件所包含的面必须构成一个或多个合理的法定实体，但是正确的 STL 文件所含有的点、边、面和构成的实体数量必须满足如下的欧拉公式：

$$F - E + V = 2 - 2H$$

式中 F()、E()、V()、H()——分别指面数、边数、点数和实体中穿透的孔洞数。

如果一个 STL 文件中的数据不符合该公式，则该 STL 文件就有漏洞。在切片软件进行运算时，一般是无法检测该类错误的，这样在切片时就会产生某一边不封闭的后果，直接造成在快速成型制造中激光束或刀具行走时漏过该边。

现在有些公司开发了一些相应的软件，可以纠正一些诸如此类的错误，像 3D systems 公司的 3D LightYear 软件、比利时 Materialise 公司的 Magics 软件等。

出现遗漏的原因一般有如下两个方面：一是两个小三角形面在空间的交差，如图 7-8a 所示，这种情况主要是由于低质量的实体布尔运算生成 STL 文件过程中产生的；二是在两个连接表面三角形化时不匹配造成的，如图 7-8b 所示。

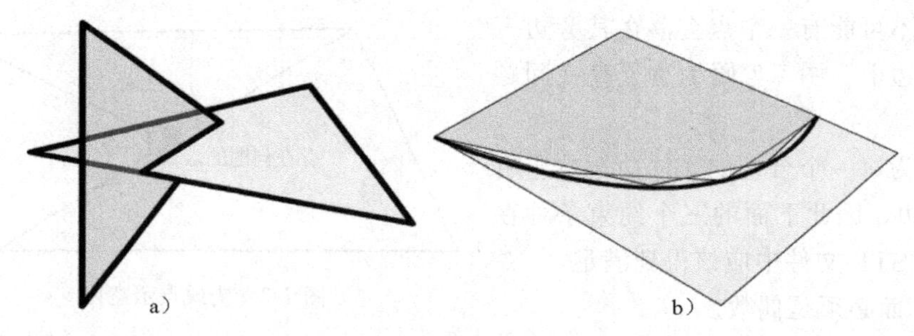

图 7-8　遗漏错误产生原因示意图

(2) 退化面　退化面是 STL 文件中另一个常见的错误。它不像上面所说的错误一样，它不会造成快速成型加工过程的失败。这种错误主要包括以下两种类型：

1) 点共线（如图 7-9a）。或者是不共线的面在数据转换过程中形成了三点共线的面。

2) 点重合（如图 7-9b）。或者是在数据转换运算时造成这种结果。

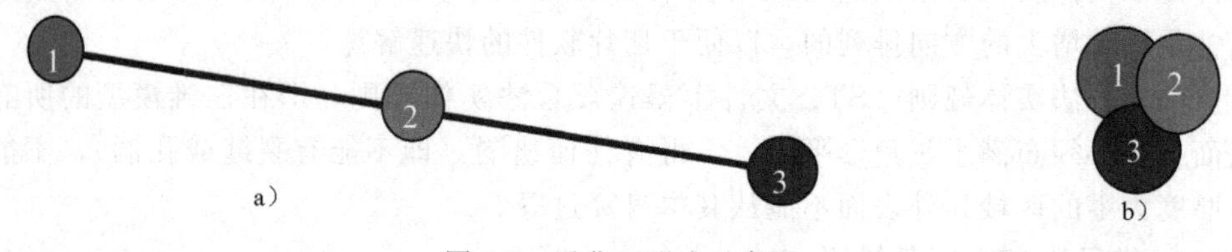

图 7-9　退化面形成示意图

尽管退化面并不是很严重的问题，但这并不是说，它就可以忽略。一方面，该面的数据要占空间；另一方面，也是更重要的，这些数据有可能使快速成型前处理的分析算法失败，并且使后续的工作量加大和造成困难。图 7-10 便是由划分三角形面而产生的无穷多的退化面的一个例子。

(3) 模型错误　这种错误不是在 STL 文件转换过程中形成的，而是由于 CAD/CAM 系统中原始模型的错误引起的，这种错误将在快速成型制造过程中表现出来。

(4) 错误法向量面　进行STL格式转换时，会因未按正确的顺序排列构成三角形的顶点而导致计算所得法向量的方向相反。为了判断是否错误，可将怀疑有错的三角形的法向量方向与相邻的一些三角形的法向量加以比较。

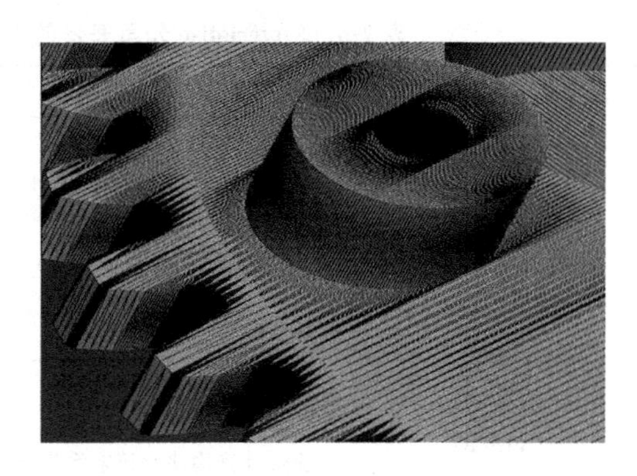

图7-10　由划分三角形面而产生无穷多的退化面

3. STL文件浏览和编辑

由于STL文件在生成过程中以及原有的CAD模型等原因经常会出现一些错误，因此为保证有效地进行快速原型的制作，对STL文件进行浏览和编辑处理是十分必要的。目前，已有多种用于观察和编辑（修改）STL格式文件的软件及与RP数据处理直接相关的专用软件，见表7-5。

表7-5　与RP数据处理相关的专用软件

软件名称	开发商	网页	输入数据接口	输出数据接口	操作系统
3D View 3.0	Actify Inc.	www.actify.com	IGES，STL，VDA-FS，VRML，CATIA，…	VRML	Windows
RP Workbench	BIBA	www.biba.unibr emen.de	VDA-FS，STL，DXF，CLI，SLC	STL，DXF，VRML，CLI，SLC，HPGL	Windows
Rapid Tools	DeskArtes Oy	www.deskartes.fi	STL，VDA-FS，IGES	STL，VDA-FS，IGES，CLI，SLI	Windows，Unix
Rapid Prototyping Module	Imageware Corp.	www.iware.com	IGES，STL，DXF，VDA-FS，VRML，SLC	IGES，STL，DXF，VDA-FS，VRML，SLC	Windows，Unix
Magics RP	Materialise N. V.	www.materialise.com	STL，DXF，optional，VDA，IGES	STL，DXF，VRML，SLC，SSL，CLI，SLI	Windows
SolidView/RP Master	Solid Concepts Inc.	www.solidconcepts.com	IGES，VDA-FS，STL，VRML，3DS，DXF	IGES，VDA-FS，STL，VRML，3DS，DXF	Windows
Rapid View	ViewTec AG	www.viewtec.ch	STL，TDF，DXF，3DS，VRML	STL，TDF，DXF，3DS，VRML	Windows，Unix

在上述众多的与RP数据处理相关的专用软件中，Materialise公司开发的Magics软件提供了能完善处理STL文件的功能，该软件提供了三个主要的面向快速成型的软件包，其功能见表7-6和表7-7。

表 7-6 Materialise 公司开发的 Magics 软件的模块和功能

软件模块	功能
Magics QM	STL 文件的可视化（线框、三角形等） 坏的 STL 文件的可视检测 沿着 x、y、z 坐标方向的 2D 截面生成 2D 与 3D 测量 旋转、镜像、缩放等操作 建造时间的统计
Magics RP	具有上述功能，同时增加了如下的功能： STL 文件文本标定 通过计算构建时间来优化设备的制作效率 STL 文件的分割
Magics SG	具有上述功能，同时增加了如下的功能： 自动施加支撑结构并具有交互功能，通过处理后生成的支撑结构能够实现较少的树脂消耗、快速地构建、易于去除等 零件和支撑 3D 可视化 支撑快速直接切片

表 7-7 Materialise 公司开发的轮廓工具软件的模块和功能

软件模块	功能
Interactive Slicer（C-STL）	用红色突出显示有缺陷的模块 分层编辑修改轮廓 增加和删除轮廓
Contour-based Support Generator	基于轮廓文件生成支撑结构 生成疏松支撑便于排除液态树脂以及优化支撑材料 3D 可视化
输入输出格式	SLC&SLI（3D systems） CLI（EOS） F&S（Fockele&Schwarze） BIN（Sanders）

7.2.4 STL 文件的输出

当 CAD 模型在一个 CAD/CAM 系统中完成之后，在进行快速原型制作之前，需要进行 STL 文件的输出。目前，几乎所有的商业化 CAD/CAM 系统都有 STL 文件的输出数据接口，而且操作和控制也十分方便。在 STL 文件输出过程中，根据模型的复杂程度和所要求的精度指标，可以选择 STL 文件的输出精度。下面以 Pro/E、UG 以及 AutoCAD 软件为例示意 STL 文件的输出过程及精度指标的控制。

1. Pro/E2000i 中 STL 文件的输出

1）首先选择菜单栏中的 File 菜单，然后选择 Export 中的 Model 选项，如图 7-11 所示。

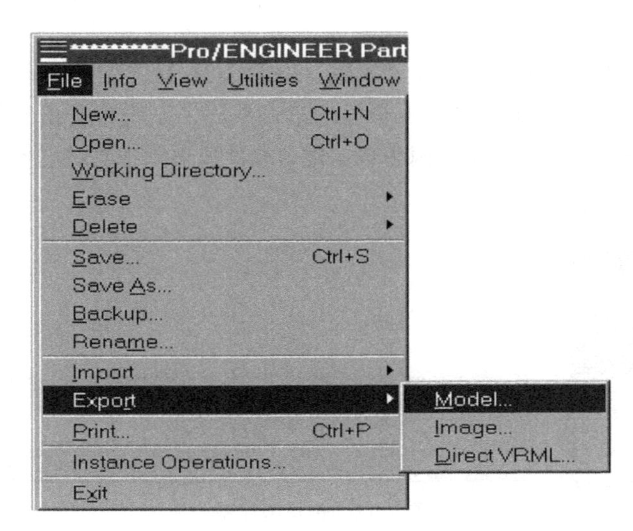

图 7-11　Pro/E2000i 软件的 File 菜单

2）从菜单中选 STL，可以看到菜单中有两种控制格式 Chord Height、Angle Control，如图 7-12 所示。根据需要选择适当的类型。系统默认的是 STL Binary，但是如果想要 ASCII 格式，可以选择 STL ASCII 命令。确定之后，选 Output 执行。

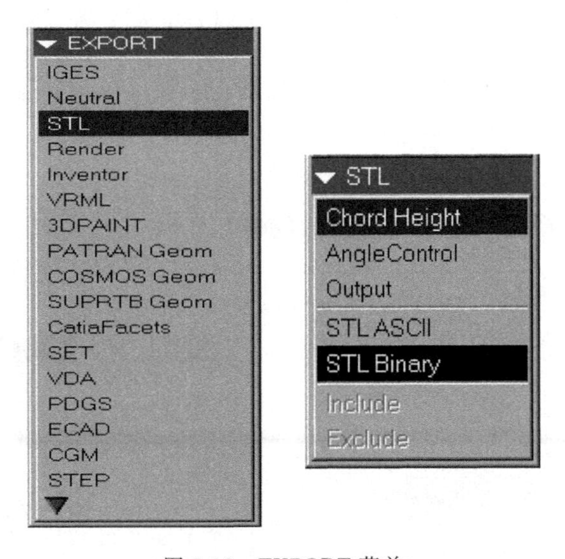

图 7-12　EXPORT 菜单

Chord Height 为真实面和拼接面之间的最大差额。Angle Control 为 0 到 1 之间的一个小数。系统将用 Chord Height 来拼接模型而忽略实体的具体特征。如果输入 1，则系统将用 Chord Height 乘以目标半径和实体最大尺寸值的十分之一之间的一个值。

3）Pro/E 此时会要求选择一个坐标系。选 Default 系统默认的坐标系，或者自建一个，如图 7-13 所示。如果零件不是位于第一象限，系统将会出现错误提示信息，问是否继续，输入 YES，继续。因为现在很多软件能自动把它转换到适当的位置。

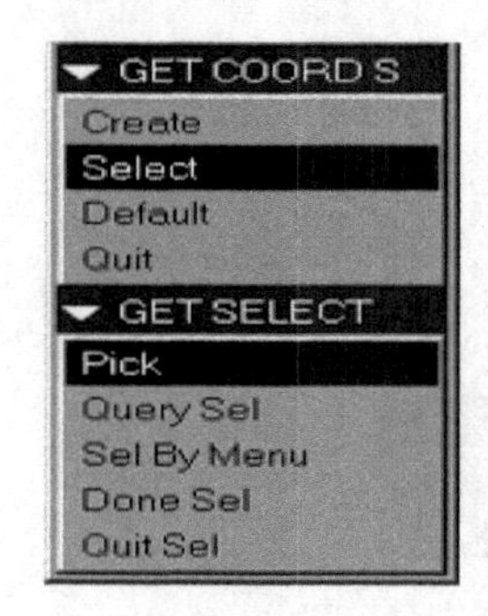

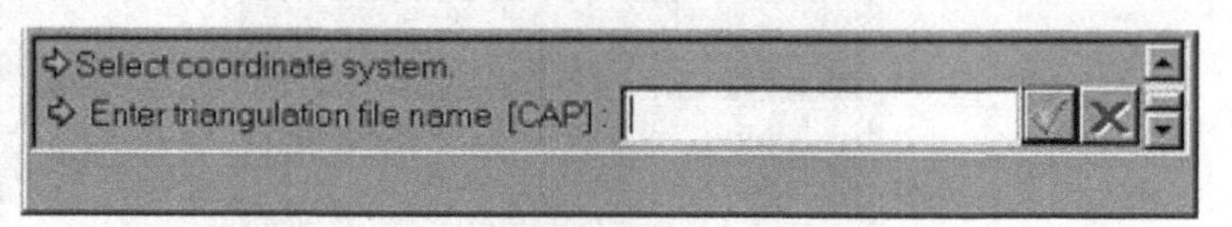

图 7-13 选择坐标系

2. UG 中 STL 文件的输出

1）选择 File 菜单中的 Export 命令下拉菜单中的 Rapid-Prototyping 操作。

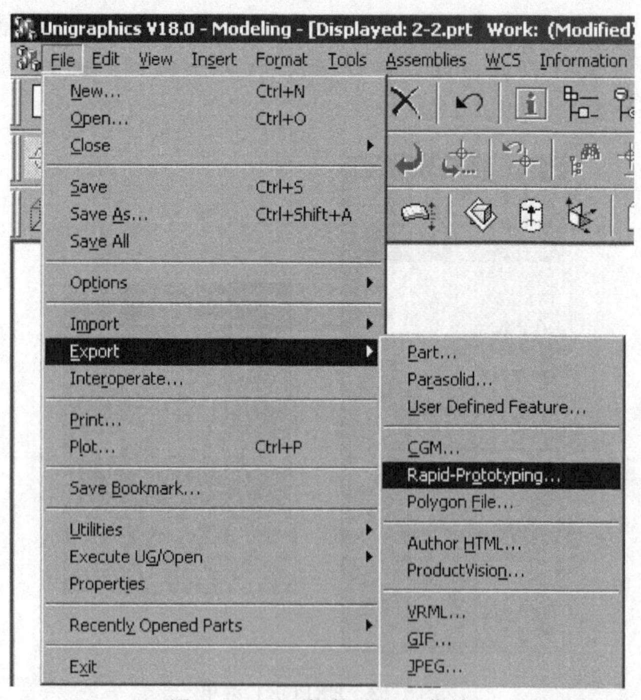

图 7-14 UG 软件的 File 菜单

2）出现如图 7-15 所示的对话框后，可以选择输出格式（Binary，ASCII）及角度公差、拼接公差。也可以选择系统默认值，单击 OK 完成。这时系统会提示输入 STL 头文件信息，头文件信息可以不添加，直接单击 OK 完成。

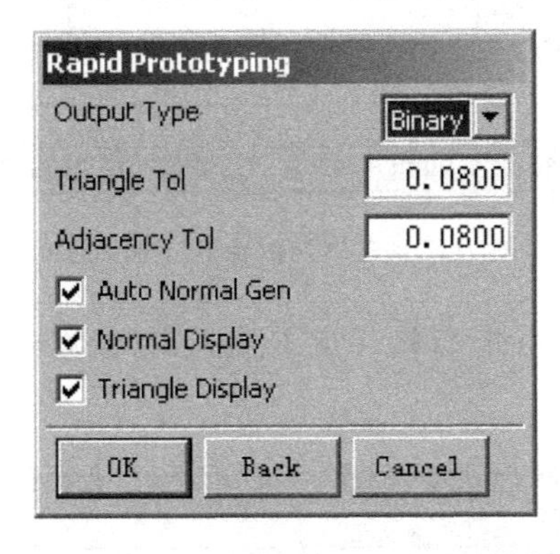

图 7-15　Rapid Prototyping 对话框

3）用鼠标左键选择要输出的实体，这时被选择的实体会改变颜色以示选中，单击 OK 完成。

图 7-16 为某 CAD 模型采用 UG 进行 STL 输出最终形成的三角形化的结果。

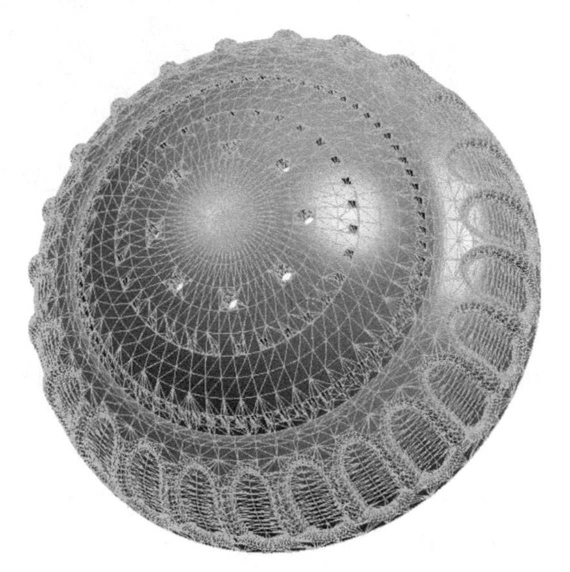

图 7-16　某 CAD 模型的 STL 输出时的三角形化结果

3. AutoCAD 中 STL 文件的输出

在 AutoCAD 中，物体的光滑程度和误差大小是可以设定的。系统默认的是 0.5，用户可以自定义 0.01～10 之间的任何值。值越大，物体的表面质量越好。当然，文件大小也随着增大。

1）在示例中输入10，按Enter键确定，如图7-17所示。

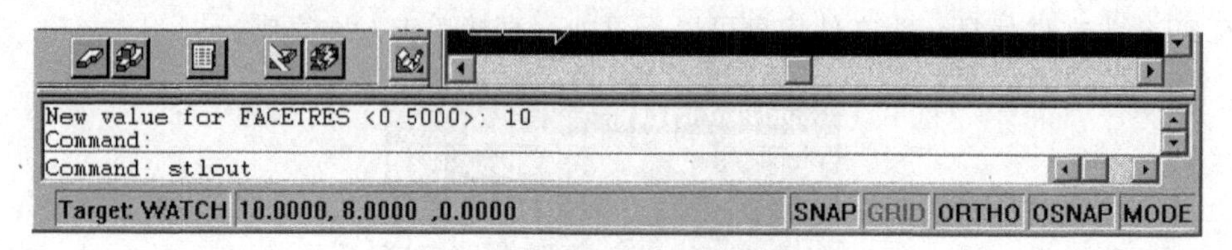

图7-17 在软件的命令行输入10

2）当命令行出现stlout时再按一下Enter，这时系统会提示选择输出的实体，如图7-18所示。

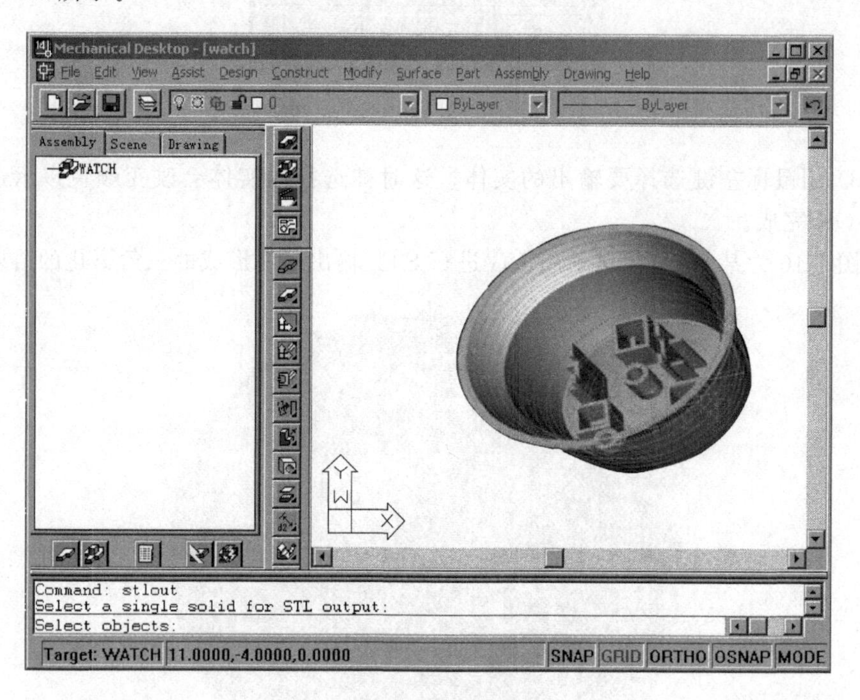

图7-18 选择输出的实体

3）实体选择之后，系统会提示选择要输出的格式，选择完毕后按Enter确定。系统一般默认的是Binary格式。

4）这时会出现“创建STL文件”对话框。在此对话框中可以选择自定义文件名和存放路径。选择完后，单击“Save”按钮确定。在一般情况下，当实体有一部分或者是整体不在第一象限时，AutoCAD拒绝生成STL文件。这时，需要用移动命令来挪动它，使它处在第一象限，然后重复上面的操作。

5）STL OUT和AMSTL OUT的比较介绍。STL OUT和AMSTL OUT是

在 AutoCAD 中生成 STL 文件的两个主要命令。AMSTL OUT 转换时，物体可以是装配零件，但是 STL OUT 只能是没有相互关系的实体。表 7-8 给出了两者的比较。

表 7-8　AutoCAD 软件中 STL OUT 和 AMSTL OUT 命令比较

STL OUT 输出命令	AMSTL OUT 输出命令
只能是实体	可以是装配图
可以是多个实体	只能是单一目标
只能通过 FACETRES variable 控制	能通过角度、公差、面貌控制
在很多版本有	只在 3.0 版本有
STL 输出时约束少	输出时约束多
模型必须位于第一象限	可以在任意象限

7.2.5　分割与拼接处理软件

在实际快速原型制作过程中，如果所要制作的原型尺寸相对于快速成型系统台面尺寸过大或过小，就必须对 STL 模型进行剖切处理或者有必要进行拼接处理。拼接可以将多个尺寸相对偏小的 STL 模型合并成一个 STL 模型，并在同一工作台上同时成型。目的是节省快速成型机的机时，降低成型费用，提高成型效率。如果一个 STL 模型的尺寸超过了成型机工作台尺寸而无法一次成型，可采用分割 STL 模型的方法将一个 STL 模型分成多个 STL 模型，而后在成型机上依次加工，再将加工好的各个部分粘合还原成整体原型，这样解决了快速成型机加工尺寸范围有限的问题。

1. STL 文件的分割原理和算法

(1) 分割基本原理　STL 文件分割的基本原理是将一个 STL 文件分成两个新 STL 文件，即用多个面将一个 STL 模型分成若干个部分，每部分重新构成一个 STL 模型，每个新 STL 文件对应一个新生成的 STL 模型。

具体地说，分割就是用一个平面将一个空间物体分成两部分，实际上是平面与空间物体的求交问题。分割后的每部分必须要有构成完整的三维实体模型几何信息。由于快速成型系统中的处理三维实体模型是由许多个空间三角形逼近的表面模型，因此分割实质上就是如何将若干个空间三角形以一个平面为界，分成若干个空间三角形集合。位于平面不同侧面的三角形集合构成不同的小实体。但是每个小实体均缺少一个封闭面，存在一个“空间”，就像一个桶缺少一个盖子一样，因此必须生成一个封闭面，将每一个实体完全封闭。

三维实体表面与切割平面相交的交线是截面轮廓线，显然，截面轮廓线不可能直接构成一个面，必须将截面轮廓的内环和外环之间的区域、单个外环内的区域用三角形网格填充封闭，形成轮廓截面，这个轮廓截面就是实体的封闭面。加入该封闭面，每个实体就可以形成一个完整独立的三维 CAD 实体模型。至此，一个实体被分割成两个实体。

（2）分割基本算法　分割过程有以下四个基本模块。

1）分割过程前置处理。对于任意一个空间三角形来说，它与切割平面的位置关系不外乎三种情况：位于平面之上、位于平面之下、与平面相交，如图 7-19a、b、c 所示。位于平面之上的三角形构成一个集合，位于平面之下的三角形构成另一个三角形的集合。若三角形与平面相交，其交点可能是一条线段也可能为一个点。若三角形中的任意顶点与平面相交，在以后的处理过程中会遇到很多麻烦，为此需要采用切片高度摄动法，即将三角形沿平面法向方向向上或向下移动一个极小的位移量，以保证三角形中的任意顶点不落在平面上，确保三角形与该平面相交为一条线段或根本不相交，这是在切片过程中必须要解决的问题。

所有与平面相交的三角形构成一个三角形集合，其中的每一个三角形必须变成三个三角形。因为与平面相交的空间三角形被平面分成两部分：一部分为三角形，另一部分为平面四边形。在 STL 文件中不能出现四边形，必须将四边形变成两个三角形，如图 7-19d 所示。

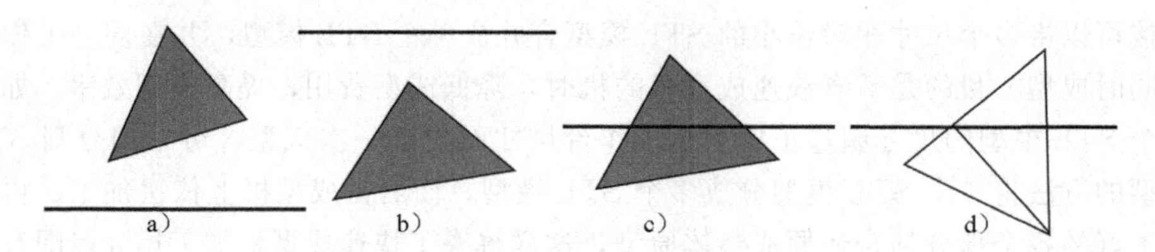

图 7-19　三角形与切割平面的位置关系

根据切片原理，实体中的某些三角形平面上的边与切割平面相交，所有的交点组成平面上的离散点集合，这些离散点经过排序后形成若干个封闭环，这些封闭环构成了三维实体与切割平面相交的截面轮廓线。采用平面有界区域三角形网格化之前，必须对截面轮廓上的外环与内环进行特殊处理：外环上的节点要按逆时针方向排序；内环上的节点要按顺时针方向排序；其次，若有内环，必须确定内环和外环的相对位置关系：一个外环包括一个或若干个内环，一个内环对应一个外环。通过这样处理，可以确保三角形网格的正确形成。

2）轮廓截面的形成。这涉及快速成型中的切片处理。

切片以 STL 文件格式为基础，首先读入 STL 文件，将 STL 模型与平面求交，得出平面内的交线，再经过数据处理生成截面轮廓线。由于 STL 模型是由大量的小三角形平面组成，切片问题实质上是平面与平面求交问题。在对其进行切片处理后，其每一个切片界面都是由一组封闭的轮廓线组成。如果切片界面上的某条封闭轮廓线变成一条线段，则切片平面切到一条边上；如果界面上的某条封闭轮廓变成一点，则切片平面切到一个顶点上。这些情况将影响后续工作的进行，需采用切片高度摄动法（即将三角形沿平面法向方向向上或向下移动一个极小的位移量），以避免这种影响。

3）轮廓三角形网格化。切片后的轮廓封闭线由若干个封闭的有向内外环构成。为保证轮廓界面是新STL模型的一部分，必须将其进行三角形面化处理，使内外环之间区域或单独外环里的区域用三角形网格填充，这样才能使分割成的两部分都是完整的立体图形。

平面网格化的形成算法有很多，采用平面上的有界区域的任意多边形Delaunary三角划分法，可以实现轮廓截面的三角形网格化。这种方法能对凸域内的三角形进行划分，具有三角剖分结果惟一、程序简单、运行稳定可靠的优点，能有效地对给定的有界区域进行三角形划分，形成三角形网格。算法如下：

设内外环总边数为N，外环按逆时针方向，内环按顺时针方向，第m条边的起点序号为L_{m1}，终点序号为L_{m2}。

① 若$n=3$，则该多边形就是一个三角形，划分结束，退出；否则令$M=1$，转入②。

② 令$m=m+1$，若L_{m2}在有向线段L_{11}、L_{12}之左，转入③，否则转入②。

③ 判断当前多边形的其余各边是否与线段$L_{11}L_{m2}$或$L_{12}L_{m2}$相交。若是，则转入②，否则转入④。

④ 保存节点L_{m2}到候选节点链表中，若$m=n$，则转入⑤，否则转入②。

⑤ 从候选节点链表中找到节点L_0与节点L_{11}、L_{12}组成$L_{11}L_0L_{12}$角度最大，则节点L_0、L_{11}、L_{12}可以构成一个Delaunay三角形，同时对多边形修正如下：

a) 若线段$L_{11}L_0$与$L_{12}L_0$都不是当前多边形的边界线段，则令$n=n+1$，$L_0=L_{12}$，$L_{n1}=L_{12}$，转入①。

b) 若线段$L_{11}L_0$（或$L_{12}L_0$）是当前三角形的第k条边，而线段$L_{12}L_0$（或$L_{11}L_0$）不是当前多边形的边，则令$n=n-1$，$L_{11}=L_0$（或$L_{12}=L_0$），$L_{k1}=L_{n1}$，$L_{k2}=L_{n2}$，转入①。

c) 若线段$L_{11}L_0$与$L_{12}L_0$分别是当前多边形的第k条边和第j条边，则将线段$L_{11}L_{12}$、第k条边和第j条边从当前多边形中去掉，$n=n-3$，转入①。

4）一个三角形转化为多个三角形。切片时，STL模型与切片平面相交，许多三角形被切片平面分成两部分：一部分为三角形，另一部分可能为三角形也可能为四边形。图7-20a为四边形位于切片平面之下；图7-20b为四边形位于切片平面之上；图7-20c为原三角形恰好被分成两个三角形。将上述四边形的对角线相连，可形成两个新的三角形。这些生成的三角形构成了新STL模型不可缺少的一部分。

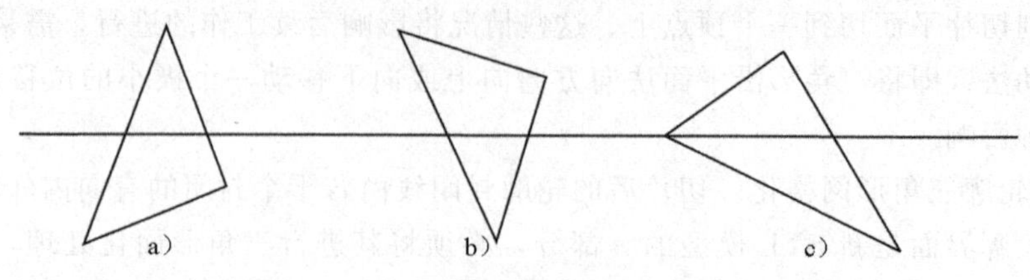

图 7-20　一个三角形被切片平面分成多个三角形

2. STL 文件的拼接原理和算法

（1）拼接基本原理　拼接的基本原理是，在两个原 STL 模型不发生干涉的情况下，按一定的要求对某一个 STL 模型进行平移或旋转变换，然后把两个 STL 模型数据都保存在一个 STL 文件中，从而两个 STL 模型变成了一个新 STL 模型，两个 STL 文件合并成为一个新的 STL 文件。

从文件格式分析可知，STL 文件包含许多空间小三角形的数据。其中每个三角形平面都用一个法向向量、三个顶点的坐标来描述。许许多多小三角形平面构成了三维 STL 模型的所有表面。因此拼接的基本任务就是将某一个原 STL 模型包含的空间三角形进行平移、旋转的几何位置变换，获得具有最佳相对位置的新 STL 文件。

（2）拼接算法　拼接包括以下五个步骤：

1）读入多个 STL 文件，在计算机中显示出多个要拼接的原 STL 模型。

2）建立一个数据文件 File，用于保存原 STL 模型被拼接后形成的新 STL 模型的数据。

3）平移变换。若对一个原 STL 模型平移，在三个坐标方向的平移量为 x、y、z，相应的平移变换矩阵为：

$$\boldsymbol{T}_m=\begin{pmatrix}1&0&0&0\\0&1&0&0\\0&0&1&0\\x&y&z&1\end{pmatrix}\tag{7-1}$$

4）旋转变换。绕 x 轴转 α 角，变换矩阵为：

$$\boldsymbol{T}_\alpha=\begin{pmatrix}1&0&0&0\\0&\cos\alpha&\sin\alpha&0\\0&-\sin\alpha&\cos\alpha&0\\0&0&0&1\end{pmatrix}\tag{7-2}$$

绕 y 轴转 β，变换矩阵为：

$$T_\beta = \begin{pmatrix} \cos\beta & 0 & -\sin\beta & 0 \\ 0 & 1 & 0 & 0 \\ \sin\beta & 0 & \cos\beta & 0 \\ 0 & 0 & 0 & 1 \end{pmatrix} \tag{7-3}$$

绕 z 轴转 γ，变换矩阵为：

$$T_\gamma = \begin{pmatrix} \cos\gamma & \sin\gamma & 0 & 0 \\ -\sin\gamma & \cos\gamma & 0 & 0 \\ 0 & 0 & 1 & 0 \\ 0 & 0 & 0 & 1 \end{pmatrix} \tag{7-4}$$

通过以上矩阵对模型进行变换处理后，将变换后模型的数据存入 File 中。

5）同理，按 3）、4）步骤可对其他的 STL 模型进行变换。最后把没有实施几何变换的模型的数据也存入 File 中，将文件 File 转化为标准的 STL 文件。

在实际拼接过程中，可以按需要对单个模型进行平移或旋转变换，也可以对多个模型进行平移和旋转变换。如果要将某个模型放大或缩小，只需将该模型乘以一个比例因子 k 即可。拼接后的新 STL 模型包含了拼接前所有的原 STL 模型的几何信息，快速成型机加工一个新 STL 模型，实质上同时加工多个原 STL 模型。这样，大大地提高了快速成型机的生产效率，同时也节省了时间和材料。

3. STL 文件的拼接和分割示例

目前，国际上部分 STL 浏览和编辑软件具有 STL 文件的分割功能，如 SolidView/Pro RP、Magics 等。国内部分从事快速成型技术研究的高校也在开发专用的 STL 文件的分割与拼接软件。下面以山东大学模具工程技术研究中心开发的软件示例 STL 文件分割与拼接的实现。

（1）拼接实例

1）选择 File 菜单中 Open ASCII file 中的 first ASCII file，打开第一个 STL 文件，如图 7-21 所示。

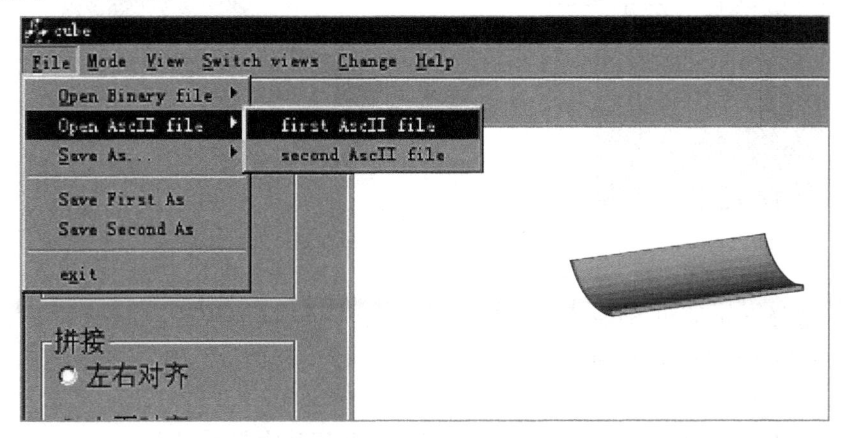

图 7-21　cube 界面的 File 菜单

2）选择菜单 Open ASCII file 中的 second ASCII file 打开第二个 STL 文件，如图 7-22 所示。

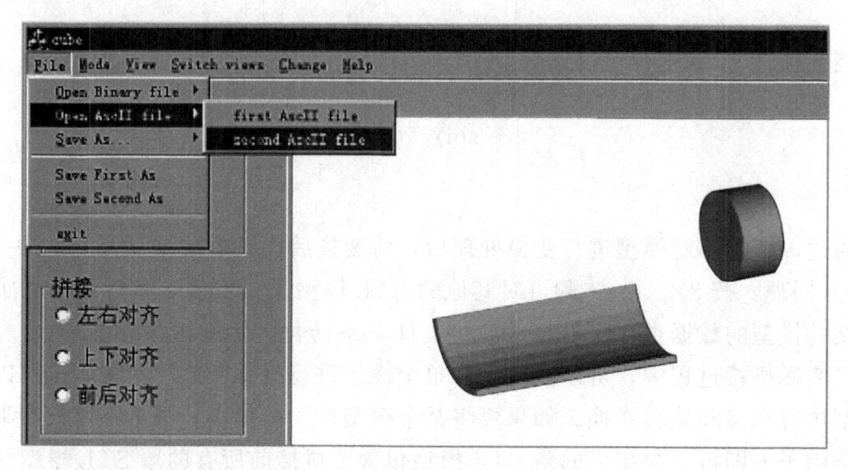

图 7-22　打开第二个 STL 文件

3）选择 Mode 菜单 Unite 中的 front back align 并给出间隔的距离，使两个图形前后对齐，如图 7-23 所示。

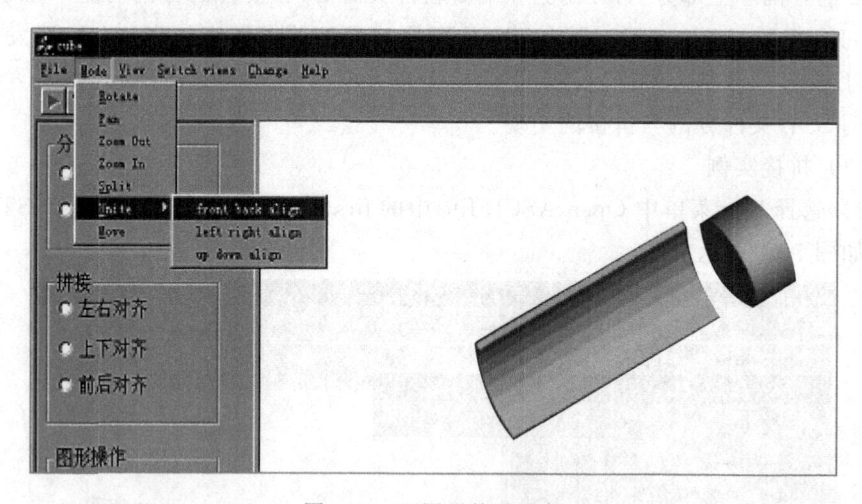

图 7-23　两图形前后对齐

4）选择 File 菜单 Save As 中的 ASCII file 将拼接好的文件存为一个文本格式；或者选择 Binary file 保存为一个二进制格式，如图 7-24 所示。

（2）分割实例

1）如图 7-25 所示，打开一个 STL 文件并在屏幕上显示出来。

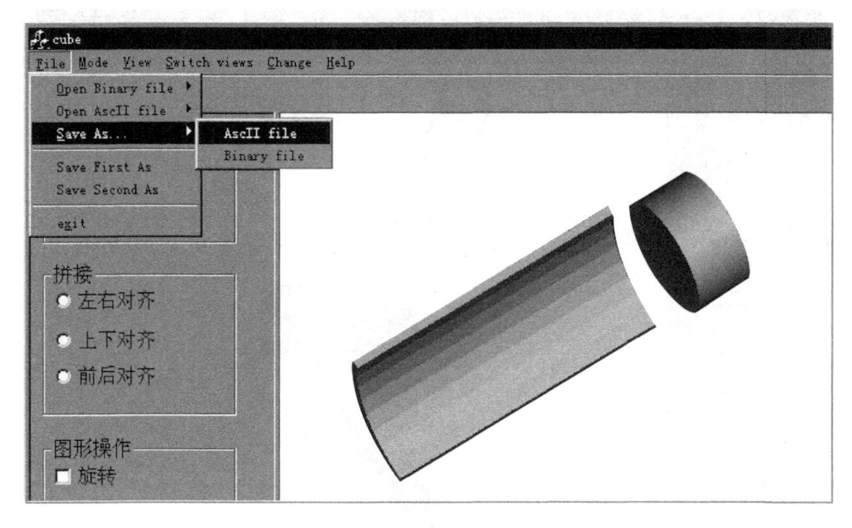

图 7-24　保存文件

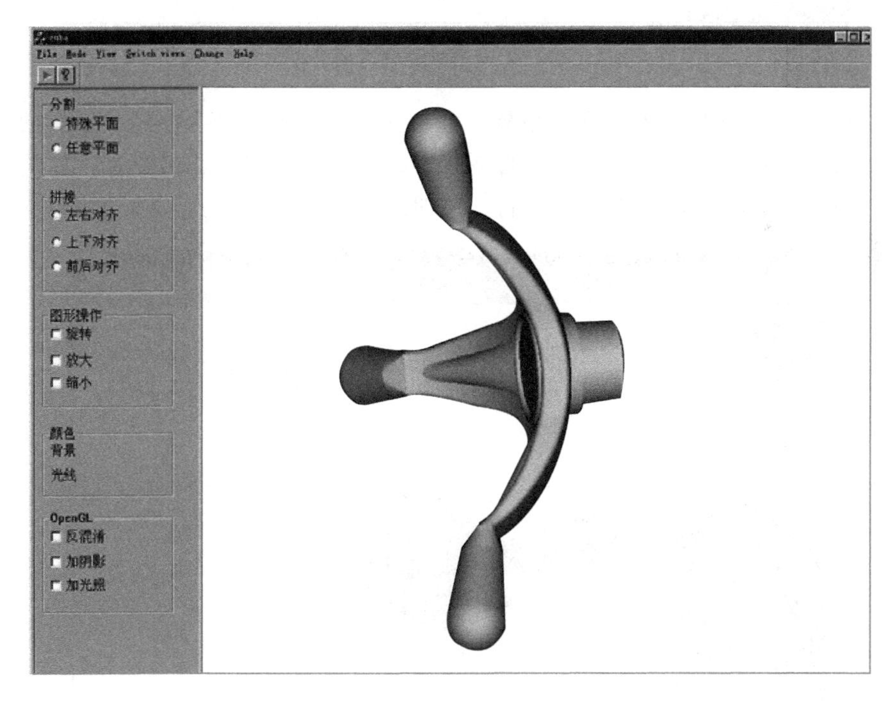

图 7-25　打开一个 STL 文件

2）选择 Split 菜单将图形沿垂直于 z 轴方向分割，如图 7-26 所示。

3）选择菜单 Save First As 和 Save Second As 分别将分割后的文件保存为两个

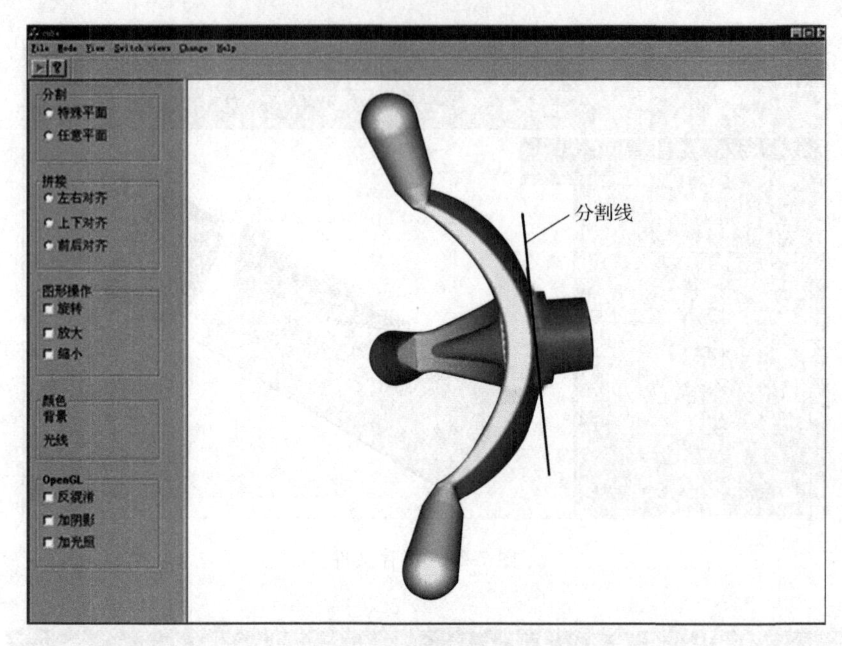

图 7-26　将图形沿 z 轴方向分割

文本格式的 STL 文件。然后利用该软件的拼接功能，重新调入已经分割后的两个 STL 文件，通过平移或旋转的命令调整其中的某一部分到合适的位置，如图 7-27 所示，输出一个单一的 STL 文件进行一体加工，然后粘接复原。

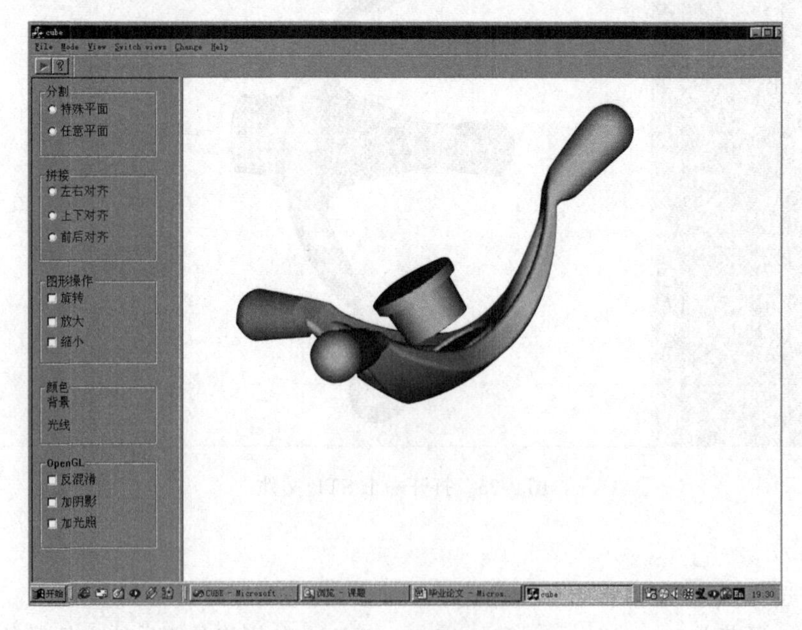

图 7-27　拼接文件

对其进行分割与拼接处理的目的是为了节省原型制作的时间与成本。对上述示意的该STL模型，未经处理进行整体叠层实体原型制作的时间约为27h，耗材约21kg。采取STL数据模型分割与拼接后进行原型制作，不但可以节省下部圆柱体部分的制作时间，还可以节省耗材。通过对下部圆柱体部分沿高度38mm分割之后，上移至旋轮手柄中间进行制作，节省了7h制作时间，同时节省约25%的原材料。通过分割与拼接处理制作的LOM原型如图7-28所示。

图7-28　通过分割与拼接处理制作的LOM原型

7.3　三维模型的切片处理

在快速成型制造系统中，切片处理及切片软件是极为重要的。切片的目的是要将模型以片层方式来描述。通过这种描述，无论零件多么复杂，对每一层来说却是很简单的平面。

切片处理是将计算机中的几何模型变成轮廓线来表述。这些轮廓线代表了片层的边界，是用一个以z轴正方向为法向的数学平面与模型相交计算而得的，交点的计算方法与输入的几何形状有关，计算后得到的输出数据是统一的文件格式。轮廓线是由一系列的环路来组成的，由许多点来组成一个环路。

切片软件的主要作用及任务是接受正确的STL文件，并生成指定方向的截面轮廓线和网格扫描线，如图7-29所示。

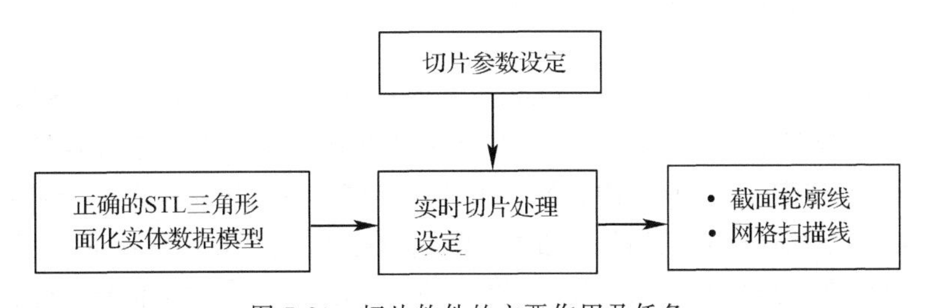

图7-29　切片软件的主要作用及任务

7.3.1　切片方法

快速成型工艺中的主要切片方式有STL切片和直接切片两种方式。

1. STL 切片

（1）直接 STL 切片　1987 年，3D Systems 公司的 Albert 顾问小组鉴于当时计算机软硬件技术相对落后，便参考 FEM（Finite Elements Method）单元划分和 CAD 模型着色的三角化方法对任意曲面 CAD 模型作小三角形平面近似，开发了 STL 文件格式，并由此建立了从近似模型中进行切片获取截面轮廓信息的统一方法，沿用至今。多年以来，STL 文件格式受到越来越多的 CAD 系统和 RP 设备的支持，成为快速成型行业事实上的标准，极大地推动了快速成型技术的发展。它实际上就是三维模型的一种单元表示法，它以小三角形面为基本描述单元来近似模型表面。

切片是几何体与一系列平行平面求交的过程，切片的结果将产生一系列曲线边界表示的实体截面轮廓，组成一个截面的边界轮廓环之间只存在两种位置关系：包容或相离。切片算法取决于输入几何体的表示格式。STL 格式采用小三角形平面近似实体表面，这种表示法最大的优点就是切片算法简单易行，只需要依次与每个三角形求交即可。

在实际操作中，对于单个小三角形面，可能遇到四种边界表示的情形：零交点、一交点、两交点、三交点。在获得交点后，可以根据一定的规则，选取有效顶点组成边界轮廓环。获得边界轮廓后，按照外环逆时针、内环顺时针的方向描述，为后续扫描路径生成中的算法处理做准备。

STL 文件因其特定的数据格式存在数据冗余、文件庞大及缺乏拓扑信息等，也因数据转换和前期的 CAD 模型的错误，有时出现悬面、悬边、点扩散、面重叠、孔洞等错误，诊断与修复困难。同时，使用小三角形平面来近似三维曲面，还同时存在下列问题：存在曲面误差；大型 STL 文件的后续切片将占用大量的机时；当 CAD 模型不能转化成 STL 模型或者转化后存在复杂错误时，重新造型将使快速原型的加工时间与制造成本增加。正是由于这些原因，不少学者发展了其他切片方法。

（2）容错切片　容错切片（Tolerate Errors Slicing）基本上避开 STL 文件三维层次上的纠错问题，直接对 STL 文件切片，并在二维层次上进行修复。由于二维轮廓信息十分简单，并具有闭合性、不相交等简单的约束条件，特别是对于一般机械零件实体模型而言，其切片轮廓多为简单的直线、圆弧、低次曲线组合而成，因而能容易地在轮廓信息层次上发现错误，依照以上多种条件与信息，进行多余轮廓去除、轮廓断点插补等操作，可以切出正确的轮廓。对于不封闭轮廓，采用评价函数和裂纹跟踪处理，在一般三维实体模型随机丢失 10%三角形的情况下，都可以切出有效的边界轮廓。

（3）定层厚切片　快速成型制造技术实质上是分层制造、层层叠加的过程，分层切片是指对已知的三维 CAD 实体数据模型求某方向的连续截面的过程。切片模块在系统中起着承上启下的作用，其结果直接影响加工零件的规模、精度和复杂程度，它的效率也关系到整个系统的效率。切片处理的数据对象只是大量的小三角形平面，因此切片的问题实质上是平面与平面的求交问题。由于 STL 三角形面化模型代表的是一个有序的、正确的且惟一的 CAD 实体数据模型，因此对其进行切片处理后，其每一个切片截面应该由一组封闭的轮廓线组成。定层厚分层算法过程如下：

1）排除奇异点。分层处理时，若有三角形顶点落在切平面上，则称该顶点为奇异点。切片过程中出现的奇异点若带入后续处理过程，会使得后续处理算法复杂，因此要设法排除奇异点。切片的第一个阶段是根据当前切片面高度，搜索所有的三角形顶点，判断是否存在奇异点。若存在奇异点，则可以用微动法调整切平面高度，使之避开奇异点。

2）搜索求交。搜索求交的主要工作是依次取出组成实体表面的每一个三角形面，判断它是否与切平面相交。若相交，则计算出两交点坐标。

3）整序保存。搜索求交计算出的是一条条杂乱无序的交线，为便于后续处理，必须将这些杂乱无章的交线依次连接起来，组成首尾相连的闭合轮廓。

重复上述三个过程，即可得到 CAD 实体零件分层后的每个截面数据，可以根据相应的文件格式将所有信息写入层面文件，待下一步软件处理生成加工扫描文件。

（4）适应性切片　适应性切片（Adaptive Slicing）根据零件的几何特征来决定切片的层厚，在轮廓变化频繁的地方采用小厚度切片，在轮廓变化平缓的地方采用大厚度切片。与统一层厚切片方法比较，可以减小 z 轴误差、阶梯效应与数据文件的长度。适应性切片与定层厚切片比较如图 7-30 所示。

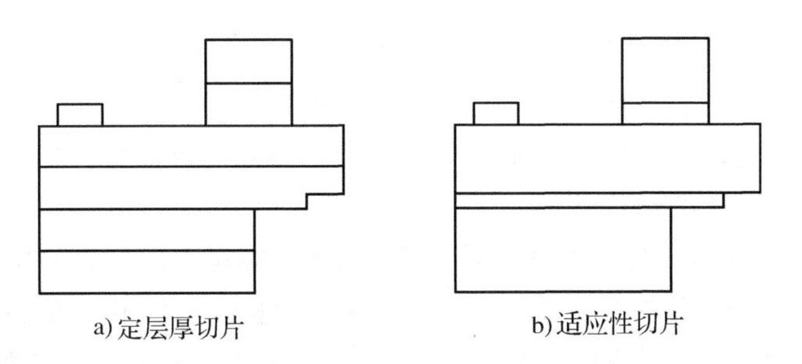

图 7-30　适应性切片与定层厚切片比较

2. 直接切片

在工业应用中，保持从概念设计到最终产品的模型一致性是非常重要的。在很多例子中，原始 CAD 模型本来已经精确表示了设计意图，STL 文件反而降低了模型的精度。而且使用 STL 格式表示方形物体精度较高，表示圆柱形、球形物体精度较差。对于特定的用户，生产大量高次曲面物体，使用 STL 格式会导致文件巨大、切片费时，迫切需要抛开 STL 文件，直接从 CAD 模型中获取截面描述信息。在加工高次曲面时，直接切片（Direct Slicing）明显优于 STL 方法。相比较而言，采用原始 CAD 模型进行直接切片具有如下优点：

1）能减少快速成型的前处理时间。

2）可避免 STL 格式文件的检查和纠错过程。

3）可降低模型文件的规模。

4）能直接采用 RP 数控系统的曲线插补功能，从而可提高工件的表面质量。

5）能提高原型件的精度。

直接切片的方法有多种，如基于 ACIS 的直接切片法和基于 ARX SDK 的直接切片法等。基于 ACIS 直接切片法的流程如图 7-31 所示。ACIS 是一种现代几何造型系统，它以开放面向目标的结构（Open Object—oriented Architecture），提供曲线、表面和实体造型功能。从图 7-31 可见，ACIS 用做几何信息转换的媒介。基于 ARX SDK（AutoCAD Runtime eXtension Software Development Kit）的直接切片法可以针对 AutoCAD 模型直接进行切片。这两种切片方法的共同点是，经过一个未作近似处理的中间文件——ACIS 或 ARX SDK，对 CAD 模型进行直接切片。

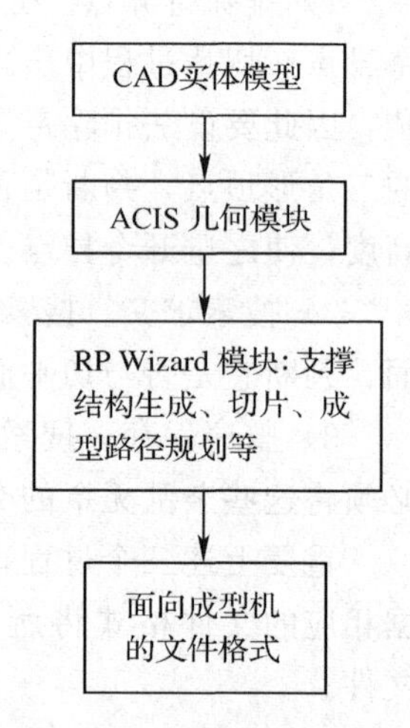

图 7-31 基于 ACIS 的直接切片

7.3.2 切片算法

切片算法必须能够满足切片的速度要求，这是加工工艺所要求的，因为下一切片层的高度是在前一层被加工完毕后才检测计算出来的，而且由于整个系统在工作时要求是全自动的，因此每个加工环节都必须具有高的可靠性，同时也必须要有一个速度快、可靠性高的切片软件。

图 7-32 为一种切片程序框图。首先读入 STL 格式文件，并将所有三角形面的顶点坐标乘以一个较大的数（如 5000），使其变为整数，以利于提高运算速度。然后，将所有平行于 x-y 平面的三角形面选作表层（如工件的底面或顶面），剩下的三角形面都用来计算是否与 $z_0+n\Delta z$ 相交。其中，z_0 为模型的最底层的 z 面，Δz 为切片层厚度，n 为层数。如果相交，则交线为轮廓线，使交线彼此顺序头、尾相接，组成环。最后，确定 x、y 方向的网格线。

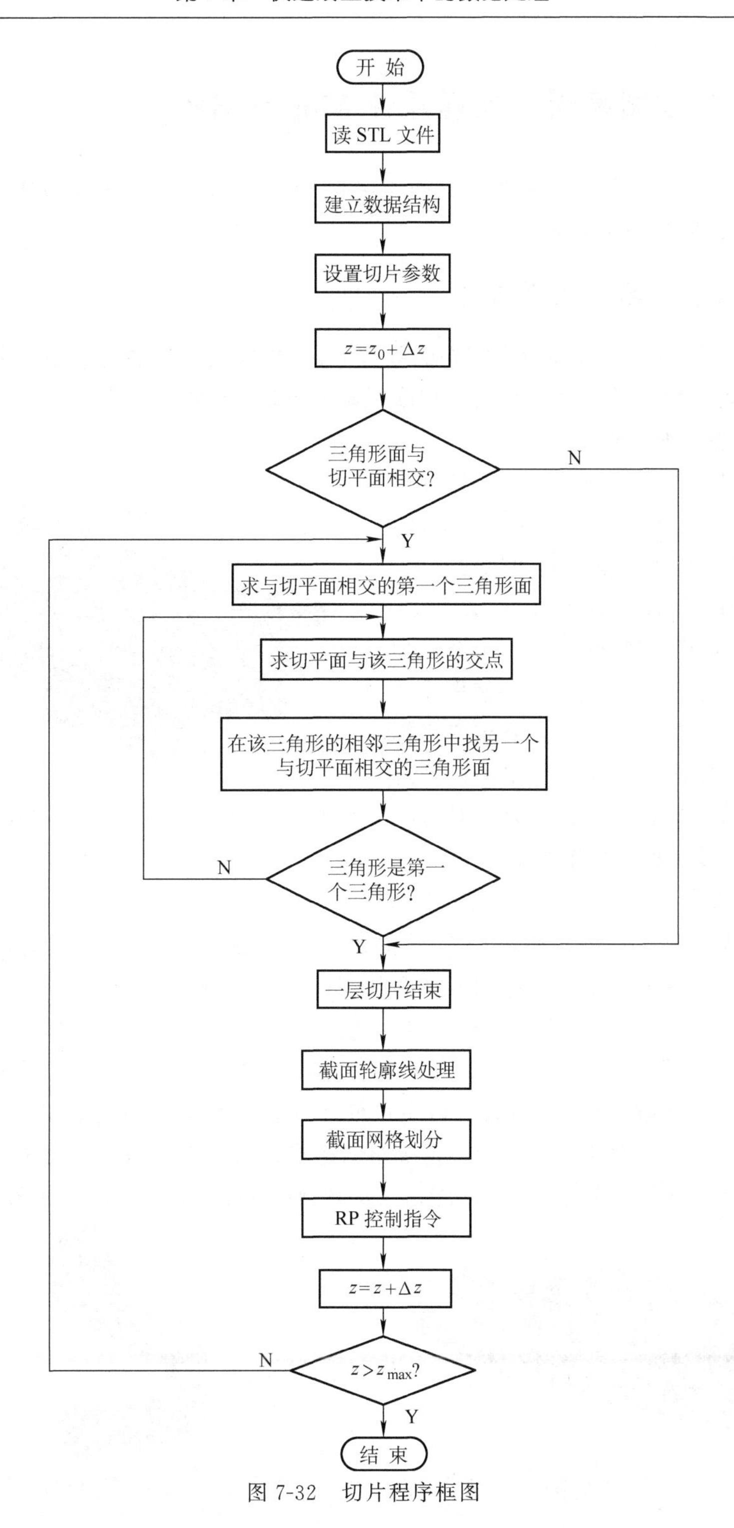

开 始
读 STL 文件
建立数据结构
设置切片参数
$z=z_0+\Delta z$
三角形面与切平面相交?
N
Y
求与切平面相交的第一个三角形面
求切平面与该三角形的交点
在该三角形的相邻三角形中找另一个与切平面相交的三角形面
三角形是第一个三角形?
N
Y
一层切片结束
截面轮廓线处理
截面网格划分
RP 控制指令
$z=z+\Delta z$
$z>z_{max}$?
N
Y
结 束

图 7-32　切片程序框图

7.4 STL数据编辑与处理软件Magics RP

Magics RP软件是比利时Materialise公司推出的面向快速成型技术数据处理的大型STL数据编辑处理平台。

7.4.1 Magics软件编辑功能

Magics是一个十分理想和完整的处理STL格式文件的软件，该软件处理面数据简捷高效，提供了丰富且自动化程度很高的STL文件操作工具。

1. 常规处理工具

在常规处理工具中，Magics软件可以对STL文件进行旋转、变换、复制、镜像、调整尺寸和装配等；可以对平面、圆柱体、轴及球体等特征进行2D和3D的距离、半径、角度等的测量，如图7-33所示；其剖切功能能够使操作者更好地理解STL文件；用户自定义坐标系统能够使操作者定义并在多坐标系统下工作；同时Magics软件还具有对STL文件进行压缩和解压操作功能。

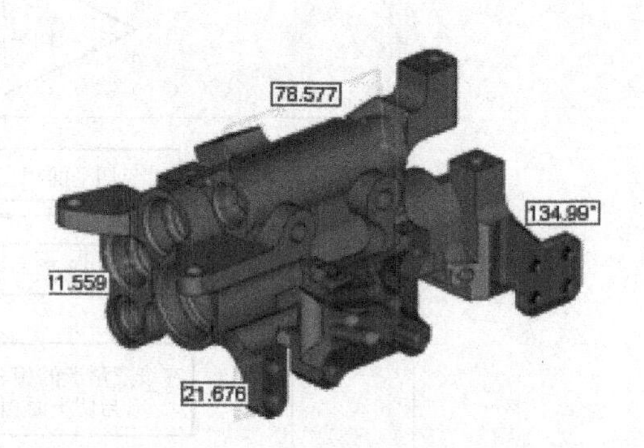

图7-33 Magics软件的可视化和测量功能

2. 高级处理工具

在高级处理工具中，Magics软件提供了功能强大的STL文件的设计修改功能。其标定工具可以将字符雕刻或者浮凸在模型的任意复杂的曲面上，可以定义字体和字号，图7-34示意了在某STL文件模型表面上标定了所使用软件的版本号；Magics软件提供了STL文件的剖切和冲孔功能，方便地实现了大尺寸模型的原型制作问题；在分解STL文件时，可生成便于对接的结构，如图7-35所示；Magics软件可以对STL文件进行并、交、差等布尔运算，如图7-36所示；此外，Magics软件还具有对复杂零件的精确抽壳功能，以及光顺去除噪声点的功能，如图7-37所示。

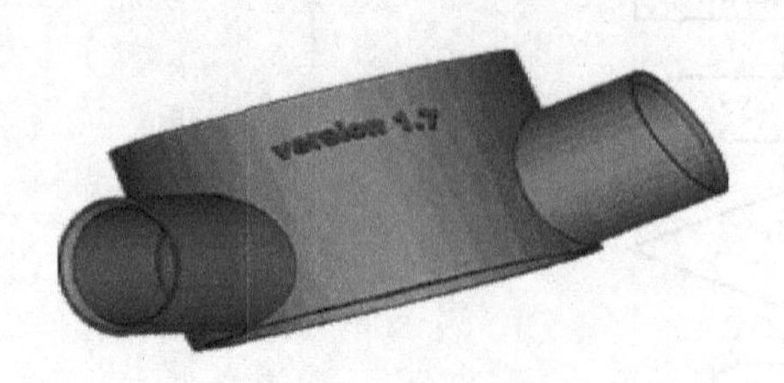

图7-34 Magics软件的标定功能图

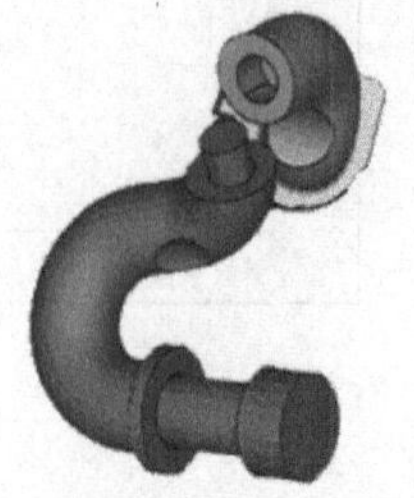
图7-35 Magics软件的剖切功能

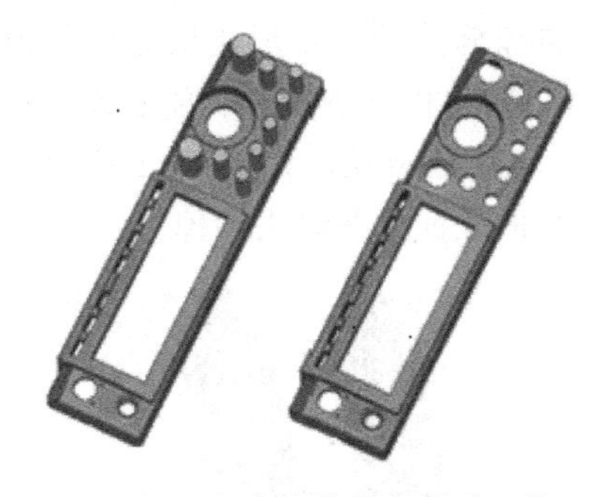

图 7-36　复杂形体的布尔减运算

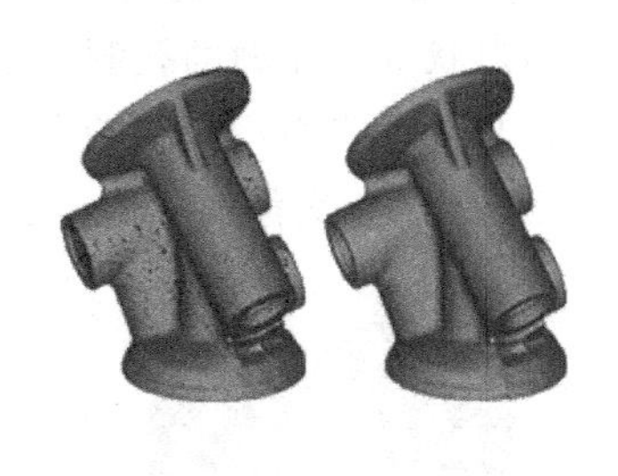

图 7-37　Magics 软件的光顺功能

7.4.2　Magics 软件修复功能

许多 STL 文件常存在坏的边、孔洞或其他一些缺陷，在进行快速成型制作之前需要进行相应的修复。

1. 清晰的可视化和信息提供功能

Magics 软件具有非常突出的可视化工具，可以强化 STL 文件中的问题，如错误的法向量、坏的边、裂缝等都可以非常清晰地指示出来。采用闪动的办法显示 STL 文件具有错误的部位，并且能够精确地定位缺陷的位置，如图 7-38 所示。Magics 的 STL 分析功能可以对 STL 文件进行性能测试，可以给出模型的尺寸信息、三角形数量、坏边的数量、体积、表面数量。

2. 自动修复功能

Magics 使用智能算法可以对有缺陷的 STL 文件进行自动修复，这样可以大大加快修复的速度。Magics 可以判断出零件的内外表面，并且随后检测每一个小三角形的方位是否适合正确的描述，如果存在问题，具有错误法向量点的单一三角形或整个面，将被自动地反转过来，如图 7-39 所示。

图 7-38　Magics 的可视化功能

图 7-39　Magics 的法向量错误修复功能

由两个小三角形之间缝隙产生的坏的边可以在 Magics 软件中自动缝合，仅需要给出预期的误差和迭代的次数即可，其缝隙缝合功能示意如图 7-40 所示。Magics 软件的自动三角形化功能可以迅速地实现孔洞和缝隙的三角形化填充，即便具有复杂几何形状或者轮廓的孔洞，也可以使用高级的自由孔洞填充功能迅速地自动完成修复，几秒钟之内，复杂的孔洞就实现相当光顺地填充，如图 7-41 所示。当 Magics 软件在 STL 文件输入后，也可以发现重复的表面并及时去除掉。

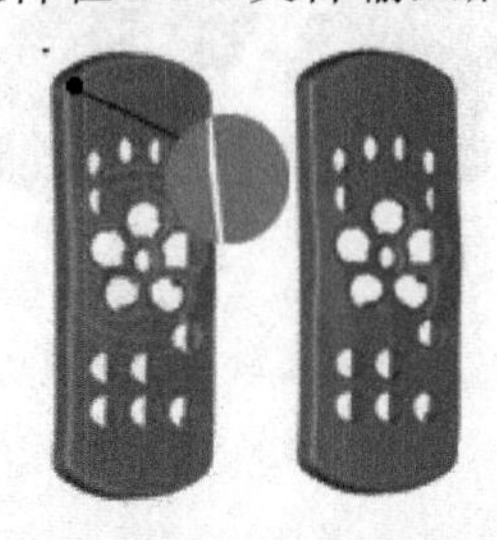

图 7-40　Magics 软件的缝隙缝合功能

图 7-41　Magics 软件的自动三角形化功能

3. 高级操作功能

任何时候在 Magics 软件中都可以手工进行有缺陷的或缺少的三角形的修复。通过鼠标单击，即可实现三角形的删除、法向量的反转以及新三角形的生成，如图 7-42 所示。Magics 软件可以在不同的面之间进行布尔运算和修复工作，分离的部分可以迅速地合并成一个整体。

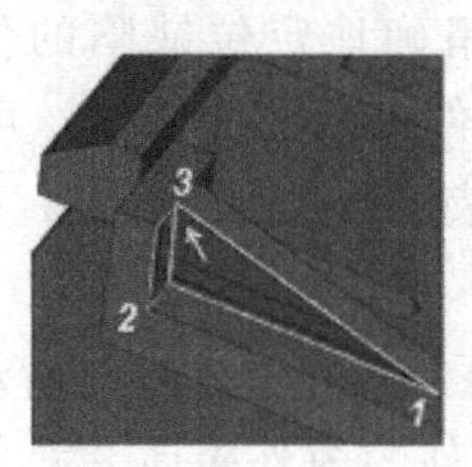

图 7-42　Magics 软件的手工修复功能

7.4.3　Magics 软件施加支撑及切片

比利时 Materialise 公司开发的 Magics 软件是面向快速成型制造工艺开发的处理 STL 格式数据文件，并具有较强的自动施加支撑及分层切片功能。对于需要设计支撑的 SLA 及 FDM 快速成型工艺，该软件提供了自动施加支撑的功能。该软件可以根据分层处理的需要，进行模型本体和支撑结构的切片分层处理。

1. STL 文件载入

Magics 软件文件载入的格式可以有多种，STL、MGX 和 MEH 等原始文件均可以通过 Load 命令载入，已经经过切片处理的文件也可以通过 Open Platform 命令打开。图 7-43 给出的是 Magics 软件载入的小手柄模型的 STL 文件的界面。

2. STL 文件纠错

当欲处理的 CAD 模型载入到 Magics 软件后，首先需要对该模型的 STL 文件

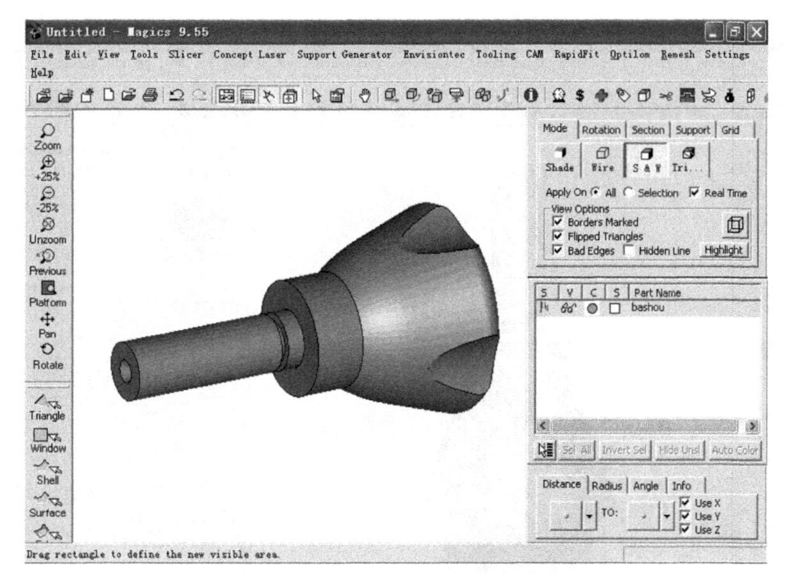

图 7-43 Magics 软件的模型载入

进行诊断纠错。如果发现 STL 文件出现三角形遗漏、错误法向量、坏的轮廓和边等，需要进行分析诊断和纠错。只有被检测出来的坏的边和轮廓全部修复之后，才可以进行如下的操作。

3. 模型摆放

根据模型结构尺寸及精度的要求，考虑模型制作的效率以及支撑施加，需要确定相对比较合理的摆放方位。对于结构复杂的模型制作，摆放方位的确定是十分重要的，有时需要反复尝试后给出合理的摆放方位。有时为了减少支撑，还常常将模型倾斜一定的角度摆放。

4. 自动施加支撑

当模型摆放方位确定后，还应尽可能将模型的位置置于工作台板的中心，而且模型底面要高出工作台板 6mm 左右，便于施加基础支撑。当模型的位置和方位确定后，便可以进行支撑的自动施加。图 7-44 是小手柄零件直立摆放后底面自动施加的支撑。

5. 人工修改支撑

当模型结构比较复杂时，需要施加的支撑面会有几十个甚至数百个以上。如此庞杂的支撑中，会存在部分冗余的支撑或许多不是很合理的地方需要人工去除和改正。因此当软件自动施加支撑后，需要逐批进行检验，人工确定保留、去除或者修改。这部分工作需要一定的经验和耐心。当发现需要编辑修改的支撑后，进入到如图 7-45 所示的支撑编辑界面。在编辑界面中，可以手工进行裁减多余的支撑和增

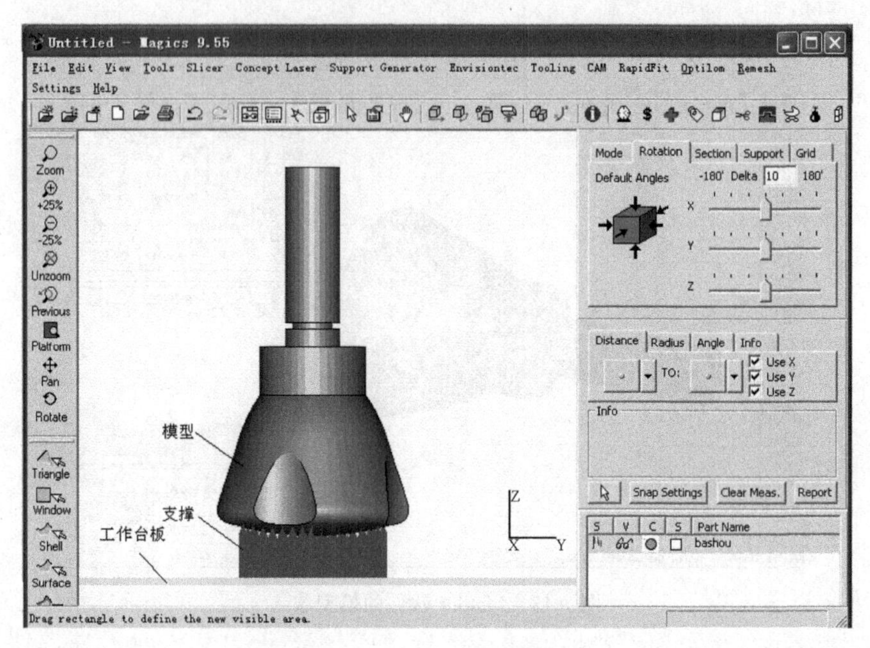

图 7-44 Magics 软件施加支撑

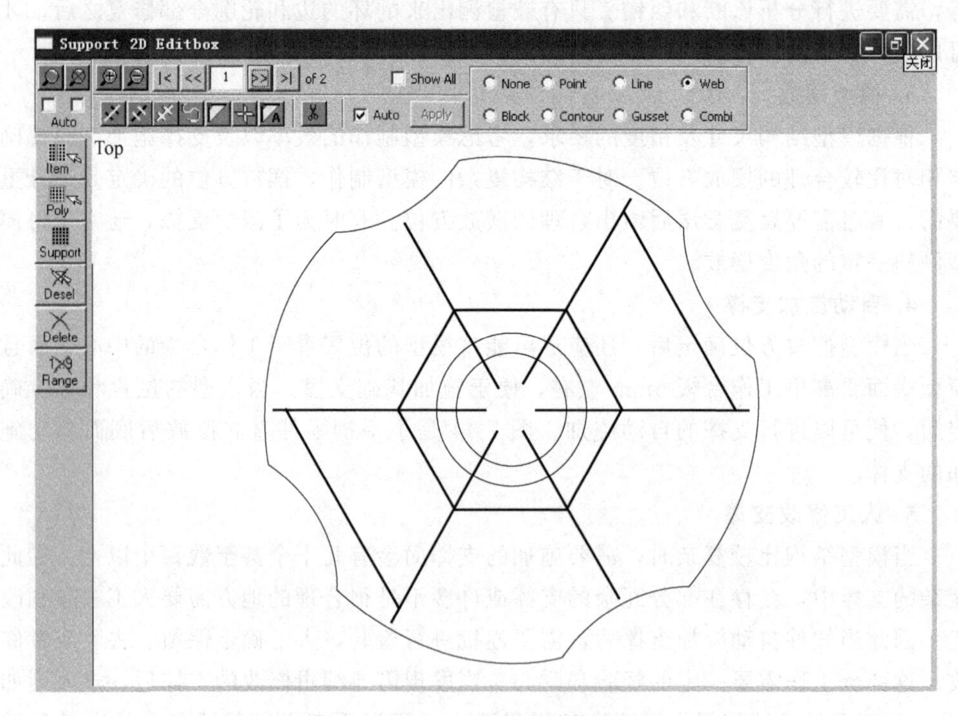

图 7-45 Magics 软件支撑修改界面

补遗漏的支撑等。当发现有些表面需要补充施加支撑时，可以首先利用软件中的面选择功能选定需要施加支撑的面，然后定义此面为新的需要施加支撑的面，最后在该面上选择需要施加的支撑类型即可。

6. 切片处理

当支撑施加并处理完毕后，返回到主界面，进行切片处理，如图7-46所示。在切片处理对话框中，主要是根据快速成型制造系统每层建造的厚度，确定切片的层厚。切片处理后生成的文件格式一般为SLC格式，而且零件和支撑分别生成两个独立的层片数据文件。

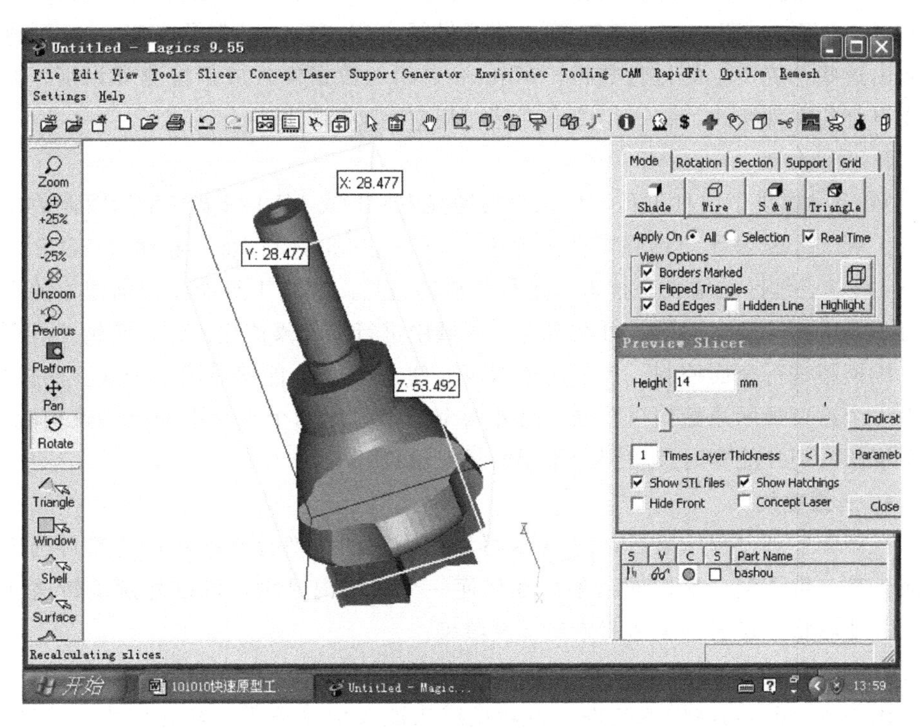

图7-46　Magics软件的切片处理

Magics软件的功能比较全面，不但能够比较理想地完成STL文件的编辑和切片操作，而且还具有许多辅助功能。

7.5　CT图像数据处理软件Mimics

Mimics软件是比利时Materialise公司推出的面向快速成型制造、CAD、有限元分析、手术过程模拟及其他领域应用的CT图像数据处理软件平台。

7.5.1 Mimics 软件简介

Mimics 软件是比利时 Materialise 公司面向医学 CT 或 MRI 数据模型处理的运行在 Windows NT/95/98 环境下的高度集成的三维图像处理软件，该软件能在几分钟内将 CT 或 MRI 数据转换成三维 CAD 或快速成型所需的模型文件。其主要功能特点如下：

1. 图像输入

Mimics 能够输入多种数据格式，诸如 Philips、GE、Hitachi、Picrer、Siemens、Toshiba、Elscint、SMS 等，并提供了自定义输入的工具。Mimics 可直接访问由这些系统产生的光盘数据，Mimics 自动对数据格式进行检测和识别，并转换成自身的文件格式，将一组图像存储在相应的项目组里。

2. 图像处理

Mimics 提供了多种工具，供用户去增强由 CT 或 MRI 扫描产生的图像数据的质量。Windows 技术可增强图像对比度，Thresholding（阈值）技术和 3D Region Growing（三维区域增长）技术可进行全自动选择。编辑工具能在扫描图像的每层进行画线或擦除操作。同时可在自定义区域中进行局部阈值化操作。编辑工具可以对三维模型进行全面控制。为了便于图像处理，Mimics 能够显示三个独立的窗口，其中一个窗口显示原始扫描数据，另外两个窗口显示两个正交平面上的重构视图。每个视图的切片能实时移动到所希望的任何位置。

3. 三维重构

在图像处理过程结束后，Mimics 可以用设定的图像分辨率和过滤器对选定的区域计算三维模型。重构的结果可在任何一个窗口内显示，可以随意旋转这些模型，并能够将其设置为全透明或者深度渲染。

4. 快速成型接口

因为 Mimics 可将图像文件直接转换成快速成型设备所需要的切片文件格式，如 CLI、SLI 等，从而得到了最佳精度。软件中采用的一个复杂的插补算法程序，使扫描数据到三维模型的转化得到很高的曲面复制效果，能提供标准的三维文件格式，如 STL 或 VRML，强大的自适应滤波功能能够大大减小文件的尺寸。

5. 医疗模型

作为 CT 或 MRI 扫描仪数据的最终三维表达，这些模型被用做复杂外科手术的准备和预演，同时也可帮助定制植入物的设计和制造。借助于其基本工具，Mimics 可对模型进行标记，这些标签将被印在模型里或通过使用特殊的树脂使它们着色，特殊的区域如肿瘤或者神经区域等也都能用不同的颜色显示出来。

该软件的主界面如图 7-47 所示。

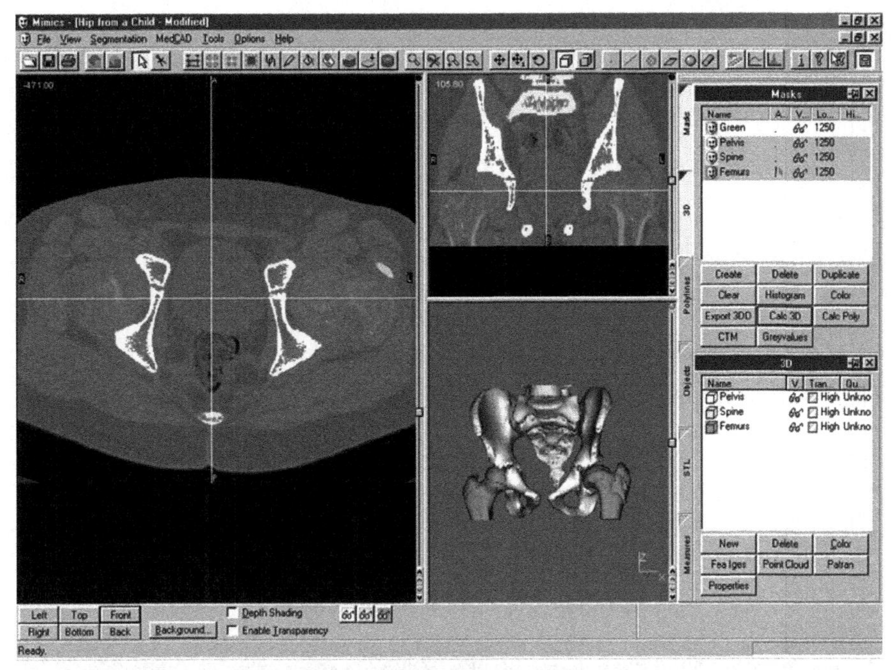

图 7-47　Mimics 软件的界面

7.5.2　Mimics 软件应用实例

下面结合某头颅 CT 数据制作颅骨快速原型在 Mimics 软件中的数据处理过程。

1）首先打开 Mimics 软件，其主界面如图 7-48 所示。在 File 菜单中选择 Import 命令，然后连接到 CT 影像文件所在的路径，选择 CT 的 DICOM 文件后进行转换。

2）单击转换命令后，软件首先弹出“定位选择确认对话框”，如图 7-49 所示。此时，需要对 CT 图像进行前、后、左、右、上、下 6 个方位的确定。方位确定后，单击 OK 进行影像的调入并合成。

3）根据骨骼阈值的推荐设定值，进行骨骼阈值设定。下拉分割菜单 Segmentation，单击阈值命令 Thresholding，设定阈值为 226，滤出骨组织，并标示为特定颜色的过滤罩，如图 7-50 所示。

4）输出 STL 文件。下拉 File 菜单，选择输出 STL 命令，在弹出的对话框中选择此前设定的骨组织阈值罩，加载并进行输出。生成的 STL 文件在 Mimics 软件中进行的显示如图 7-51 所示。

Mimics 将 CT 影像信息处理生成的 STL 文件，经过切片软件继续处理后，便可以进行快速原型制作了。当然，在 Mimics 软件中，同样也可以处理 STL 文件并进行切片处理，直接生成用于快速成型制作的 SLC 切片数据。

图 7-48 Mimics 软件主界面

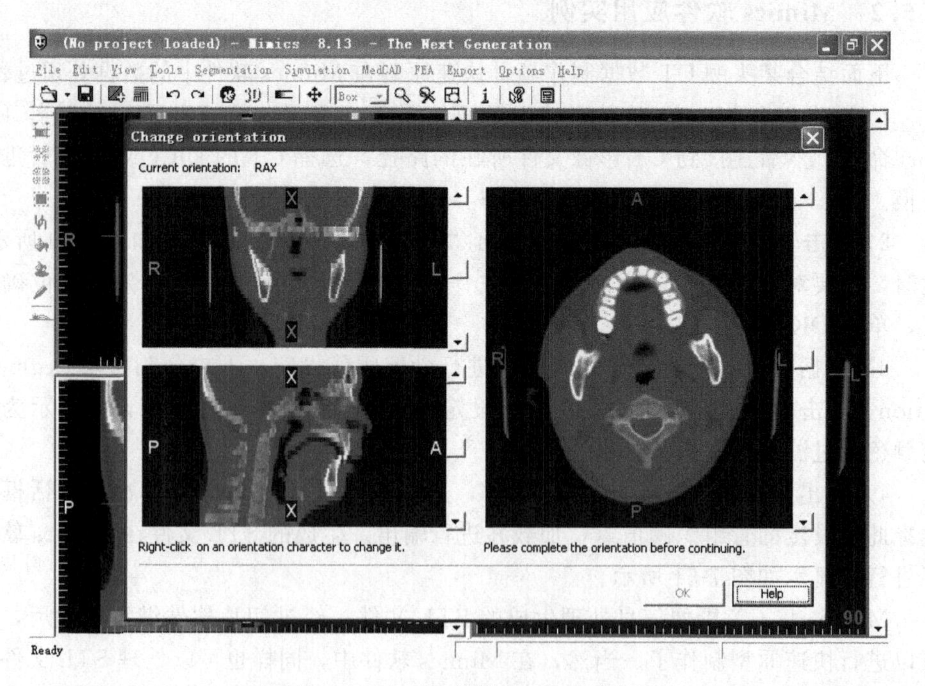

图 7-49 Mimics 软件读入 CT 影像

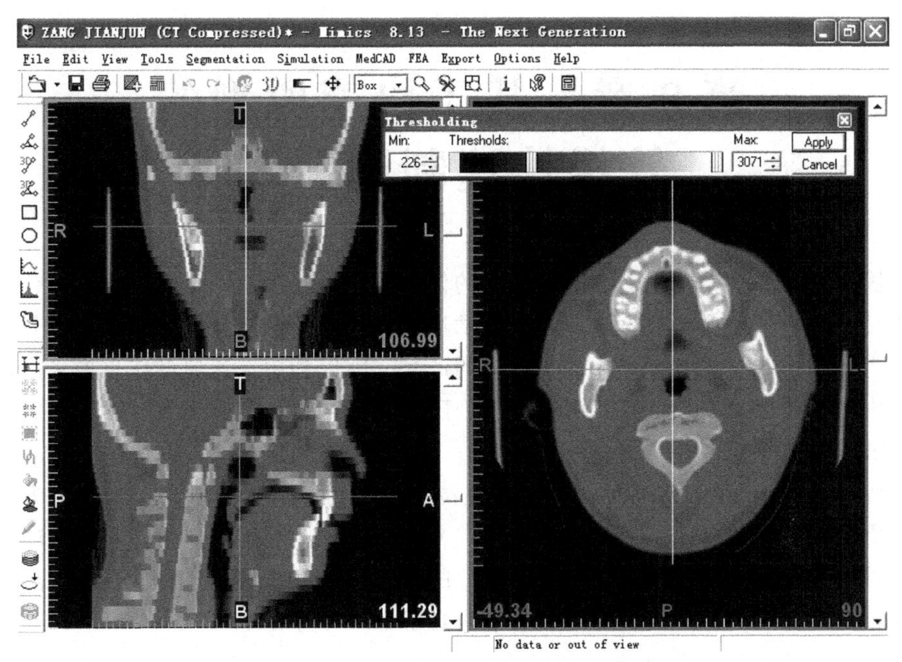

图 7-50　Mimics 软件设定骨骼图像阈值

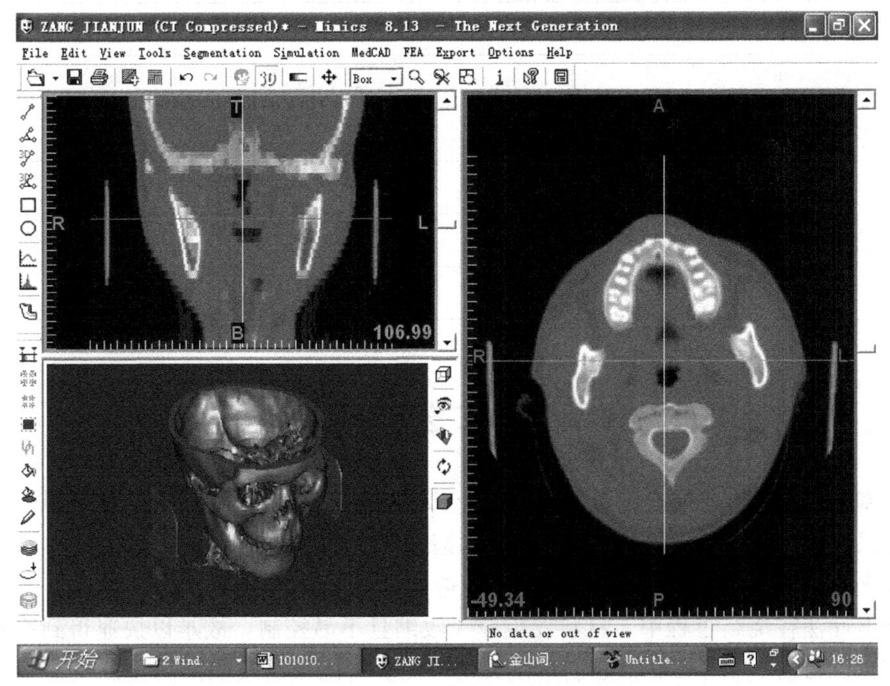

图 7-51　Mimics 软件输出 STL 数据

第8章 基于快速原型的软模快速制造技术

快速原型由于受其制造方法所要求的使用材料的限制，并不能够完全替代最终的产品。在新产品功能检验、投放市场试运行获得用户使用后的反馈信息以及小批量生产等方面，仍需要由实际材料制造的产品。因此利用快速原型作母模来翻制模具并生产实际材料的产品，便产生了基于快速原型的快速模具制造技术（Rapid Tooling，RT）。

RT技术突出的特点就是其显著的经济效益，它与传统的数控加工模具方法相比，周期和费用都降低1/10～1/3左右，见表8-1。近年来，工业界对RT的研究开发投入了日益增多的人力和资金，RT的收益由此也获得了巨大增长。据SME统计，近年来RT服务的收益年增长率均高于RP系统销售。

表8-1 基于RP原型快速制作模具与传统机加工法制作模具的比较

制模方法	制作成本/美元	制作周期/周	模具寿命/件
硅橡胶浇注法	5	2	30
金属树脂浇注法	9	4～5	300
电弧热喷涂法	25	6～7	1000
镍蒸发沉积法	30	6～7	5000
传统机加工方法	60	16～18	250000

8.1 快速模具的分类及基本工艺流程

基于RP的快速模具制造方法一般分为直接法和间接法两大类。直接制模法是直接采用RP技术制作模具，在RP技术诸方法中能够直接制作金属模具的是选择性激光烧结法（SLS法）。用这种方法制造的钢铜合金注塑模，寿命可达5万件以上。但此法在烧结过程中，材料发生较大收缩且不易控制，故难以快速得到高精度的模具。目前，基于RP快速制造模具的方法多为间接制模法。间接制模法指利用RP原型间接地翻制模具。依据材质不同，间接制模法生产出来的模具一般分为软质模具（Soft Tooling）和硬质模具（Hard Tooling）两大类。

软质模具因其所使用的软质材料（如硅橡胶、环氧树脂等）有别于传统的钢质材料而得名，由于其制造成本低和制作周期短，因而在新产品开发过程中作为产品功能检测和投入市场试运行，以及国防、航空等领域单件、小批量产品的生产方面均受到高度重视，尤其适合于批量小、品种多、改型快的现代制造模式。目前提出的软质模具制造方法主要有硅橡胶浇注法、金属喷涂法、树脂浇注法等。

软质模具生产制品的数量一般为50～5000件，对于上万件乃至几十万件的产品，仍然需要传统的钢质模具，硬质模具指的就是钢质模具。利用RP原型制作钢质模具的主要方法有熔模铸造法、电火花加工法、陶瓷型精密铸造法等。

图8-1给出了基于RP的快速模具方法的分类及应用。图8-2给出的是基于RP原型母模一次转换浇注方法制作样件或成型模具的工艺流程。

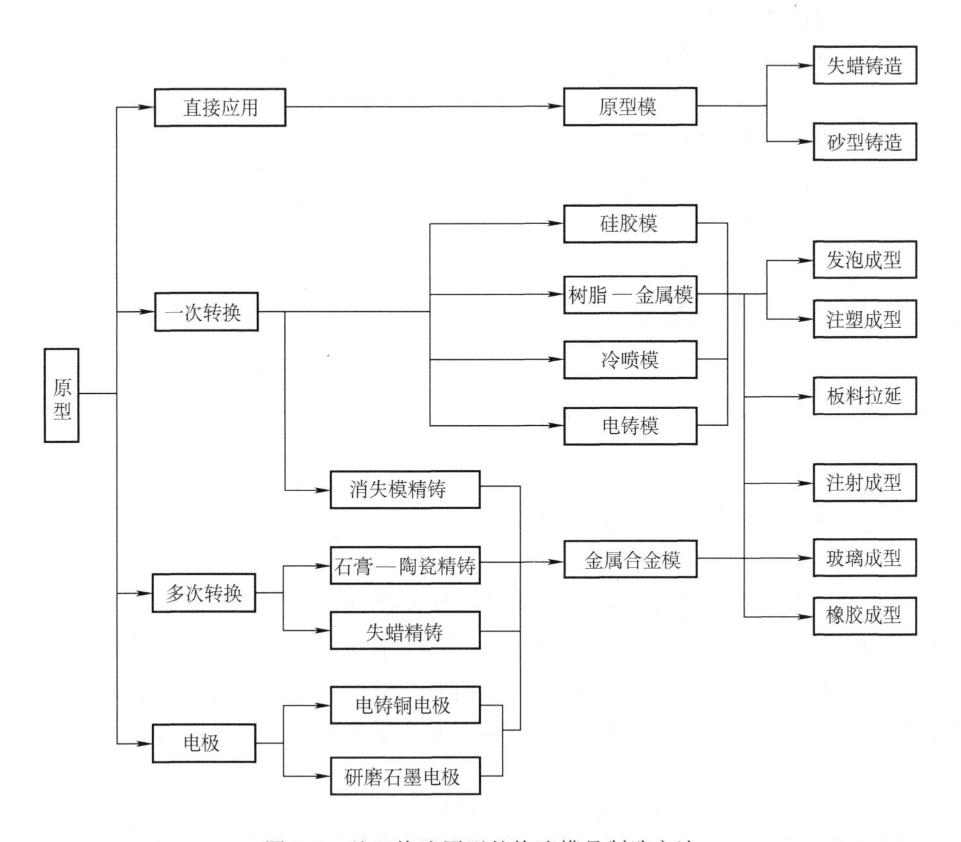

图8-1　基于快速原型的快速模具制造方法

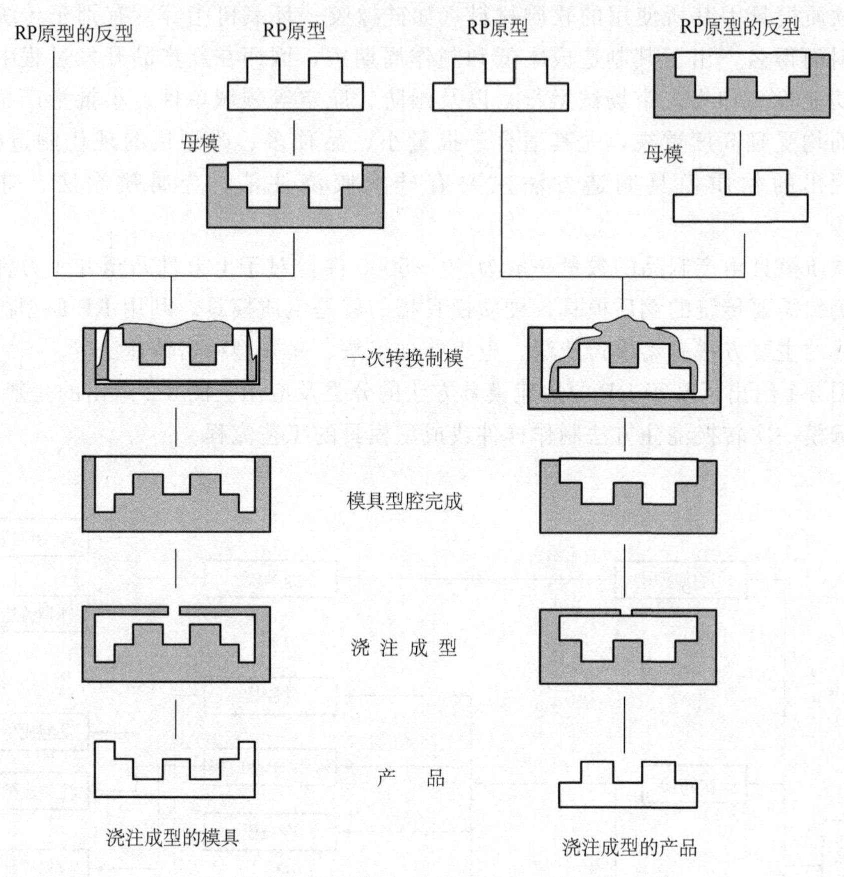

图 8-2 基于 RP 原型的一次转换浇注法制模工艺流程

8.2 硅橡胶模具快速制造技术

硅橡胶模具制造工艺是一种比较普及的快速模具制造方法。由于硅橡胶模具具有良好的柔性和弹性，能够制作结构复杂、花纹精细、无拔模斜度甚至具有倒拔模斜度，以及具有深凹槽类的零件，制作周期短，制件质量高，因而备受关注。由于零件的形状尺寸不同，对硅橡胶模具的强度大小要求也不一样，因而制模方法也有所不同。

目前，制模用硅橡胶为双组分液体硅橡胶，分为缩合型和加成型两类。

缩合型模具硅橡胶的主要组分包括：端基和部分侧基为羟基的聚硅氧烷（生胶）、填料、交联剂和硫化促进剂。

加成型模具硅橡胶的主要组分包括：端基和部分侧基为乙烯基的聚硅氧烷（生

胶)、含氢硅油（交联剂)、铂触媒（催化剂)、白炭黑（填料)。

目前，这两种模具硅橡胶材料已在国内外许多行业获得了广泛应用。一般来说，缩合型模具硅橡胶的抗剪强度较低，在模具制造过程中易被撕破，因此很难用于那些花纹深、形状复杂的模具。在用缩合型模具胶制造厚模具的过程中，由于缩合交联过程中产生的乙醇等低分子物质难以完全排出，致使模具在受热时硅橡胶降解老化而显著影响其使用寿命；同时由于乙醇等低分子物质的排出致使硫化胶的体积收缩，从而造成模具的尺寸小于相应的原型尺寸。因此缩合型模具硅橡胶大多用做塑料与人造革生产中的高频压花模具，或用于一些尺寸要求不精密的工艺品制造。

由于采用加成硫化体系，加成型模具硅橡胶在硫化时不产生低分子化合物，因而具有极低的线收缩率，胶料可以深部固化，而且物理性能、力学性能和耐热老化性能优异，成为了模具胶中正在大力发展的品种。加成型模具硅橡胶适用于制造精密模具和铸造模具，而且模具制造工艺简单，不损伤原型，仿真性好。

8.2.1 硅橡胶模具的特点

硅橡胶具有良好的仿真性、强度和极低的收缩率。用该材料制造弹性模具简单易行，无需特殊的技术及设备，只需数小时在室温下即可制成。硅橡胶模具能经受重复使用和粗劣操作，能保持制件原型和批量生产产品的精密公差，并能直接加工出形状复杂的零件，免去铣削和打磨加工等工序，而且脱模十分容易，大大缩短产品的试制周期，同时模具修改也很方便。此外，由于硅橡胶模具具有很好的弹性，对凸凹部分浇注成型后也可直接取出，这是它的独特之处。

硅橡胶的这些优点使它成为制模材料的佼佼者，一部分已进入机械制造领域并与金属模具相竞争。目前用硅橡胶制造的弹性模具已用于代替金属模具生产蜡型、石膏型、陶瓷型、塑料件，乃至低熔点合金，如铅、锌以及铝合金零件，并在轻工、塑料、食品和仿古青铜器等行业的应用不断扩大，对产品的更新换代起到不可估量的作用。利用硅橡胶制造模具，可以更好地发挥RP技术的优势。

8.2.2 基于快速原型的硅橡胶模具制作工艺

由于RP技术生产出来的原型材料与硅橡胶不发生反应，制造过程中没有经过变形，也不会产生褶皱，能够生产出与精密塑料件一样的表面质量。以某电器上盖的LOM原型为例，介绍硅橡胶模具的制作工艺。

利用RP原型制作硅橡胶软模快速制作工艺流程如图8-3所示。

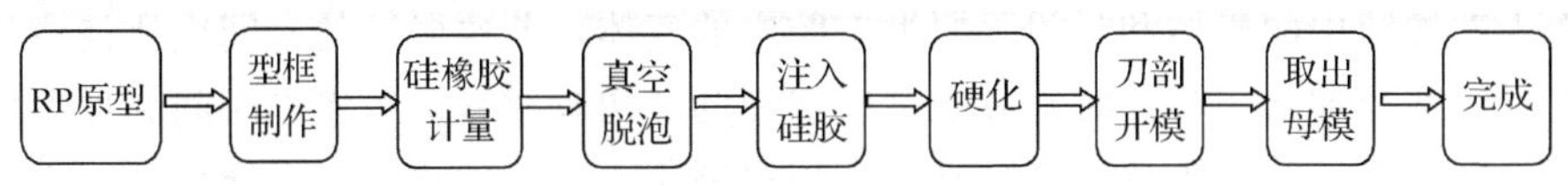

图8-3 硅橡胶软模快速制作工艺流程

（1）原型表面处理　RP法制作的原型在其叠层断面之间一般存在台阶纹或缝隙，需进行打磨和防渗与强化处理等，以提高原型的表面光滑程度和抗湿性、抗热性等。只有原型表面足够光滑，才能保证制作的硅橡胶模型腔的表面粗糙度，进而确保翻制的产品具有较高的表面质量和便于从硅橡胶模中取出。

（2）制作型框和固定原型　依据原型的几何尺寸和硅橡胶模使用要求，设计浇注型框的形状和尺寸，型框的尺寸应适中。在固定原型之前，需确定分型面和浇口的位置。分型面和浇口位置的确定是十分重要的，它直接影响着浇注产品能否顺利脱模和产品浇注质量的好坏。当分型面和浇道选定并处理完毕后，便将原型固定于型框中，如图8-4a。

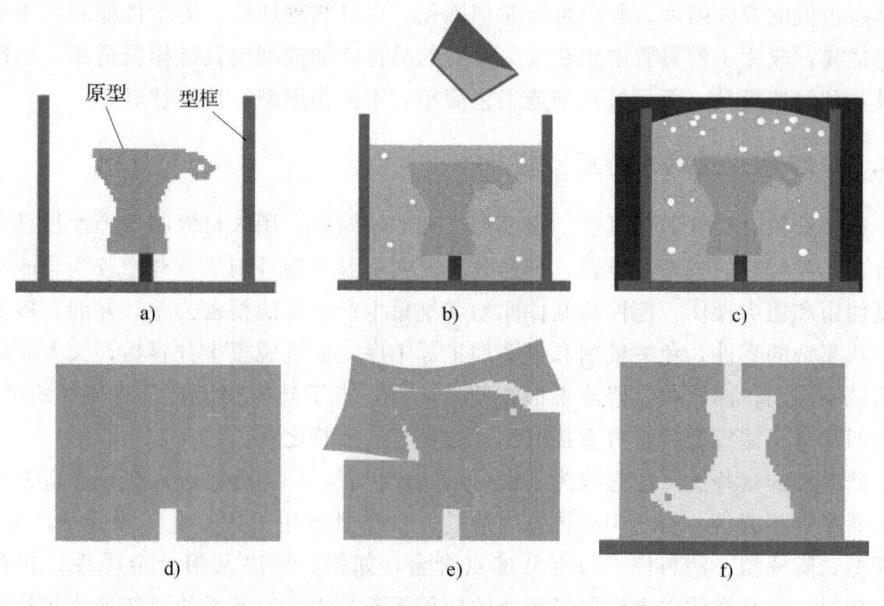

图8-4　基于RP原型的硅橡胶快速模具制作工艺示意图

（3）硅橡胶计量、混合并真空脱泡　硅橡胶用量应根据所制作的型框尺寸和硅橡胶的密度准确计量。将计量好的硅橡胶添入适当比例的硬化剂，搅拌均匀后进行真空脱泡。脱泡时间应根据达到的真空度来掌握。

（4）硅橡胶浇注及固化　硅橡胶混合体真空脱泡后浇注到已固定好原型的型框中，如图8-4b所示。在浇注过程中，应掌握一定的技巧。硅橡胶浇注后，为确保型腔充填完好，再次进行真空脱泡，如图8-4c所示。脱泡的目的是抽出浇注过程中掺入硅橡胶中的气体和封闭于原型空腔中的气体，此次脱泡的时间应比浇注前的脱泡时间适当加长，具体时间应根据所选用的硅橡胶材料的可操作时间和原型大小而定。脱泡后，硅橡胶模可自行硬化或加温硬化。加温硬化可缩短硬化时间。

（5）拆除型框、刀剖开模并取出原型　当硅橡胶模硬化后，即可将型框拆除并去掉浇道棒等，如图 8-4d 所示。参照原型分型面的标记用刀剖开模(图 8-4e)，将原型取出，并对硅橡胶模具的型腔进行必要清理，便可利用所制作的硅橡胶模具在真空状态下进行树脂或塑料产品的制造，如图 8-4f 所示。

8.2.3 硅橡胶模具制作的若干问题

在翻制硅橡胶模具时，硅橡胶模具的成本、寿命及尺寸精度是硅橡胶模具制作过程中需重点考虑的因素。

1）型框尺寸较小，可以节省硅橡胶的用量，降低硅橡胶制模成本，但不利于硅橡胶的浇注；尺寸较大，既浪费硅橡胶又降低了硅橡胶模的柔性，增加了从硅橡胶模具中取出产品的难度。为使硅橡胶模大小适中，在搭建硅橡胶模具型框的时候，通常使型框四壁、底面距 RP 模型边缘为 20mm，侧面挡板高度为 RP 模型的高度 h 再加上 90mm，留出 50mm 的高度，以保证脱泡时硅橡胶不能溢出，如图 8-5 所示。

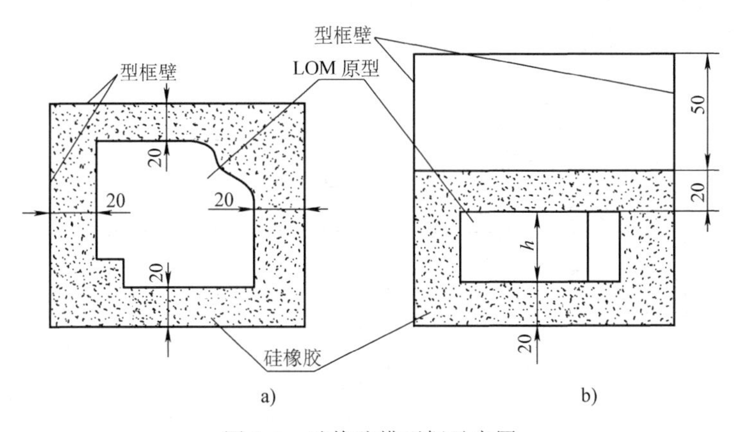

图 8-5 硅橡胶模型框示意图

2）为了脱模方便，应合理选取分型面。分型面通常选取投影面积最大的面。但是由于硅橡胶材料具有较高的弹性，在开模时可以进行粗劣的操作，因此有一些特殊结构，如侧面的小凸起等，在选取分型面时可以不予考虑。另外，对原型中的封闭通孔或不封闭的开口，为便于两个半模在剖切过程中容易分离，应将其部位采用透明胶等封贴。

3）对于较高的薄壁件，如果壁厚尺寸要求精确，在选择分型面时要注意将薄壁整体置于同一半模中，以减小因合模或模具捆绑时引起薄壁型腔的变形而导致壁厚尺寸误差。较高薄壁件分型面的选取如图 8-6 所示。图 8-6a 中分型面位置选取比较合理，使较高薄壁处的型腔位于上模。如果分型面的位置选为图 8-6b所示的位置，使得薄壁处的型腔由上下模形成，这种情况下进行合模，如果上下模位置放偏，则较高薄壁处的壁厚尺寸精度将难以保证。

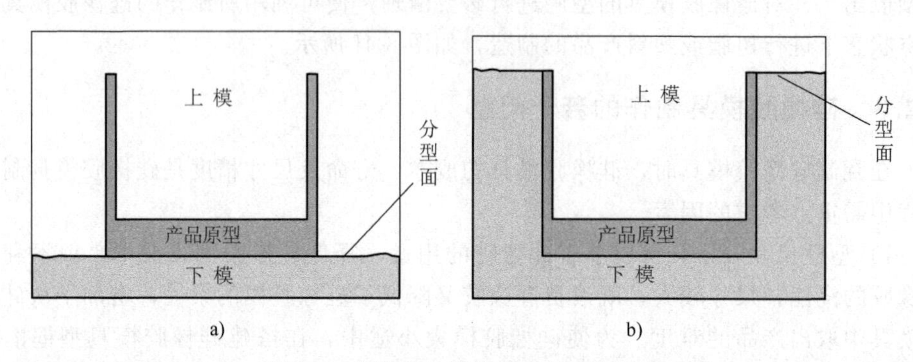

图 8-6 较高薄壁件分型面选取示意图

4）型框一般做成长方形或正方形，但是对于一些特殊结构的零件，为了节省硅胶，降低成本，可按其形状搭建型框，如图 8-7 所示，其中图 8-7a 是水平方向示意图，图 8-7b 是高度方向示意图。

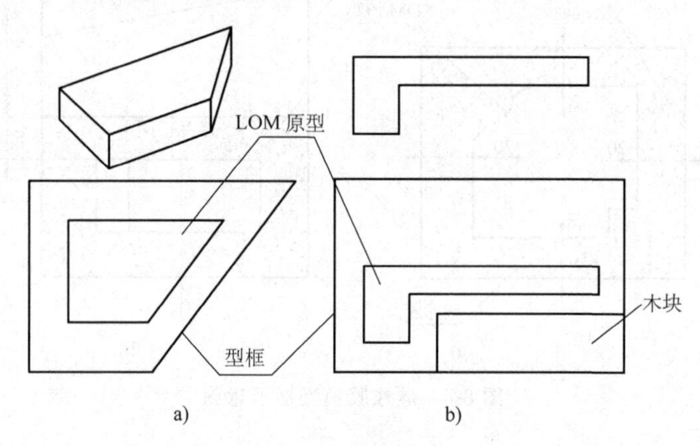

图 8-7 按形状制作型框示意图

5）对于存在大面积平面形状的原型，当贴好分型面后，应合理选定浇道的位置及方向。对于单一浇道来说，如果在结构许可的情况下，浇道位置应选在原型的重心附近。浇道的方位应注意避免使大面积平面形状置于型腔的最高位置，否则，该较大面积平面最后充型时，会因存在少量气泡无法排出而导致该平面处存在较多气孔。图 8-8 给出了浇道方位设置示意图。图 8-8a 为正确的浇道摆放方式，该方式下，材料充填过程逐渐将剩余的气体从薄壁的上缘通过排气孔排出。若将浇道设置为图 8-8b 所示的方位，在填充的最后阶段，剩余的气体被围困在产品较大面积的上表面处，该水平面上的气泡无法流动而最终残留在型腔中，在产品表面形成气孔，影响产品的表面质量。

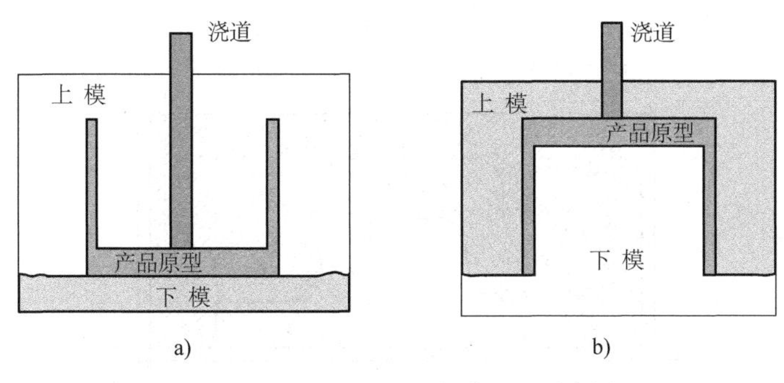

图 8-8 较大面积平面浇道设置示意图

6）在用刀剖开模的时候，手术刀的行走路线是刀尖走直线，刀尾走曲线，使硅橡胶模具的分型面形状不规则，这样可以确保上下模合模时准确定位，避免因合模错位引起的误差，如图 8-9 所示。

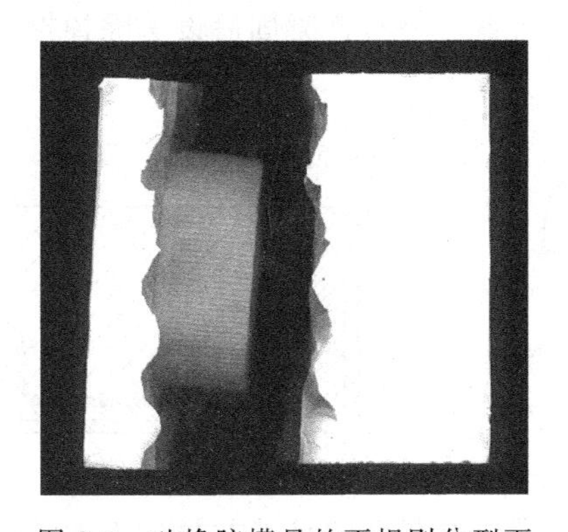

图 8-9 硅橡胶模具的不规则分型面

8.2.4 经济型硅橡胶模具制作的一种工艺方法

硅橡胶材料的成本较高，占据着硅橡胶模具制作小批量样件的大部分成本，尤其是尺寸较大单件制品的制作。为此，人们一直在努力研究在该类技术方法中如何能够节省硅橡胶材料的用量，而同样也能够制作出满足要求的样件来。

在硅橡胶模具实际制造应用中，对于有些特殊特征结构的制件的硅橡胶模具制作，存在着较大的材料浪费，如图 8-10 所示。如果图示中浪费的硅橡胶材料部分用成本低廉的材料替代，会显著降低硅橡胶模具制作的成本。这里以石膏替代材料为例，介绍一种经济型硅橡胶模具制作工艺方法。

1. 适于经济型硅橡胶模具的母模原型结构特征

并不是所有需要翻模复制的零件形状都适合于上述提出的经济型硅橡胶模具制造方法。从经济性和效率两方面考虑，以下几种类型的零件比较合适：

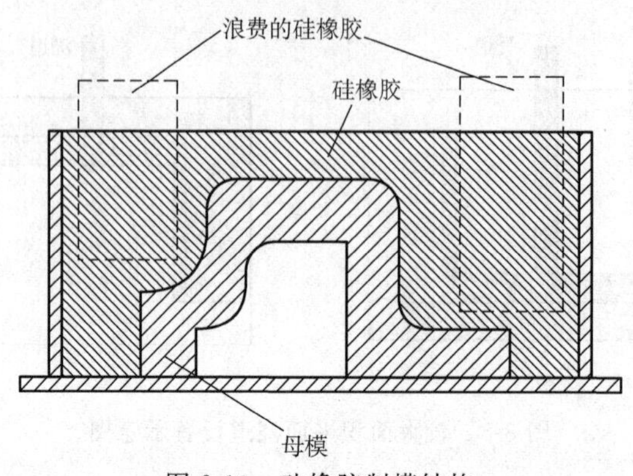

图 8-10　硅橡胶制模结构

（1）局部具有较大空腔的零件　如图 8-11 所示，空腔内部尺寸较大，如全部用硅橡胶填充，必然造成较大浪费。采用经济型方法，先在空腔内面贴一定厚度的橡皮泥，再向空腔内倒入石膏，待石膏凝固后设法除掉橡皮泥，向留出的空隙内注入硅橡胶，实现材料节省。

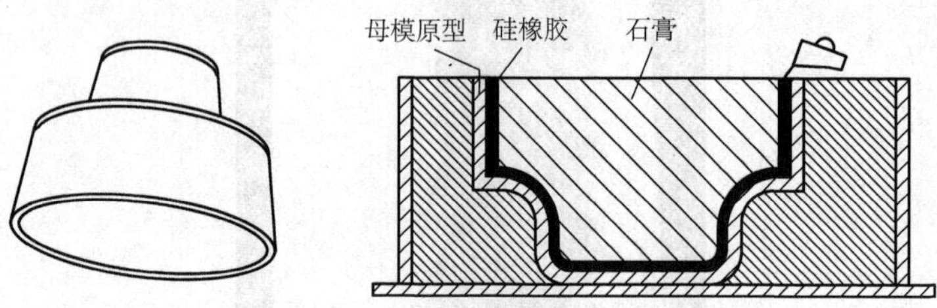

图 8-11　局部具有较大空腔的零件

（2）沿某一方向，不同位置截面的尺寸差异较大的零件　具有该形状特征的零件可分为以下两类：

1）具有台阶特征及类似结构的零件，如图 8-12 所示零件，如台阶之下的模具全部用硅橡胶填充，也会造成较大浪费。可采用经济型方法，将台阶周围起支撑作用的硅橡胶用石膏代替。

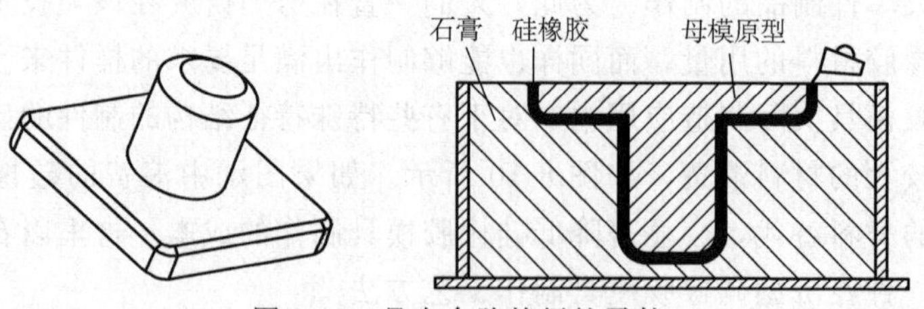

图 8-12　具有台阶特征的零件

2）具有拐角类特征的零件。根据研究，拐角内侧可将多余的硅橡胶以石膏替代，如图 8-13 所示。

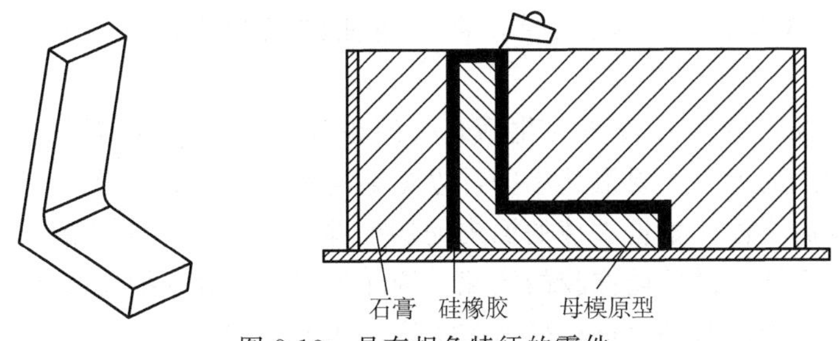

图 8-13　具有拐角特征的零件

2. 经济型硅橡胶模具制作工艺流程

通过与石膏混合制作经济型硅橡胶模具工艺方法的流程为：原型或样件→分型处理→贴黏土或橡皮泥→配石膏浆→石膏造型→去黏土→浇注硅橡胶→修型→试制产品。具体的工艺过程如下：

(1) 安放原型贴黏土　对原型进行必要的清理和处理后放置到平板上固定好，制作并固定模框，使原型周围与模框的距离均匀，在模框平板内表面上涂刷脱模剂后，在原型表面贴橡皮泥，如图 8-14a 所示。

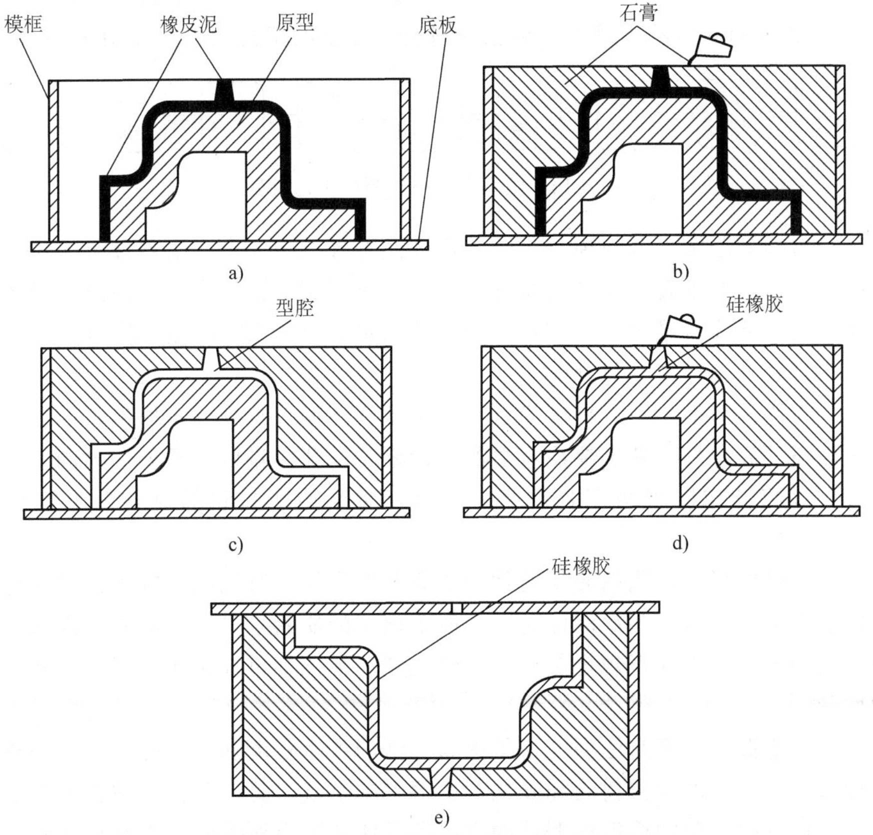

图 8-14　经济型硅橡胶模具制作工艺示意图

（2）浇石膏背衬　将配好的石膏浆浇注到模框中，等待石膏浆固化，如图 8-14b 所示。

（3）去除橡皮泥　石膏浆固化后，去掉橡皮泥层，清理型腔，如图 8-14c 所示。粘在原型上的橡皮泥要清洗干净，以免影响模具的表面质量。

（4）硅橡胶浇注　根据去掉的橡皮泥层的体积，计算所需调配的硅橡胶体积，再考虑一定的损耗，进行硅橡胶的调配。调配均匀后，放入抽真空装置中排除硅橡胶混合体中的气泡。脱泡后进行硅橡胶浇注，如图 8-14d 所示。

（5）取出原型　待浇注好的硅橡胶模具在室温下固化或加热固化后，取出原型，如图 8-14e 所示。

8.2.5 硅橡胶模具的应用

对于批量不大的注塑件生产，可以采用 RP 原型快速翻制的硅橡胶模具通过树脂材料的真空注型来实现，这样，能够显著缩短产品的制造时间，降低成本，提高效率。

对于没有细肋、小孔的一般零件，采用硅橡胶模具浇注树脂件可制作制品达到 50 件以上。采用硅橡胶模具进行树脂材料真空注型的工艺流程，如图 8-15 所示。

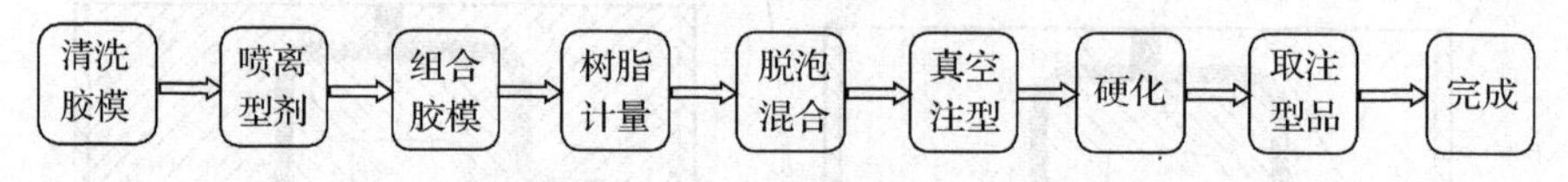

图 8-15　注型产品快速制作工艺流程

（1）清理硅胶模，预热模具　为了保证注型件充填完全，需要在上模中离浇口较远的型腔较高处设置一系列的排气孔。在进行树脂件浇注之前，应进行必要的清理工作，例如清除沟槽内的残留物，检查排气孔是否堵塞等。清理工作完成以后，将硅胶模具放入温箱中进行预热。

（2）喷洒离型剂，组合硅胶模具　为了便于注型件从模具中取出，需要在模具型腔表面喷洒离型剂，特别要注意喷洒深沟槽、深孔等难以脱模处。喷洒完离型剂后，就可以将硅橡胶模具组合起来。不过，对于透明材料的制件，不宜喷洒离型剂。

（3）计量树脂　树脂的质量通常根据原型的质量进行估算，并根据浇注过程中材料的盈余进行调整。初次浇注时，一般由原型的质量乘上一定的系数来初定所需浇注树脂的质量。再根据规定的树脂和硬化剂的配比即可算出所需树脂和硬化剂各自的质量。

（4）脱泡混合，真空注型　为了提高注件的致密程度和充填能力，需要将注塑环境抽真空，一方面除去树脂和硬化剂中溶解的空气，另一方面也抽去模具型腔中的空气。抽真空的时间根据注型件的大小和具体情况有所不同，以是否达到真空度为准。抽完真空后，将树脂和硬化剂混合搅拌，然后浇注到模具型腔中。

(5) 温室硬化，取出原型 将浇注完的模具从真空机中取出，放入恒温箱中进行硬化，硬化时间根据制件的大小和树脂类型的不同而不同。待树脂制品在指定的温度和时间条件下完成固化后，便可以将制品开模取出。

(6) 原型后处理 工件制好以后，还需要进行必要的后处理工作才能交付使用，如除去浇道、打磨、抛光、喷漆等。

图8-16给出的是采用硅橡胶模具真空浇注制作的树脂产品。

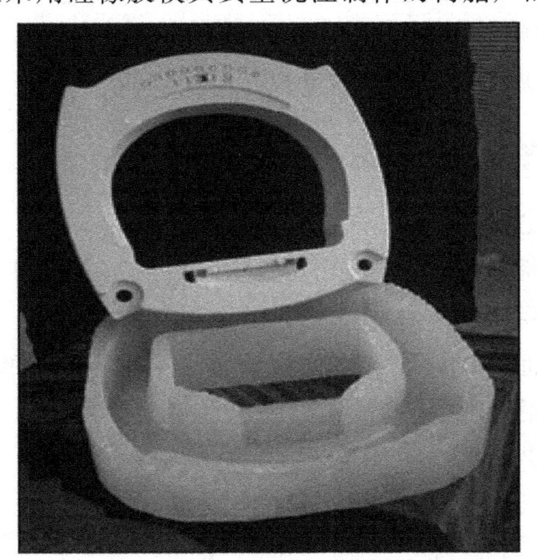

图8-16 采用硅橡胶模具制作的树脂产品

8.3 电弧喷涂快速模具制造技术

电弧喷涂制模的思想起源于20世纪60年代提出的净形热喷涂成型（Net-shape thermal spray forming），基本工艺过程是将熔化的金属雾化，高速喷射沉积于基体上，所获制件的形状与基体相对应，是一种集材料制备与成型于一体的制造方法。电弧喷涂制造模具的最初构想就是在塑料制品原型或木材、蜡、石膏等模型上喷涂一定厚度的金属涂层，然后把涂层从基体上取下来，这就得到了可以复制原模型的模具型腔。电弧喷涂制模技术很早就被提出，但在实际中并没有得到应用，这是因为此技术中存在很多技术难点。

20世纪80年代后期，随着现代工业的发展，塑料工业也正在迅速地发展，尤其是汽车工业的发展大大增加了对塑料制品的需求。汽车无论外形还是内饰都在不断地改进，而每种新型号的出现，都要求有与之配套的模具来制造，塑料产品的多样化和小批量的特性决定了模具的多样性，这就意味着整个市场要求一种成本低、周期短的制模方法。用传统机械加工和铸造的方法来制造模具，其成本高，并且一旦产品改进，就要求更换模具。这种方法周期长，不能适应市场变化的要求，所以在制模领域，一种低成本、短周期的制模方法——电弧喷涂制模技术应运而生，尤其是快速成型技术的出现和发展，可以快速高精度地制作复杂模型，使得电弧喷涂快速模具可以应用到复杂产品的注塑工艺试制与生产中。

电弧喷涂制模是一种典型的快速制模技术，具有制模工艺简单、制作周期短、模具成本低等显著特点，特别适用于小批量、多品种的生产，尤其在当前市场竞争激烈的情况下，电弧喷涂制模技术为产品的更新换代提供了一个全新的制模方法和捷径。此技术必将越来越受到人们的重视并得到应用。

8.3.1 电弧喷涂快速制模工艺

1. 电弧喷涂制模工艺流程

电弧喷涂是将两根待喷金属丝作为自耗性电极，利用两根金属丝端部短路产生的电弧使丝材熔化，用压缩气体把已熔化的金属雾化成微滴，并使其加速，以很高的速度沉积到基体表面形成涂层。以这种金属涂层作为模具的型腔表面，背衬加固并设置相应的钢结构后就形成了简易的快速经济模具。图 8-17 是基于 RP 原型的电弧喷涂快速制模工艺流程。

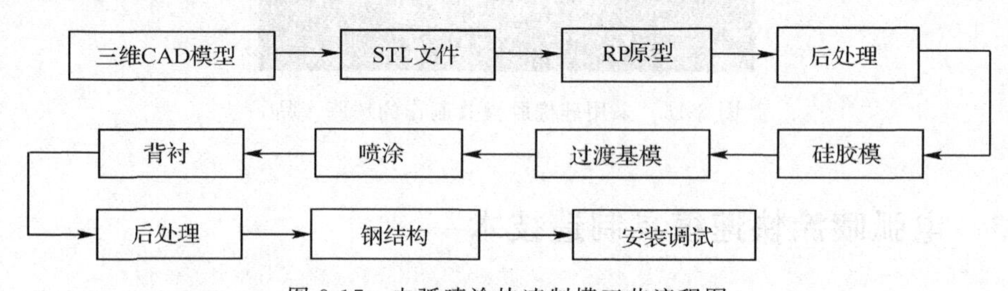

图 8-17 电弧喷涂快速制模工艺流程图

电弧喷涂制模的工序大致可分为五个步骤：

(1) 模型准备 模型可由许多材料制成，包括木材、塑料、石膏、橡胶等。模型准备中最重要的是涂抹脱模剂。脱模剂在制模中的作用有两个：首先，它对喷涂到基体上的金属颗粒有粘接作用，否则金属颗粒将不能牢固地吸附在模具表面而易脱落；其次，防止金属涂层对模型的过热烧损、变形、黏附，起到隔热、脱模的作用。将脱模剂均匀地涂在模型表面，并使其干燥成膜。

(2) 在模型上喷涂金属 待脱模剂干燥以后，在最佳的喷涂参数下，可以开始在模型上喷涂金属，喷涂时应保证使喷枪连续运动，防止涂层过热变形，涂层厚度一般可控制在 2～3mm。

(3) 制作模具框架 如果模具在工作中要受到内压力或模具必须安装在成型机

上工作，模具必须有骨架结构且制成的骨架应带有填料。模具框架制作应注意两个问题：第一，使模具框架材料与涂层材料以及填料的热膨胀性能相匹配；第二，框架的外形尺寸及注射口的选择要根据具体的注塑机型号而定。

（4）浇注模具的填充材料　由于在塑料制品生产中，要求模具有良好的导热、散热能力，因此在选择浇注填充材料时，应使填充材料具有较高的热导率和较低的凝固收缩率，同时模具在一定的温度和压力下工作，所以要求填充材料具有较高的护压强度和耐磨性能。

一般选择的填充材料为环氧树脂与铝粉、铝颗粒等金属粉末的混合物。环氧树脂使浇注材料与喷涂壳体、模具框架有很高的结合强度，非铁金属粉末可以提高模具的导热性能，为提高模具的抗磨损性能可在填料中加入铁粉，另外在浇注填充材料时可安放冷却管，加强模具的散热性能。

（5）脱模、后序加工处理　如果在模型准备阶段做得比较合适，脱模不会很困难。脱模后要把残余在金属涂层表面的脱模剂清洗干净。然后再根据不同的需要，对模具进行抛光等后期制作。

其工序流程如图 8-18 所示。先把模型按上、下模分型面准确地放置在底板上，并用毛刷在模型表面均匀地涂一层脱模剂，如图 8-18a 所示；待脱模剂成膜后，开始在模型表面喷涂金属，一直达到所需的涂层厚度为止，如图 8-18b 所示；把准备好的金属框架放好，框架与底板之间必须密封，这样在倒入填料时才不会泄漏，然后浇注填充材料，如图 8-18c 所示；待浇注液固化后，将半模倒转，移去底板和可塑性材料，如图 8-18d 所示；重复 a)、b)、c)、d) 便可制作另一半模具，如图 8-18e、f、g 所示。

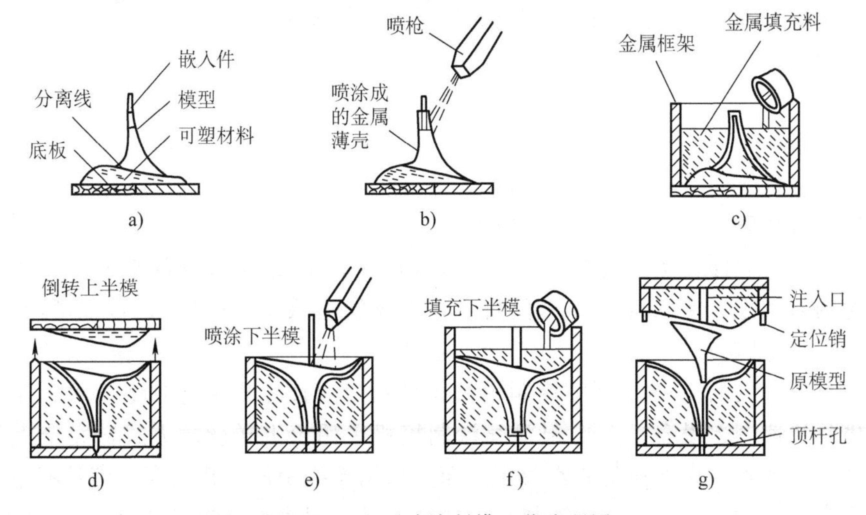

图 8-18　电弧喷涂制模工艺流程图

2. 电弧喷涂设备及材料

(1) 电弧喷涂设备　电弧喷涂工作系统一般由喷涂电源、送丝机构、喷枪和压缩气体等系统组成。电弧喷涂所用的设备，如图 8-19 所示。

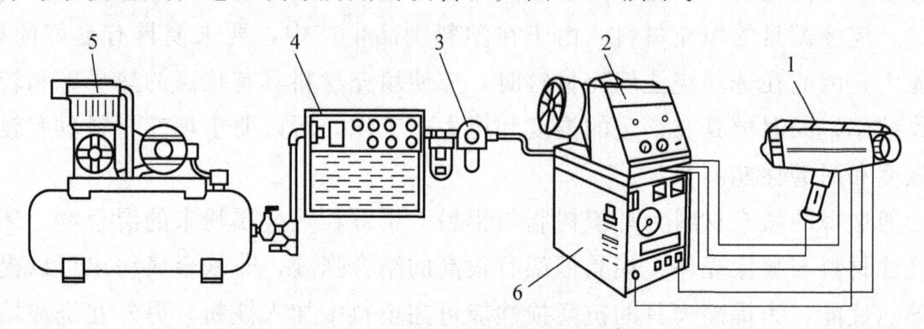

图 8-19　电弧喷涂设备系统简图

1—电弧喷涂枪　2—送丝机构　3—油水分离器　4—冷却装置
5—空气压缩机　6—电弧喷涂电源

沈阳工业大学生产的 XDP—5 型电弧喷涂设备工作稳定可靠，使用维护方便，能胜任繁重的喷涂工作。其基本参数为：

电源电压：	380V
额定输入容量：	12kV · A
额定电流：	300A
压缩空气使用压力：	0.6MPa
压缩空气消耗量：	1.6～2m^3/min
送丝速度：	0～4.8m/min

设备的最高喷涂生产率因不同材料而异，具体如下：

锌丝	27kg/h
铝丝	8kg/h
铝青铜丝	16kg/h
各种钢丝	15kg/h
巴氏合金丝	30kg/h

北京新迪表面技术工程公司生产的 CMD—AS 电弧喷涂设备系列，在使用同一电源的基础上，更换喷枪和送丝机构，不仅能喷涂 3mm 丝材，也能喷涂 2mm 丝材。

某单位开发的 ASS 电弧喷涂制模机，是专门配合激光快速成型技术而开发研制的模具快速制造设备。ASS 电弧喷涂制模机采用枪上送丝的方式，完全克服了枪外送丝的缺点，送丝速度非常稳定，而且采用无级变速调整速度，满足喷涂制模工艺要求。针对喷涂制模的工作特点，还特别设计制作了旋转工作台和完全隔离式防护。

针对过去喷涂制模的模具硬度低的特点，ASS电弧喷涂制模机采用了一种新型制模材料和两种新的制模工艺。采用铝铜合金丝与锌丝制备锌铝铜合金模具金属层，通过时效热处理，硬度为90～120HBW。为进一步提高模具硬度，预先在模型表面电铸0.4～0.6mmNi-Co合金，采用金属喷涂加厚模具金属层，模具表面硬度可达到600HV以上，表面粗糙度值可达$Ra0.6\mu m$。

（2）电弧喷涂材料　用于电弧喷涂制模的材料，在满足低熔点、低收缩率的情况下，应尽可能具有较好的力学性能和较致密的涂层组织。选择电弧喷涂材料时，既要考虑所得到的涂层具有足够高的硬度，良好的抗压、抗弯等力学性能，可以在实际中应用；又要兼顾涂层材料的熔点不要太高，因为对于Fe、Cu等高性能、高熔点的材料，喷涂过程中，由于热收缩的作用，金属涂层与模型界面之间存在很大的切应力，一方面使模型发生塑性变形，影响电弧喷涂模具的精度；另一方面，削弱金属涂层与模型表面的剪切强度，使金属涂层剥落。涂层与模型表面之间的剪切强度与模型表面的表面粗糙度有关，模型表面粗糙度较低，则涂层与模型之间的剪切强度较低。实验发现，巨大的内应力致使模型表面根本无法形成厚涂层。采用高熔点材料还有一大缺陷，即容易烧损模型表面，影响模具表面粗糙度。通过对涂层的显微组织分析，对涂层的硬度、抗拉、抗弯强度等力学性能的测试，常采用Al、Zn基丝材作为喷涂材料。Al、Zn基丝材熔点比较低，喷涂时，涂层温度不高，因而不会烧损塑料基体，另外，Al、Zn基金属涂层韧性较好，喷涂过程中，由于热收缩产生的内应力通过蠕变及产生微裂纹释放，也通过模型表面回复收缩抵消，收缩应力大部分得以消除，特别是Zn涂层，内应力基本消除。同时，模型的收缩会使涂层微裂纹闭合，从而涂层不易变形、开裂，能够保证模具的尺寸精度，Al、Zn基丝材喷涂工艺性好，喷涂成的涂层组织细密，孔隙率低，涂层表面粗糙度低。这种涂层的显微硬度值在45HV左右，最大抗拉强度约为100MPa。

目前市场提供的电弧喷涂用丝材有铝、锌、铜、镍、不锈钢、铝青铜、巴氏合金、复合丝等许多品种，但高熔点金属，如钢、镍、铜等在喷涂时涂层收缩率、热应力、孔隙率都比较大，涂层容易开裂、翘曲、剥落，所以目前只有低熔点的锌、铝丝材适合用于模具制造。

纯铝喷涂时有飞溅现象，不易在光滑表面沉积，且沉积不均匀、气孔较多，所以尽管铝涂层硬度较高（60～70HV），但在实际模具制造中很少采用。纯锌喷涂工艺性能好，熔滴发散性小、易沉积，能形成平直细密的层状组织，是目前普遍采用的喷涂制模材料。但锌涂层的硬度只有40～50HV，所以用纯锌喷涂制造的模具应用范围受到较大限制。为了获得较高的涂层硬度和较好的喷涂工艺性，采用锌铝合金和锌铝伪合金作为喷涂材料，可取得较好的结果。锌铝合金得到的涂层力学性能接近铝，喷涂工艺性能接近锌，非常适合制作金属喷涂模具。与锌铝合金相比，锌铝伪合金不需制备专门的合金丝材，故成本较低，适宜推广。

表 8-2 为低、中熔点金属涂层材料的力学性能与物理性能的比较。在电弧喷涂模具制造中常用的 Zn、Al 等低熔点金属，一般力学性能都不高，Zn 涂层组织最致密，表面质量好，Al 涂层较稀松，Zn-Al 伪合金涂层组织也较致密，Al 涂层经喷砂强化，致密程度有所提高。表 8-3 为 Zn、Al 等涂层的性能比较。

表 8-2 金属涂层材料的力学性能与物理性能比较

材　料	抗拉强度/MPa	弹性模量/GPa	热膨胀系数/(10^{-6}/K)	熔点/℃
Zn	60	88	39	382
Al	70	62	24	640
Cu	209	128	16	1084
Fe	539	202	17	1537

表 8-3 Zn、Al 等涂层的性能比较

涂　层	孔隙率(%)	抗拉强度/MPa	硬度 HV	喷涂工艺性
Zn 涂层	0.6	30.6	46.5	好
Al 涂层	6.2	39.8	69.3	一般
Zn-Al 涂层	0.8	38.1	67.5	好，简单
Al 涂层，喷砂	0.9	42.3	80.6	复杂

国内电弧喷涂中采用的喷涂丝材直径主要有两个系列，一个是 ϕ2mm 系列，另一个为 ϕ3mm 系列。喷涂丝材直径不同，对送丝机构和喷枪设计将有不同要求，同时也将影响到喷涂和涂层性能。

目前国内采用的喷涂丝材大多为 ϕ3mm 系列的，但 ϕ3mm 丝材喷涂的缺点是熔滴雾化得粗大，大颗粒熔滴沉积将使涂层组织粗大，孔隙率增加，喷涂时热输入量大，涂层表面变得粗糙；涂层温度升高，涂层和基体以及涂层内部残余应力变大，大多数情况下这将使涂层的使用和加工性能变坏。因此 ϕ3mm 丝材适用于大面积的电弧喷涂作业中。ϕ2mm 丝材喷涂涂层组织致密、涂层残余应力小、表面光洁、抛光性能好，因而在电弧喷涂制模以及零件修复等领域将显示很大的优势。

同种材料丝材，ϕ2mm 丝材的喷涂规范要比 ϕ3mm 丝材宽；同一种规范条件下，ϕ2mm 丝材的表面更致密、更光滑，ϕ2mm 丝材在小电流时仍能正常喷涂，且涂层质量较好。小电流下喷涂，涂层热输入量小，因而涂层残余热应力减小，这正是电弧喷涂制模及零件修复工艺所要求的。ϕ2mm 管状丝材喷涂中，显示出更大的优势。这是因为丝材越细，管状丝里面的药粉混合得就越均匀，喷涂时药粉熔化和冶金反应进行得就越充分，涂层质量越好。相反，ϕ3mm 管状丝材喷涂工艺规范窄，单位时间熔化的药粉量大，因而容易造成药粉未熔化，形成飞溅和涂层上有未熔化的质点，药粉的冶金反应进行得也不充分，这将大大影响涂层的质量，这也是国外管状电弧喷涂丝材多采用 ϕ2mm 的主要原因。

3. 电弧喷涂制模工艺

电弧喷涂模具的基本结构可分为三部分，即金属喷涂层、背衬层和钢结构部分，如图 8-20 所示。就锌合金模具而言，其模具的喷涂层由锌合金微滴构成，喷涂时锌合金丝材受热熔化后经压缩气体雾化形成金属微滴，微滴喷射撞击在过渡模表面上，固化形成一层坚硬致密的金属壳层，构成模具型腔的表层，其厚度一般为 2～3mm。喷涂层虽然具有一定的强度、硬度、低的表面粗糙度和良好的导热性能，并能非常精确地复制原型的形状，但由于其厚度较薄，还无法单独承受成型压力，因此不能直接作为模具，必须进行背衬补强。背衬层由背衬材料直接充填而成，厚度较大，黏附在喷涂层下方，主要起支撑和增加强度的作用。常用的背衬材料有树脂砂、环氧树脂、低熔点合金（如铋锡合金）等。如模具需冷却，在浇铸背衬材料前，应在背衬层内将冷却管道埋设好，凝固后即固定在模具中。钢结构主要包括模架、模框、镶嵌件等钢质构件。从上述分析可见，电弧喷涂模具表层由喷涂层（如锌合金）构成，内部由背衬层（如铋锡合金）构成，因此能够合理利用各种性能材料，从外到内，材料呈梯度分布。这是传统制模方法所不能做到的。

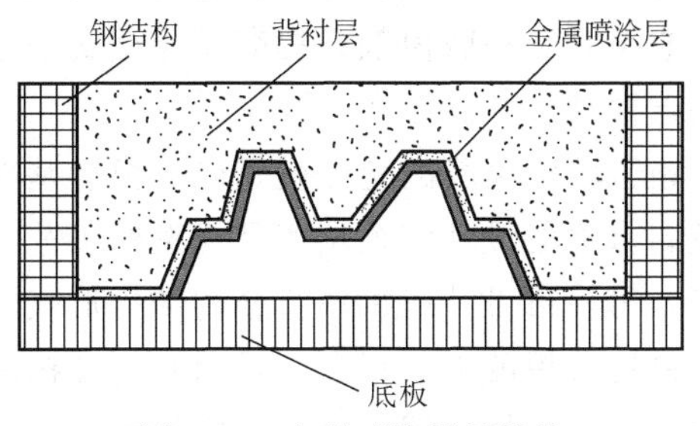

图 8-20　电弧喷涂模具结构

（1）喷涂母模预处理　要成功地将低熔点金属喷涂用到非常精细的母模模型表面上，很大程度取决于对温度敏感的母模模型材料。对母模模型材料要求清洁无污、气密性好，模型材料应易于抛光。喷涂前，先用清洁剂去掉模型表面油污，再薄薄地涂上防护剂，干燥后即可进行喷涂。对母模表面进行预处理的方法和注意事项见表 8-4。

表 8-4　母模表面预处理方法和注意事项

型腔表面材料	预处理方法	预处理材料	注 意 事 项
金属	磨光、机加工	清洁剂、表面防护剂	充分预热磨光面
木面	密封面抛光	清洁剂、表面防护剂	表面不应有渗透现象
硅橡胶	涂表面防护剂	—	—
石膏	密封面磨光	—	—
皮革	对皮革粒面进行处理	清洁剂、表面防护剂	用软肥皂在其表面印一下，观察肥皂表面的粒度
热固性树脂	用一般方法稍微处理，光滑自然	清洁剂、表面防护剂	—
热塑成型	用一般方法稍微处理，光滑自然	清洁剂、表面防护剂	检查成型品有无缺陷，较薄的壳体需采取保护措施
黏土	光滑自然	表面防护剂	—

表面防护剂一般选择聚乙烯醇。水溶性聚乙烯醇既可用传统方法溶入液体进行喷涂，也可用软刷涂刷。喷（刷）时，宜薄不宜厚，而且应干透后再喷涂金属。木质母模，尤其是LOM原型，存在木纹，可用耐热聚氨酯填平并处理光滑，并用呋喃树脂加以处理，使其具有较低的表面粗糙度。选用聚乙烯醇作表面防护剂的优点为：能够在金属模型和金属涂层之间形成一层薄薄的、连续不断的隔离层；喷涂后，它又是一种脱模剂；提高喷涂金属型腔表面质量；用冷水冲洗，很容易使模型和涂层两者分开。

电弧喷涂模具的特点就是以母模为基准，模具型腔尺寸、几何精度完全取决于母模，母模的设计应根据产品成型的工艺要求决定其形状尺寸。为了便于喷涂后的脱模，母模可设计成拼块组合的结构形式。

制造母模的方法很多，目前对于结构形状较复杂的母模可采用快速成型技术来完成，也可直接采用产品作母模使用。

在母模准备完毕并进行了上述预处理后，在实施电弧喷涂之前，还应注意以下问题：

1）放置金属辅助嵌件。图8-21表示又深又窄的模型型腔，在这种型腔内喷涂，可能造成排气困难。若用较大的喷柱对又深又窄的型腔强力喷涂，喷涂金属在型腔底部形成之前，大量的金属积物将在型腔口筑成台肩，将型腔口堵塞。

为防止出现图8-21的状况，成功的作法是放置一个紧密配合的金属嵌件（如图8-22），嵌件在喷涂前预先放于型腔里并略高于型腔，咬边应紧凑，以保证与喷涂壳体粘合为一体。

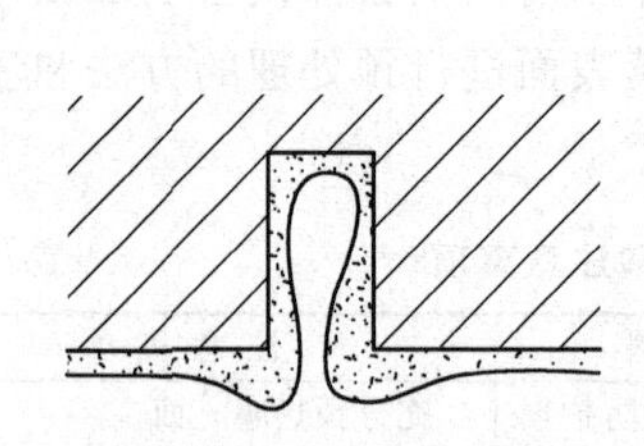

图8-21　深且窄模型型腔喷涂结果

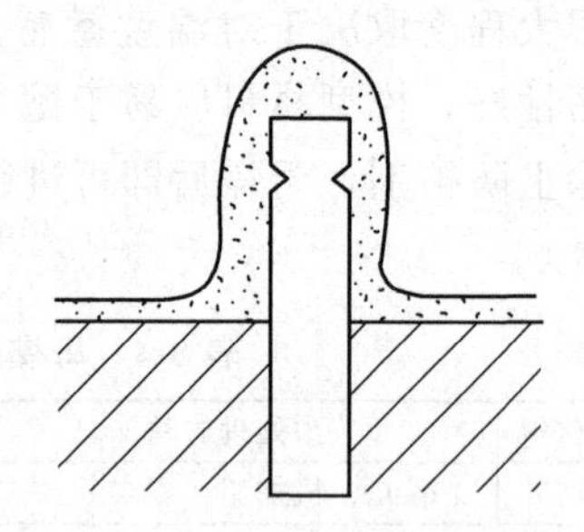

图8-22　金属嵌件的安装

2）喷涂前清洁处理。如果被喷涂的模型是木模，应先将木模进行喷涂前清洁处理，然后在木模上涂上一层耐高温蜡层。上述工作准备完毕，即可进行喷涂，蜡层所形成的间隙即为构件所需的厚度。

3）侧面开孔。有些塑料制品需在侧面开孔，如果在制品制成之后再加工侧孔，不仅费时而且可能损伤制品。用金属喷涂模具同样能成功达到侧面开孔的目的，就是在喷涂前将嵌件放于模型型腔侧面即可。

4）浇口和流道。用喷涂金属模大量生产塑料制品时，浇口和流道要大，注射压力要低。流道常常可以用适当排列的对开式定位销或管子放入半模内，再进行喷涂、覆盖金属层。喷涂金属模也需对顶出杆、浇口、流道进行机加工，机加工方法一般用钻、铣、刨等，机加工时不需润滑或冷却。喷涂金属表面用磨光剂磨光。

5）支承架。用于注塑成型的喷涂金属模，要有一个强度较好的金属支架。对于成型周期短的聚氨酯模具，用简单的木头架即可。软质聚氨酯模、真空成型模或玻璃纤维增强塑料模可以不要支承架。

6）模具排气。模具的凹陷面，常常会产生空气泡，这些气泡往往会导致制品报废，尤其是金属喷涂或壳体填料后取出模型的瞬间，由于有气泡存在而造成制品报废，因此对模具排气这一问题切不可掉以轻心。

7）除尘。金属喷涂时，不可避免地招来空气中的灰尘，灰尘将妨碍喷涂金属冷却，微小的灰尘还可能导致气泡。解决办法很简单，喷涂操作时要细心，环境要洁净，喷涂前用压缩空气将模型上的灰尘吹掉。

（2）脱模剂的选用　利用电弧喷涂技术制作模具，既要求金属微粒均匀致密地贴敷到样模表面，又要求形成壳体后能顺利、完整地从样模上分离下来，而且在喷涂过程中要保护好样模及其表面花纹能经得起喷涂金属微粒的冲击。同时，承受喷涂时的高温和阻止热量向样模传递。

脱模剂在电弧喷涂制模中可以起到多种作用：首先，涂到模型表面上的脱模剂能够为喷涂金属液滴与模型表面提供可靠的结合表面，使喷涂金属液滴顺利地沉积到模型表面，因为在光滑的表面上喷涂金属时，很多金属颗粒会滑脱；其次，脱模剂能使喷涂层顺利地与模型基体脱开；另外，脱模剂还有隔热作用。因此，对脱模剂的主要要求是具有较低的表面张力和较好的成膜性能，容易在原模表面均匀铺展，另外脱模剂必须容易从原模和涂层表面清洗掉。所以电弧喷涂制模技术中，脱模剂选择原则为：

1）脱模性能优良，脱模剂的粘度适中，容易铺展成一均匀薄膜。

2）具有耐热性，受热不发生碳化分解。

3）不影响塑料的二次加工性能，化学性能稳定，不与成型产品发生化学反应。

4）不腐蚀模具，不污染制品，气味和毒性小。

5）表面张力在17～23N/m之间，有良好的成膜性能。

常用的脱模剂有硬脂酸锌、液状石蜡、硅油、聚乙烯醇等。其中，聚乙烯醇最适合于电弧喷涂制模工艺，其优点为：

1）与母模、金属微粒能够很好地贴合，在母模、底板与金属喷涂壳体之间形成薄薄的、连续的隔离层，能够降低电弧喷涂模具型腔的表面粗糙度。

2）耐高温。聚乙烯醇的汽化点为800℃左右，电弧喷涂时，母模表面的温度一般保持在600℃以下，因此聚乙烯醇既能够保证不被破坏，又能起到防止因母模过热而变形的作用。

3）聚乙烯醇是一种水溶性的脱模剂，浸入水中可使凸凹模型腔的金属壳体之间、金属壳体与母模之间的脱模剂层溶解于水中而形成微小空隙，很容易实现壳体、母模的分离。

而硬脂酸锌、液状石蜡、硅油等脱模剂试验证明不理想，不适合于电弧喷涂制模工艺。

在使用聚乙烯醇时，一定要控制其所形成的隔离层的厚度，太薄时不易形成连续不断的隔离层，影响脱离；隔离层太厚会降低型腔的形状精度，导致制品尺寸不准确。具体使用时，应注意如下技巧和事项：

1）母模和固定板表面必须清理干净、干燥，否则影响模具的表面精度。可用干燥的压缩空气吹净。

2）为控制脱模剂隔离层的厚度，可分两次涂刷脱模剂，当第一层脱模剂干燥之后，再进行第二次涂刷。在进行电弧喷涂之前，一定要确保脱模剂隔离层的干燥，否则金属微粒喷到母模表面上就会破坏脱模剂隔离层。

3）聚乙烯醇是一种较黏稠的液体，不易干燥，涂在母模和喷涂铁板上一般要经过30min～1h的干燥时间。由于聚乙烯醇是一种水溶性的脱模剂，在脱模剂中有水分的存在，因此在使用脱模剂之前，在聚乙烯醇中加入少量酒精，涂到母模和喷涂铁板上，反复用毛刷涂刷，酒精的挥发会加快聚乙烯醇的干燥，10min后脱模剂就可完全干燥，从而节约了喷涂前准备工作的时间。

（3）型腔壳体的电弧喷涂　脱模剂涂刷完毕，即可进行凹模型腔金属壳体的喷涂制作。在进行喷涂时，应对影响喷涂金属壳体质量的一些因素进行控制：

1）对喷涂环境的控制。喷涂时，不可避免地招来空气中的灰尘，灰尘将妨碍喷涂金属的冷却，微小的灰尘还可能导致气泡。解决的办法很简单，喷涂操作时要小心，环境要清洁，喷涂前用压缩空气将母模上的灰尘吹掉。

2）喷涂层厚度的控制。模具金属壳体厚度是喷涂时必须控制的一个参数，如果壳体太厚，不仅浪费喷涂金属材料，而且会引起壳体内应力，严重削弱涂层与模具基体的结合强度，甚至会从基体上剥落下来。一般来说，壳体喷涂厚度达到2～3mm左右时，就可停止喷涂。

3）喷涂均匀性的控制。用于注塑模具的喷涂金属壳体，要承受注射的压力以及熔融状态下的塑料传递的温度，如果壳体的厚度不均，就会使喷涂金属壳体表面应力与应变的分布不均，导致模具寿命的降低，严重时会使模具型腔开裂，因此保证壳体厚度均匀非常重要。如果需制作的模具体积比较大，可以配置一个旋转工作台，将喷涂底板和母模放到工作台上，喷涂枪不需来回移动，只需保证与母模的喷涂角度即可。如果制作的模具体积比较小，不必配置旋转工作台，在喷涂底板后面垫一物体，使母模与水平面呈45°，喷涂一层后，旋转90°，再进行第二层的喷涂，这样即可保证喷涂金属壳体厚度均匀。

4）母模表面温度的控制。喷涂金属颗粒向母模传递大量的热量，如果不控制母模表面的温度，母模就会产生热变形，导致模具制作的失败。可以在喷完一层金属后使喷涂枪熄弧，用喷涂枪喷出的压缩空气连续吹母模表面，使之迅速降温，当温度降到500℃以下时，打开起弧开关，继续喷涂。

（4）模具基体填充材料制备与浇注　浇注填充材料主要是由环氧树脂和非铁金属粉、金属颗粒组成的混合物，再加入适量的固化剂、增韧剂，以及为提高耐磨性而加入一定量的铁粉。最常使用的快速模具填充材料是环氧树脂和铝粉的混合物，铝粉在环氧树脂中起到填料改性的作用，可以改善环氧树脂的力学性能、热性能和工艺性能。

对于中、小型注塑模具，所受的注塑压力较小，熔融塑料传递的热量也较少，因此可以适当减少铝粉的比例，铝粉应占需填充体积的60%左右；而大型注塑模具所受注塑压力大，传递热量多，因此应增加铝粉的比例，提高其力学性能和热性能，从而保证模具正常工作，延长使用寿命，其体积应为需填充体积的85%左右。

模具基体填充材料的制备与浇注过程如下：

1）将称好的环氧树脂放在原型塑料容器或金属容器内。

2）加入铝粉慢慢搅拌，若需要加入大量铝粉作为填充物，可以用机械式搅拌器搅拌。为减少夹带空气的风险，搅拌器的速度宜慢不宜快，一般不要超过500r/min。

3）经搅拌后的混合物，应静置一段时间，让铝填充物完全湿透并使夹杂的空气完全跑掉。

4）将称好的硬化剂浇入容器中，并保证混合均匀。

5）将冷却铜管安装在模框上，在容器中添加硬化剂，静置10～15min，即可注入模框中，将喷涂壳和模框完全填满。

6）将容器里残余的铝粉均匀地倒进混合物里，并保证铝粉完全进入混合物。这一过程要快，因为浇注混合物在45min内将发生固化反应。

测试填充材料的性能时发现，环氧树脂增多，固化后的填料的抗压强度会提高，并且表现韧性断裂特征，试样只有压缩变形，没有断裂破坏，但热导率会降低；金属粉含量增多，填充材料的抗压强度降低，并表现脆性断裂特征，试样呈斜面剪切破坏，但填充材料热导率提高。加入金属粉末的环氧树脂的抗压强度都要比环氧树脂本身的抗压强度（大约为300MPa）低，这主要是因为金属粉末的加入影响了环氧树脂的固化过程，形成不连接的网状结构，加入的金属粉末量越大，对环氧树脂的结合强度影响越严重。

（5）凹模、凸模型腔与母模的分离　当凹模、凸模型腔制作完毕后，二者连同母模成为一体，这就需要将凸凹模分离，取出母模。如果直接用工具撬开模具型腔，极有可能破坏模具，使喷涂金属壳体裂开。将模具放入到温水中，水溶性的聚乙烯醇在温水的作用下逐渐溶解，再用工具轻轻一撬，凸凹模型腔就可分开。

图 8-23 即为采用原型母模进行电弧喷涂快速制作的金属壳体。

图 8-23　电弧喷涂快速制作的金属壳体

8.3.2　电弧喷涂制模关键技术及工艺参数控制

快速成型和电弧喷涂相结合的模具快速制造方法其步骤为：

1）激光快速成型机快速成型零件原型。

2）用电弧喷涂方法在原型零件表面喷涂 1～3mm 厚的金属壳。

3）为提高金属壳的强度及避免金属壳变形，在金属壳背后用环氧树脂等材料加固。

4）取出原型零件即得到表面为金属的模具。

从上可以看出，电弧喷涂和喷涂金属层加固是这种快速制模方法的关键。

1. 金属壳的制作

电弧喷涂制模的关键是要在模型表面形成一层金属壳，金属壳应紧密地包裹在模型表面，不能过早与模型分离，否则金属壳不能反映模型的真实形状，模具将失去精度。金属壳与模型的结合或分离，主要决定于涂层与模型表面之间的切应力与剪切强度，如果切应力超过界面之间的剪切强度，金属壳将与模型发生分离。影响金属壳与模型之间的切应力的因素很多，主要有金属壳材料本身的力学性能、热物理性能以及喷涂时模型表面的温度。而影响剪切强度的主要因素是涂层与模型之间的离型剂、脱模剂厚度。对于电弧喷涂制作模具，既要求金属微粒均匀致密地贴敷到模型表面，又要求形成壳体后能顺利、完整地从模型上分离下来，而且在喷涂过程中要保护好模型及其表面花纹，使之能经得起喷涂金属微粒的冲击，涂层与模型之间的离型剂、脱模剂厚薄度是关键。同时，涂层与模型材料之间的热膨胀系数之差，也影响涂层的喷涂工艺性能。

2. 喷涂工艺参数选择

采用合理的电弧喷涂工艺参数，可获得良好的喷涂效果，使涂层具有较高的结合强度、微观硬度、宏观硬度和耐磨性及较小的孔隙率。电弧喷涂工艺参数主要有电压、雾化气压、喷涂距离和喷枪移动速度等。电弧电压影响金属颗粒的粒度大小，电压太高、太低都会造成粒子尺寸增大，影响涂层致密度。雾化气压影响金属颗粒的粒度和氧化程度，气压过低时，易形成粗大颗粒，涂层氧化物含量增加，变得疏松，但过大的气压会干扰热源。喷涂距离对金属颗粒飞行时间、涂层温度变化有较大影响。随着喷涂距离的增加，金属颗粒温度、沉积率下降，造成涂层致密度降低，硬度下降，涂层中氧化物含量增加，过小的喷涂距离会造成涂层表面温升大，内应力增加，容易引起涂层鼓包缺陷。喷枪移动速度对涂层局部沉积速度、温度变化有很大影响，速度太低会造成局部热量聚集，导致内应力增加，引起涂层鼓包缺陷。喷涂时，应该选较大的喷枪移动速度。对于面积较小的模具，应采用间歇喷涂方式，以避免局部热量聚集。

（1）热源功率及喷涂电流　热源功率即电弧功率，电弧功率是由电源电压所决定的，它是影响模具型腔质量的主要因素。其选择要确保电弧平稳，保证喷涂丝材良好熔化，金属微滴分布均匀，雾化射流集中。电弧功率过小过大都不利于喷涂的顺利进行，功率过小，起弧困难，易断弧，金属丝材熔化不良，会降低涂层结合强度；功率过大、电弧过于剧烈、金属丝过热、温度过高的金属微滴撞击到过渡基模表面上呈现溅射状，从而降低结合强度（理想的状态是撞击到过渡基模表面后，微滴呈圆饼状层层叠加在一起，形成致密坚硬的壳层）。同时，功率过大会使金属微滴氧化严重且易于汽化蒸发，降低了涂层的力学性能和金属沉积率。另外，过高的功率还会使金属丝与送丝管焊合粘接。使用锌合金喷涂制模材料以电弧电压36V、电弧电流110A左右较合适。

喷涂电流的大小是影响喷涂生产率的主要因素，可依据具体喷涂情况而定。喷涂金属颗粒从电弧喷枪喷出时是呈散射状，如果母模较小，而喷涂电流较大，那么很多金属颗粒就喷射不到母模上，造成不必要的浪费，因此应适当调小喷涂电流。

在喷涂电流的试验范围内，喷涂电流越大，结合强度就越高。这是由于随着电弧电流的增大，热源的功率提高，对微粒的加热程度也就越高，从而使涂层结合强度提高。所以在保证电弧电流与送丝速度相匹配的前提下，应尽量选用大的喷涂电流。

表8-5是某实际应用中采用电弧喷涂法制模时，喷涂不同材料涂层所需的较为理想的热源功率参数和气压值。

表 8-5　电弧喷涂工艺参数

涂　　层	电极材料	电压/V	电流/A	气压/MPa
锌层	锌丝	28	210	0.65
铝层	铝丝	30	220	0.65
锌铝伪合金	锌丝、铝丝	30	210	0.65
锌铝合金	锌铝合金丝	30	200	0.65
铜涂层	铜丝	35	235	0.65

(2) 喷涂空气压力与流量　电弧喷涂制模是利用压缩空气，将熔化的金属雾化成微粒并喷射到母模表面。电弧喷涂用的压缩空气由大功率空气压缩机提供。

压缩空气的压力以及流量直接影响金属涂层的致密程度，当雾化压缩空气的压力较大、流量较大时，熔融线材被雾化的效果好，且雾化粒子受到的加速度大，因而所获涂层结合强度最高，喷涂层表面金属颗粒细密，机械强度高；当雾化压缩空气压力较小、流量较小时，所雾化粒子的尺寸大，与基材结合的区域也就大，同时大尺寸粒子在高温时可能与基材发生钎合现象，因而也导致有较高的涂层结合强度，但所获得的涂层表面粗糙度值较大，喷涂层表面金属颗粒粗大，力学性能下降，影响喷涂质量。因此在不影响热源稳定性及雾化粒子温度的情况下，应尽量选用较高的雾化压缩空气压力。图 8-24 为空气压力 4MPa、空气流量 1.2m^3/min 下的喷涂层表面颗粒的照片，金属颗粒比较粗大；图 8-25 为空气压力 5MPa、空气流量 1.6m^3/min 下的喷涂层表面颗粒的照片，金属颗粒比较细密。从两个喷涂层的比较中可以看出压力与流量对表面颗粒的影响。

图 8-24　涂层金属颗粒粗大

图 8-25　涂层金属颗粒细密

虽然较高的空气压力与较大的流量可以提高喷涂层表面金属颗粒的致密程度和机械强度，但是在喷涂最底层金属时却不宜采取较高的压力和较大的流量。这是因为最底层金属影响外层金属的结合，如果最底层金属涂层致密程度很高，那么再有金属颗粒喷到这一层时，两层的结合程度就会下降。因此，喷涂开始的时候采用低压力、小气流，直至涂层厚度为 0.5mm，然后将空气压力调为 5MPa、空气流量调为1.6m^3/min，进行连续喷涂，这样后层的金属颗粒不但能够结合得较好，而且还能够压实最底层金属。

（3）喷涂距离　喷涂距离是指喷嘴到过渡基模表面的距离。喷涂距离直接影响到涂层质量和喷涂的成败。合理的喷涂距离可使金属微滴撞击过渡基模时的飞行速度最高，动能和撞击力最大，展平变形充分，微滴之间结合紧密。距离过大，金属微滴的温度和速度下降，动能减小，撞击基模时的变形小，结合强度降低，壳层内气孔率加大，组织疏松，脆性增加，沉积率降低。距离过小，过渡基模表面局部温升过快，模具型腔容易产生热变形，壳层过热，变形不均匀，热应力过大，壳层很容易隆起、翘曲和开裂，影响模具精度，导致喷涂操作的失败。试验表明，采用电弧喷涂法喷涂锌、铝等材质的涂层时，喷涂距离为150～200mm时涂层质量较好。

适中的喷涂距离可获得最大的结合强度，因为喷涂距离的大小直接影响被雾化粒子的温度和速度，以及基材表面和粒子的氧化程度。合适的喷涂距离能获得最高的粒子温度和速度、最小的氧化程度，从而得到最大的结合强度。

（4）喷涂角度　喷涂角度是指电弧喷涂成型时，喷嘴气流轴线与被喷涂样模之间的夹角。喷涂角度对喷涂金属的沉积率以及喷涂金属壳体组织疏松程度有很大的影响。如果喷涂角度小于45°，由于“遮蔽效应”的影响，涂层结构将急剧恶化，第一层金属微粒粘于母模表面后，这些微粒将阻碍继续喷涂的微粒，成为对微粒的尖角喷涂，结果形成空穴，导致涂层结构极其疏松。

实践表明，当喷涂角度为90°，即喷枪轴线和过渡基模表面垂直时，喷涂效果最佳，喷涂金属丝利用率最高，金属沉积率最高，并且喷涂层组织致密，因为此时大多数金属微滴都能与过渡基模表面进行有效撞击，动能几乎全部转化为变形能，从而提高沉积效率和结合强度。同时也可避免产生遮蔽效应。当喷涂角度为45°～90°之间时，金属沉积较高；到喷涂角度为45°以下，出现了上面所说的“遮蔽效应”，如图8-26所示。

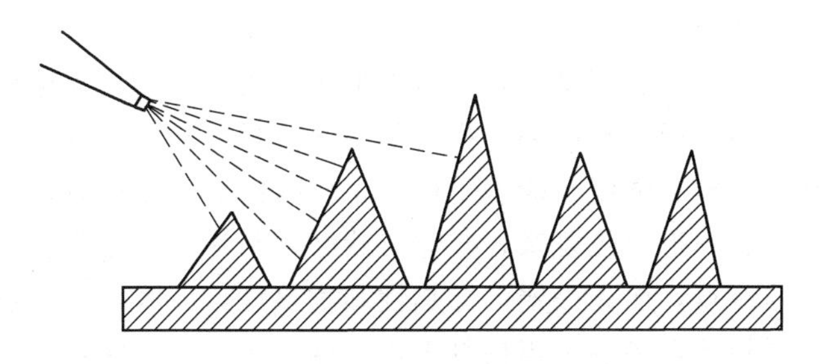

图8-26　遮蔽效应

（5）喷枪移动速度　喷枪移动速度对金属壳体质量和喷涂效率的影响在一定的范围内并不明显。在一定的送丝速度下，喷枪移动速度或喷枪与工件的相对速度的快或慢，意味着单位时间内，喷枪扫过工件面积的多少或每次喷涂层的厚度，所以调节喷枪的移动速度，实际上是控制每层喷涂层的厚度。每次的厚度不宜太厚，模具型腔金属壳体厚度一般在 2～3mm 左右，厚度较大，必须采用多次喷涂的方法，切忌喷枪速度移动太慢。一次喷涂太厚，易产生较大的内应力，并降低了涂层与基体的结合强度。此外，电弧喷涂作业时，由于喷枪温度场的影响以及高温金属微滴的直接加热，使得喷涂层和过渡基模表面温度迅速上升，很容易导致涂层和过渡基模局部过热，使得涂层变形和热应力过大而脱离过渡基模发生翘曲、破裂等现象，导致喷涂失败。如果能在选择合理的喷涂距离的前提下，以适当的速度移动喷枪在不同的区域喷涂，就可以加强涂层散热，从而有效避免涂层的局部过热，既可保证喷涂顺利进行，又能提高涂层质量。对于尺寸较小的制品，还要采取间歇喷涂方式，以使涂层有足够的时间散热。

(6) 送丝速度　送丝速度的快慢直接影响金属微滴的沉积效率和涂层及过渡基模温度。喷涂时，其大小应和热源功率相匹配，这样可确保丝材熔化速度合理，喷涂电弧稳定，金属微滴雾化均匀，射流集中，沉积效率和涂层结合强度都大大提高。

3. 背衬工艺

喷涂壳层形成后，由于其强度有限，还不能直接用做模具，因此必须在壳层后面充填背衬材料，以支撑加固壳层。进行背衬工艺时应重点注意以下问题：

1）选择背衬材料时，要求背衬材料和喷涂层材料的线膨胀系数基本相同或相近，以确保外界温度变化时（尤其是工作温度较高的情况），壳层和背衬基体形变程度相当，模具整体变形均匀。背衬材料还要具备一定的强度、导热性和耐热性，以满足模具工作状态下的受力要求和热性能。另外，背衬材料的可成型性要好，能适应壳层形状变化，易于充填。

2）确保背衬层和喷涂层之间紧密结合完全填实，以使喷涂层各处都得到牢固支撑。另外，在以浇注低熔点合金（如铋锡合金）制作背衬层时，最好进行真空浇注，以免在两层之间形成气穴，造成结合不良和虚支撑。

当喷涂形成壳体后，利用基体材料填充加实，对壳体进行支撑和加固。应根据模具的工作条件和喷涂层的材质来选择不同的基体材料和工艺方法。模具对基体材料的要求是：具有一定的强度、能满足模具工作时的受力条件以及易于成型。由于喷涂壳体形成后，其外形比较复杂，基体形状必须与涂层紧密吻合。因此填充基体必须具有易成型的特点，要有一定的导热性和耐热性，同时，其导热性及热膨胀系数应与金属喷涂层相近，特别是当模具工作温度较高时更应注意。

8.3.3 电弧喷涂模具的注塑应用

金属喷涂快速模具比硅橡胶快速模具的寿命要长，可以应用在注塑机上进行小批量的制品生产。生产出来的制品与普通的注塑工艺没有区别，所不同的是在应用注塑工艺时，应考虑到低熔点合金金属喷涂型腔的性能以及模具的寿命极限。具体来说，应该针对金属喷涂模具的特点，适当地调整注塑工艺参数。

1. 注射压力

在注塑过程中，注射压力的大小不仅能影响制件的质量，而且还会影响到模具的使用寿命。由于快速模具型腔壳体的材料是低熔点金属，材料塑性较好，因此在进行注塑实验时注射压力不宜过高，以防止模具过早损坏。但是一定要保证制品能够成型的最小注射压力，否则会产生注不满的现象。因此在金属喷涂模具注塑时，注射压力的确定是比较关键的。材料的黏性较低时，为提高金属喷涂模具的寿命，注射压力的取值也尽可能地偏低。

2. 锁模力

电弧喷涂模具的凸模和凹模上的锁模力由两个模框来承受，其承受力显然不如钢制的凸模和凹模，因此注塑机的锁模力一定要适中，如果锁模力太大，模框发生很大的变形，使凸模、凹模型腔表面所受挤压力急剧增加，会破坏金属喷涂壳体，导致模具报废。但锁模力较小时，不但生产的制品容易产生飞边，而且塑料熔料从型腔中溢出，会对模具型腔产生很大的磨损作用，加快模具的失效。因此应确保在产生合格制品的前提下，采用较小的锁模力。

3. 模具温度控制

在注塑模中，熔融塑料从200℃左右迅速降到60℃左右而成型，所释放的热量传递到喷涂金属壳体和模具基体填充材料中。模具基体填充材料温度与喷涂金属壳体的温度影响着模具的使用寿命和制品的质量，因此其温度的控制十分重要。模具的基体填充材料为环氧树脂和铝粉的混合体，其热膨胀系数与喷涂金属壳体的热膨胀系数接近，这就保证了模具在受热时，凸模、凹模中各处的热变形比较接近。但是环氧树脂中加入铝粉仅仅是提高了其热导率和收缩率，当温度高于一定的值时，达到了环氧树脂固化物的热变形温度，会引起环氧树脂固化物的开裂，减小模具的使用寿命；喷涂金属壳体与塑料熔体直接接触，随着熔料的注入与冷凝，其温度急剧上升和下降，因此对其温度的控制也很重要。

4. 保压压力和保压时间

在保压时间内，熔料在保压压力下对模具型腔中的收缩的塑料制品进行补充，因此保压压力和保压时间这两个指标对制品的质量有很大的影响。对于流动性一般的材料，压力过小时，熔融塑料尚未填充满模具型腔就已经凝固，要适当提高其注射压力。

现有某塑料花盆底座若干个样品，底部有十分精细的花纹和图案，其生产批量要求不大。如果采用传统的机加工方式制作型腔模具，必须反求获得该花盆底座的数据，反求的过程既需要一定的时间，也会在反求过程中带来尺寸精度误差或丢失某些特征。此外，钢制模具的制作耗时较长，且成本较高，为此，从成本和周期综合考虑，决定采用电弧喷涂方法快速制作该花盆底座模具。

图 8-27 为塑料花盆底座的样件。通过上述给出的电弧喷涂工艺进行了型腔壳体的喷涂制作，得到的型腔壳体如图 8-23 所示。通过背衬材料的填充和模架等的设计与制作，选用 ABS 材料在 SZY—300 注塑机上完成了该产品的坯料制作，制作的产品如图 8-28 所示。制品表面光滑，富有光泽，精确复制了母模表面的花纹以及底面的文字，字迹清晰可见，精度极高，充分体现了电弧喷涂模具复制精度高的优点。

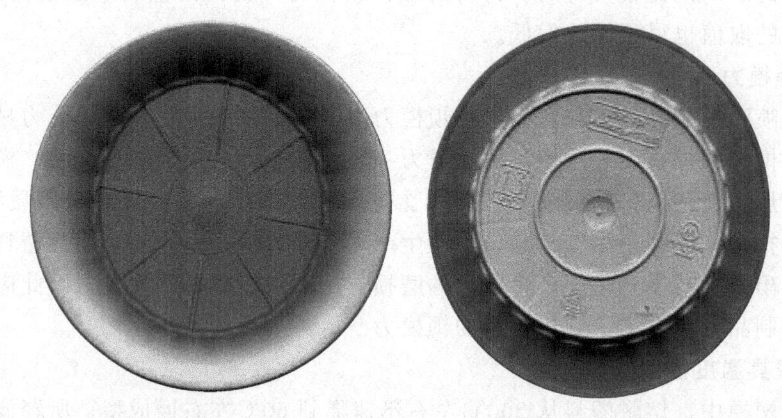

图 8-27 塑料花盆底座样件

图 8-28 金属喷涂模具快速制作的花盆底座产品

表 8-6 给出了所使用注塑机 SZY—300 型的主要技术参数，表 8-7 给出了具体的注塑工艺参数。

表 8-6　SZY—300 型注塑机主要技术参数

最大注射量/cm^3	注射压力/MPa	注射方式	锁模力/kN	压板行程/mm	模具最大厚度/mm
320	77.5	螺杆式	1400	340	355

表 8-7　注塑工艺参数

模具表面温度/℃	60	熔料注射速度/(mm/s)	15
金属喷涂壳体温度/℃	240	保压压力/MPa	40
锁模力/kN	800	保压时间/s	10
注射压力/MPa	60	冷却时间/s	20

8.4　环氧树脂模具快速制造技术

环氧树脂快速制模即借用金属浇注方法，将已准备好的浇注原料（树脂均匀掺入添加剂）注入一定的型腔中使其固化（完成聚合或缩聚反应），从而制得模具的方法。

环氧树脂快速制模一般采用常温、常压条件下的静态浇注，固化后无需或仅需少量的切削加工，仅根据模具情况对外形略作修整。直接在快速原型母模上浇注专门树脂的快速制模方法，不像传统金属模具的制作需要高精密的设备进行机加工，大大节省了模具制作的时间和花费。

8.4.1　环氧树脂模具制作工艺

1. 模型准备

多数采用快速成型技术制作的原型，具有与真实零件完全相同的结构和形状，并用做设计评估和试装配。当原型用做制模模型时，必须考虑到模具制造的一些具体问题。首先，真实功能零件制造中可能存在材料的收缩，因此原型的形状和尺寸应该适当修正，以补偿材料收缩引起的变形。另一个问题是由制模方法所决定的，用于制造环氧树脂模具的快速原型应带有适当的拔模斜度。通常分型线用耐火泥在模型上制出，但是复杂的分型线也需要在快速原型上直接制造出来。用于制模的原型有时需要进一步抛光，以减弱“台阶效应”，并使模型具有较低的表面粗糙度。

环氧树脂模具的制作和其他软模（如硅橡胶模具）制作一样，首先由快速成型技术制作原型（实际最终零件）用做母模，作为母模的原型件必须经过表面打磨和抛光，如图 8-29a 所示。

2. 底座制作并固定原型

底座的制作要保证与模型及分型面相吻合。底座可以由一些容易刻凿的材料，

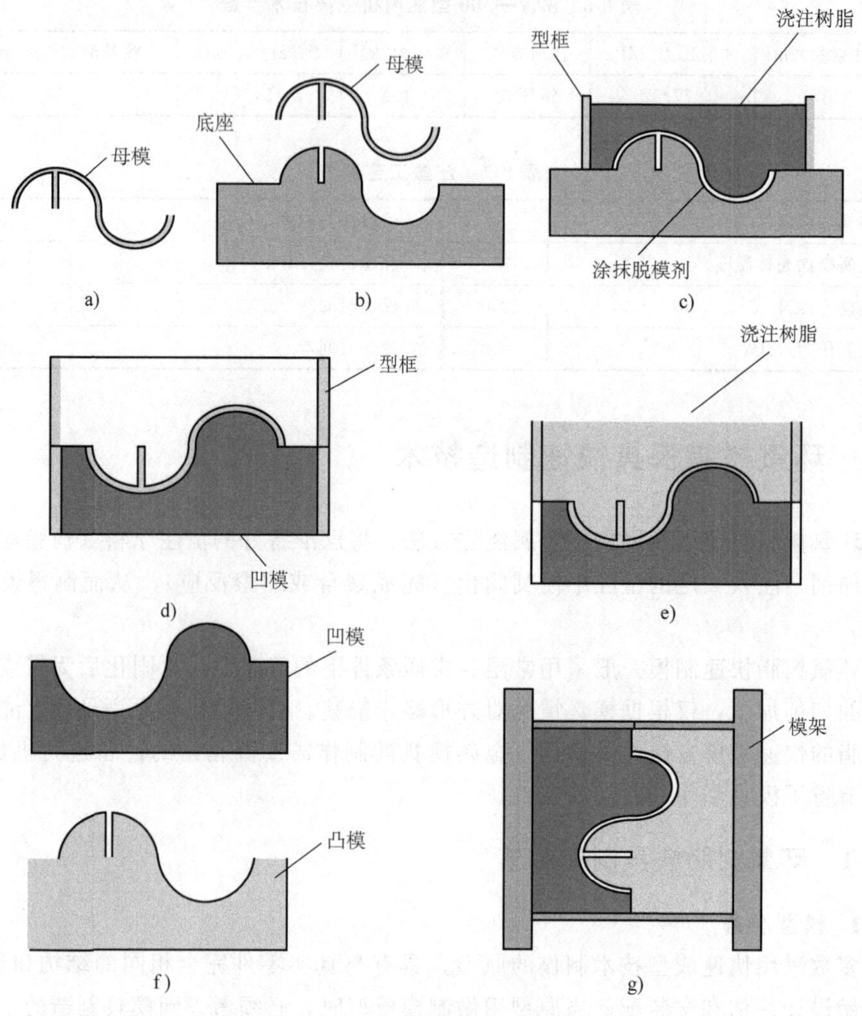

图 8-29　环氧树脂快速模具制作工艺流程

像木材、金属、塑料、玻璃、石膏，甚至耐火泥制作，如图 8-29b 所示。固定好模型后，进行模框搭建，如图 8-29c 所示。当环氧树脂模具需要用模框加强时，模框应当用金属制作，并且模框内部应尽可能粗糙，以增大环氧树脂与模框的粘接强度。

3. 涂脱模剂

为了顺利脱模，模型及分模面必须涂脱模剂。脱模剂应该涂得尽可能地薄，并且尽可能均匀地涂 2～3 遍，以防止漏涂和涂不均匀，如图 8-29c 和 d 所示，然而起增强作用的金属模框和一些镶嵌件不能涂脱模剂。有时，为了使其与环氧树脂连接得更好，还应打毛其表面，或将其作为镶嵌结构。将环氧树脂与固化剂和填料及金属粉末等附加物均匀混合，混合过程中必须仔细搅拌，尽可能地防止混进气体。采用真空混料机可以有效地防止气体的混入。

4. 浇注树脂

脱模剂喷洒完毕后，将混合好的填充物浇注到型框内，应掌握浇注速度使其尽量均匀，并尽可能使环氧树脂混合料从模框的最低点进入，如图 8-29c 所示。

5. 去除底座并进行另一半模的制作

待树脂混合物基本固化后，将模具小心地翻转过来并移走底座，搭建另一半模的模框，喷洒脱膜剂，采用同样的过程浇注另一半模具，如图 8-29d 和 e 所示。

6. 树脂硬化并脱模

待树脂完全固化后，移走型框，将上下半模放入后处理的炉子内加热并保温，环氧树脂的硬化过程可以在一定压力下进行。实践证实，压力条件下进行硬化可以防止气孔的产生，并可提高材料的致密度以及模具的精度和降低表面粗糙度。由于光固化树脂的力学性能较低，而且大部分做成中空结构（为了提高制造速度并节约树脂材料），因此压力不能太高。硬化过程最好在 60℃以下，因为光固化树脂材料的玻璃化转变温度一般在 60～80℃之间。当环氧树脂完全硬化后，采用顶模杆或专用起模装置将原型从树脂模具中取出，如图 8-29f 所示。

7. 模具修整并组装

如果环氧树脂模具上存在个别小的缺陷，可以进行手工修整。修整包括局部环氧树脂补贴和钳工打磨等。当上下半模修整完毕后，便可以与标准的或预先设计并加工好的模架进行装配，完成环氧树脂模具的制作，交付使用，如图 8-29g 所示。

8.4.2 环氧树脂配方

环氧树脂模具通常只应用于工艺验证和零件的单件小批量生产，因此其力学性能并不十分重要，模具强度一般由金属制作的模框来保证。然而环氧树脂混合物的工艺性能应该尽量地好，以满足快速经济制模的要求。

低粘度的环氧树脂具有较好的流动性，这点对保证树脂模具有良好的复制性很重要。低粘度也有利于树脂混合物的除气，提高树脂材料的致密性。低相对分子质量的环氧树脂本身具有较低的粘度，在环氧树脂混合物中加入稀释剂也可降低其粘度。

环氧树脂混合物的固化收缩率应该尽可能地低，这样才能严格控制环氧树脂模具的收缩畸变，并保证其制造精度，这点可以通过在环氧树脂混合物中加入填料的方法实现。常用的填料有铝粉、铁粉和铱粉等。这些填料不仅能降低环氧树脂混合物在固化过程中的收缩，而且还可提高环氧树脂模的强度、硬度、耐磨性、耐热性和导热性。用填料取代部分环氧树脂，也可以降低模具的制作成本。

由于光固化树脂的玻璃化转变温度大约为 60～80℃，因此如果直接使用光固化原型作为环氧树脂模具的制模模型，就应尽可能选用常温固化的固化剂，至少要保证初始固化温度低于60℃。胺类固化剂通常能满足这种要求。表8-8给出了部分环氧树脂混合物的配方和固化工艺，表8-9列出了其物理性能。如果直接使用光固化原型制作环氧树脂模具，还必须正确选择合适的脱模剂，因为光固化原型使用的光敏材料（环氧或丙烯酸类）都与环氧树脂有很强的亲和力。普通的塑料如ABS等都可以使用环氧树脂模具进行小批量的浇注成型，寿命可以达到3000件以上。

表8-8 部分环氧树脂混合物的配方和固化工艺

配方	成分	作用	质量/g	固化工艺
1	6101（E-44）	环氧树脂	100	常温下固化
	苯二甲胺	固化剂	17	
	邻苯二甲酸二丁酯	稀释剂	15	
	铁粉（100号～200号）	填料	50	
	铝粉（100号～200号）	填料	20	
	滑石粉	填料	少量	
	石英粉	填料	少量	
2	6101（E-44）	环氧树脂	100	常温下初固化24h，150℃固化5h
	聚酰胺树脂	固化剂	35	
	间苯二胺	固化剂	3.8	
	铁粉（100号～200号）	填料	300	

表8-9 环氧树脂固化后的性能

性能	配方1	配方2
抗拉强度/MPa	50	44
抗压强度/MPa	120	82.5
冲击韧度/(GJ/m^2)	1.86	1.91
布氏硬度HBW	24.5	18.1
马丁耐热/℃	150	120

8.5 纤维增强聚合物压制模

纤维增强聚合物压制模（SwifTool）是用Swift Technologies Ltd. 公司开发的SwifTool™技术制作的模具。这种模具采用的制模材料称为Smart Polymeric Composite（SPC），是一种用纤维增强的热固性混合聚合物，有很好的强度（见表8-10），不易碎裂。

表 8-10　B50 纤维增强混合聚合物的性能

抗弯强度/MPa	40	压缩弹性模量/MPa	1000
弯曲弹性模量/MPa	1500	硬度 HV	9.5
抗拉强度/MPa	22	密度/(g/cm^3)	1.5
抗压强度/MPa	130	颜色	黑色

压制这种模具的设备是 Swift Technologies Ltd. 公司开发的一种专用压力机，如图 8-30 所示，它有液压头、活动工作台及其上的真空垫板。用 SwifTool^{TM} 技术制作模具的工艺过程如图 8-31 所示。

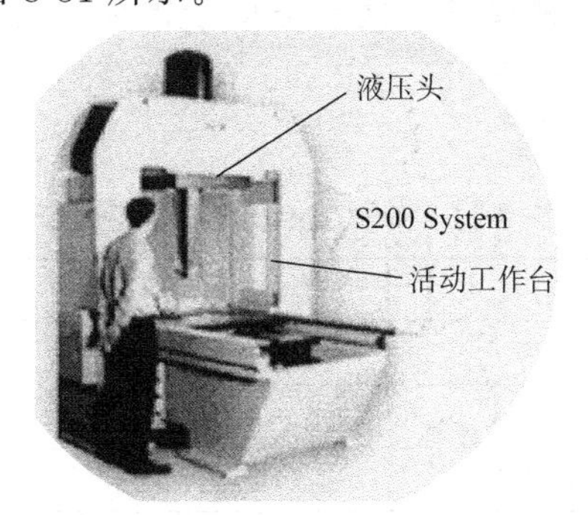

图 8-30　S200 型 SwifTool 压力机

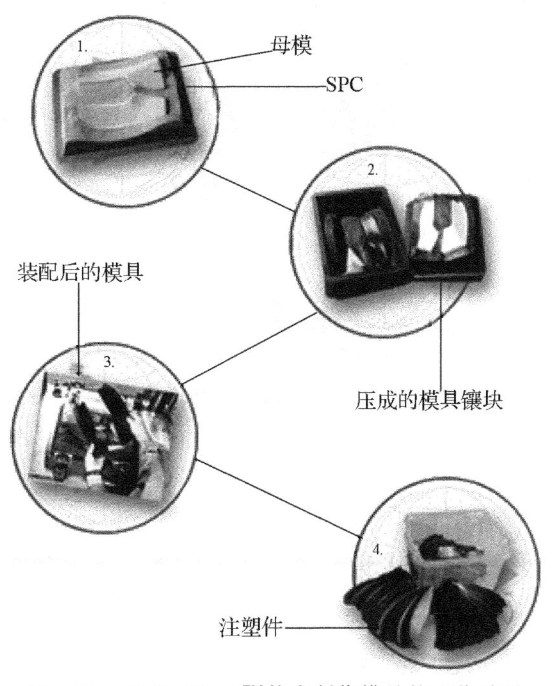

图 8-31　用 SwifTool^{TM} 技术制作模具的工艺过程

（1）制作母模　母模可以用快速成型机或者CNC机床制作。

（2）压制SPC模镶块　将母模潜入油泥塑状SPC的型框中，确定分型面，在母模与SPC材料的上表面喷射脱模剂，再用SPC材料完全包裹母模。然后，将其置于SwifTool压力机中，分别对上半模与下半模加压固化1h，除去母模，得到SPC模镶块。

（3）模具装配　制作推料杆与其他附件，将它们及SPC模镶块固定于模架中，构成完整的模具。

与传统的CNC机加工模具相比，SwifTool模能缩短制作周期的90%，成本仅为前者的30%～70%。这种模具的性能类似于铝填充环氧树脂模具，但更坚固，可用于注射PP、PE、ABS、POM与PA66（填充高达50%的玻璃纤维）等塑料，模具的使用寿命见表8-11。

表8-11　SwifTool模具的使用寿命

注射材料	模具寿命/件
聚丙烯	50000
ABS	1000～2000
注射温度高于300℃的塑料	10～100

图8-32所示是用SwifTool模注塑成型的零件。

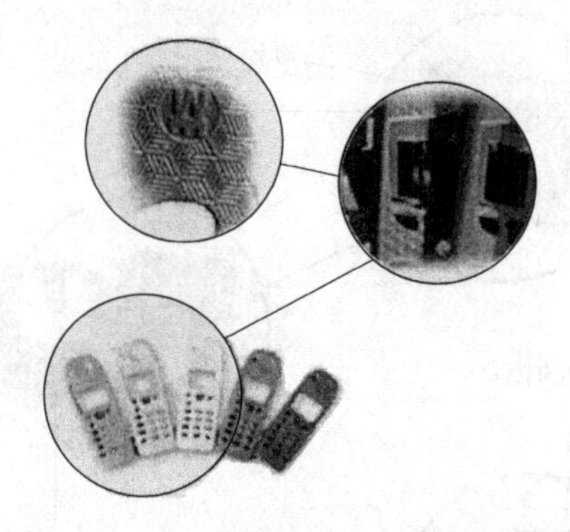

图8-32　用SwifTool模注塑成型的零件

第9章 基于快速原型的金属钢质硬模快速制造技术

钢质硬模的直接快速制造，是快速成型技术向快速制造技术的转变，是国内外RP及RT领域内研究的热点及发展方向。这是由于金属钢质硬模制作的快速性，可以使得设计人员想象中的概念模型快速地转换成为试验产品，而试验产品一旦成功，人们又可以利用金属钢质模的刚度与硬度大批量地投入生产，使产品快速占领市场，为企业赢得先机。

金属钢质硬模的直接快速制造技术，将快速成型技术的快速性及可以制作几何形状极其复杂零件或模具的优越性与机械制造方法（如CNC机床）、电加工制造方法、粉末冶金方法所能实现的高强度、高精度、高表面质量的优越性结合起来。一般认为，若能实现模具强度不低于500MPa，精度不低于0.01mm，表面粗糙度值小于$Ra20\mu m$，那么该技术便可为工业界所接受，并可大面积用于工业生产。

目前，可以制得金属钢质硬模的工艺方法有：KelTool™法快速制模、间接金属粉末激光烧结成型制模（RapidTool™）、直接金属粉末激光烧结制模（Direct Metal Laser Sintering，DMLS）、激光近成型技术（Laser Engineered Net Shaping，LENS™）、ExpressTool™法快速制造镍和铜复合壳模、镍和陶瓷混合物模具制造技术（NCC Tooling）、气相沉积镍壳-背衬模、熔模铸造金属模制造工艺、直接金属三维打印制模技术（3D Printing，ProMetal）等。

9.1 KelTool™法快速制模技术

KelTool™法快速制模技术由美国3D Systems公司开发成功，后转让给美国KelTool公司。KelTool™法制模技术实际上是一种粉末冶金工艺。

9.1.1 KelTool™法的基本原理及工艺流程

首先以三维CAD软件设计概念原型（包括型腔和型芯）并保存为STL文件，然后将STL格式文件传送至快速成型系统来制造原始原型；然后利用原始原型制得硅橡胶软模；接下来在真空无压状态下，向硅橡胶软模内浇注由两种不同成分、不同粒径组成的双形态混合金属粉末与有机树脂粘结剂按一定比例组成的混合物，固化原型后制得待烧结坯；然后将待烧结坯放置于有氢气气氛的烧结炉内进行烧结，在烧结过程的低温阶段，粘结剂被烧除并由流动的氢气带走；再继续升温烧结，将纯金属粉末烧结在一起，从而制得孔隙分布均匀的骨架状坯体；最后，向骨架状坯体中渗入另一种金属（一般为铜），使之成为完全致密的金属模具。由此工艺所制得的金属钢质硬模，一般为70%（质量分数）的双形态混合金属和30%（质量分数）的铜，其硬度可以因双形态混合金属的成分不同而不同。比如由A6模钢粉末及碳化钨粉末组成的双形态混合铁粉作为基体并经过渗铜致密和热处理后得到的钢质硬模，硬度可达46～50HRC。

图9-1、图9-2分别给出了Keltool™法快速制模技术进行型芯和型腔制作的工艺原理及工艺流程。

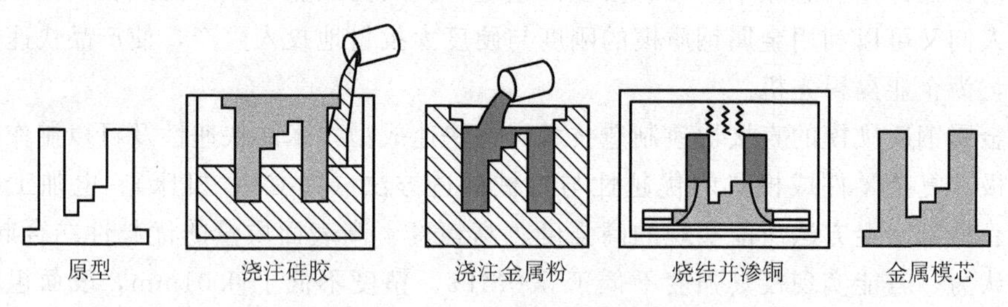

图9-1 Keltool™方法工艺原理

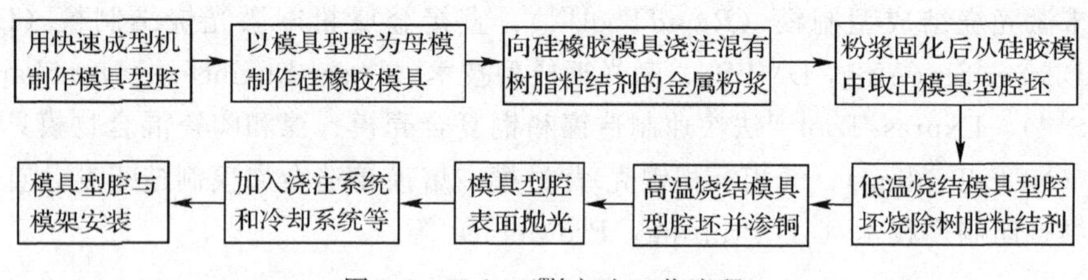

图9-2 Keltool™方法工艺流程

9.1.2 KelTool™法的工艺特点

KelTool™法快速制模一般使用以WC粉末和A6工具钢粉末组成的双形态混合粉末为基体材料。上述这种双形态混合粉末中，精细研磨的WC颗粒直径约为1～4μm（平均有效粒径为2.5μm），一般为多边形粒状；A6工具钢粉末直径为20～38μm（平均有效粒径为27μm）。

（1）双形态混合颗粒的优点 与简单的采用单一形态的粉末相比，双形态混合颗粒有以下优点：

1）粗细粒径比大于7，因此双形态混合颗粒的密度高得多。

2）精细的WC颗粒能填充较大A6工具钢颗粒之间的空隙。

3）粘结剂的密度小得多，在还原炉中需要去除的粘结剂较少。

4）烧结过程中平均收缩率较小，提高精度。

5）充分发挥了各组分的特点，比如粒径较小的WC颗粒能降低表面粗糙度，且能改善镶块的耐磨性，粒径较大的A6工具钢颗粒则可以提供良好的韧性。

（2）工艺的主要优点

1）以KelTool™制成的耐用钢质模材料为w（A6工具钢粉末及碳化钨）=70%和w（Cu）=30%，A6工具钢有良好的抗磨和低扭曲性，而碳化钨的硬度和耐久性极佳，铜原料则能够提高强度和热导率。

2）其硬度为30～34HRC，热处理后为46～50HRC，具有非常好的模具寿命，可达一百万件以上。

3）工艺流程简单，制作快速。

4）只要温度控制精确，烧结和渗铜可以连续进行，节约成本，缩短制作时间，而且减少因温度变化而引起的收缩和变形。

（3）工艺的主要缺点

1）所需材料要求粒度较细，且对粘结剂的粘接性、流动性、固化性等性能有很严格的要求。

2）所用母模（模具负型）没有足够的强度和硬度，故成型的模具精度不够高。

3）模具生产周期较长，平均为4周，其中制作型芯件需要8～10天，而且型芯件的尺寸较小，一般在152mm×203mm×101mm以下。

9.1.3　KelTool™法的应用

KelTool™法快速制模成型工艺适合生产低精度的模具，其尺寸精度为250mm±0.04mm。图9-3给出的是采用KelTool™法制作的模具型腔及装配的模具。图9-4给出的是采用KelTool™工艺制作的模具及利用该模具生产的制品。

a）模具的型腔

b）装配的模具

图9-3　KelTool™法制作的模具

图 9-4　KelTool^{TM}法制作的模具及该模生产的制品

9.2　RapidTool^{TM}法快速制模技术

RapidTool^{TM}法制模技术也称为间接金属粉末激光烧结制模，是由美国 DTM 公司开发的一种用于快速模具的粉末成型技术。该成型技术是依据 Texas 大学获得专利的技术为基础，致力于粉末类快速成型机器的研发与生产之后开发成功的。

9.2.1　RapidTool^{TM}法的工艺原理及工艺流程

RapidTool^{TM}制模的工艺原理如图 9-5 所示。具体过程如下：

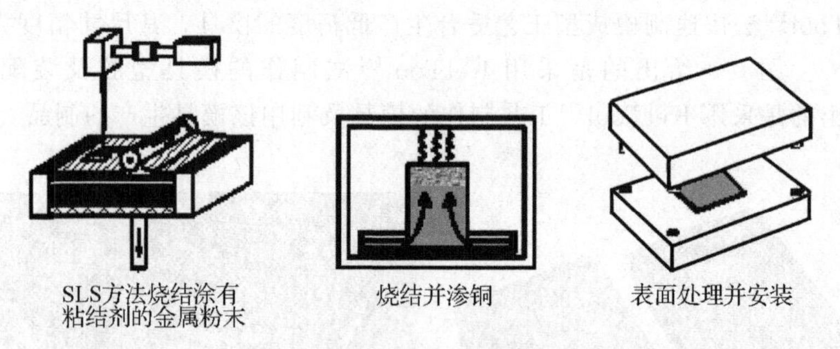

图 9-5　RapidTool^{TM}制模工艺原理

首先利用 CO_2 激光照射外层包有粘结剂的金属粉末使粉末粘接成为半成品。RapidTool^{TM}工艺采用 50W CO_2 激光器，所用成型材料中的粘结剂为热塑性聚合物，颗粒粒径约为 5μm，被预先包裹在低碳钢粉颗粒上，低碳钢粉颗粒粒径约为 55μm。粘结剂被激光熔化后，使准球形钢粉颗粒固定在一起，成为半成品。在这种状态下，半成品相当脆，其强度仅为 3MPa，因此必须小心处理，以免损伤薄弱部位。

其次，将半成品进行烧结处理。将半成品置于 $\varphi(H_2)=25\%$ 和 $\varphi(N_2)=75\%$ 的电炉中。炉温大约在 700℃时，粘结剂几乎全部被去除，最初的还原物为甲烷，将随过量的氮气与氢气一起从炉内排出。在高温下，最终的燃烧产物主要是二氧化碳和水蒸气。由于任何燃烧过程都不可能很完全，因此也会产生微量的一氧化碳与多种氮氧化物，但是它们的含量很低，与大量的空气混合后，CO 与 NO_x 的浓度足够小，从而能符合最严格的环境保护要求。此外，由于任何氧化过程都不会很完全，会存在少量的炭渣，它会起胶粘作用，暂时协助粘合钢粉颗粒。这样烧结后制得含有 60%体积金属，以及 40%体积空隙的钢骨架半成品。

然后，将钢骨架半成品进行渗铜处理。继续将钢骨架半成品放入充以 $\varphi(N_2)=70\%$ 和 $\varphi(He)=30\%$ 的加热炉内，并在适当位置摆设铜砖，之后，升温至铜的熔点以上、低碳钢颗粒的熔点之下，大约 1120℃时，在制品下面的铜砖开始熔化，并因毛细现象渗入钢骨架中因粘结剂蒸发所遗留下来的空隙，得到无孔隙的全致密的模具。

最后再将此全致密的模具进行一些后处理的工作，如加工入料孔、冷却水孔、顶出孔等，便完成了用于注塑成型模具型芯的制作，然后直接安装在模座上，便可以在注塑机上进行批量制品的生产。

9.2.2 RapidTool^{TM}法的工艺特点

该方法所得到的型芯由 w（钢）$=60\%$ 的钢和 w（Cu）$=40\%$ 的铜组成，在炉中的总线收缩率为 2.5%～3.5%，硬度可达 27HRC，材料力学性能优于 Al7075，寿命可超过 50000 件。RapidTool^{TM}工艺的优点为：

1）制作过程快（约 5～15 工作日）。

2）模具型芯中 w（Cu）$=40\%$ 或 50%，因此注塑模具的冷却效果好，循环时间可大大缩短。

3）模具寿命长。

4）可使用传统工具进行机加工。

该快速模具工艺方法的缺点是，在 1120℃渗铜时会因高温导致制件变形。

9.2.3 RapidTool^{TM}法的工艺制模材料及设备

DTM 公司的 Sinterstation2500 快速成型系统所使用材料最初是一些热塑性材料，如 PVC、PC、尼龙、蜡粉，以及用于制作壳型熔模铸造模型的材料，后来成型材料又得到扩展，现在可以成型的材料包括三大类：丙烯酸基粉末（True Form PM）、由尼龙与玻璃珠强化尼龙组成的合成材料、聚合粘结剂预包裹的低碳钢粉粒（例如：Rapid Steel2.0）。

RapidTool^{TM}是利用 DTM 公司的 SLS（Selective Laser Sintering）系统的 Sinterstation2500 快速成型系统来实现的。图 9-6 是实现 RapidTool™工艺的烧结设备。

图 9-6 实现 RapidTool™工艺的烧结设备

9.2.4 RapidTool™法工艺的应用

图 9-7 给出的是 RapidTool™工艺方法制作的模具型芯实例。

图 9-7 RapidTool™制模工艺制作的模具型芯

表 9-1 是根据 Ford 汽车制造公司的注塑工艺实践得到的 RapidTool™工艺注塑模与传统工艺注塑模相关参数的对比情况。

表 9-1 RapidTool™工艺注塑模与传统工艺注塑模相关参数的对比

模具类型	模具成本/美元	模具开发周期/周	模具寿命/件	每件注塑件的成本/美元
RapidTool™注塑模	20000	6～7	5000	4.00
传统注塑模	60000	16～18	250000	0.24

9.3　DirectTool™法快速制模技术

DirectTool™法制模技术也称为直接金属粉末激光烧结制模，是利用德国 EOS 公司的选择性激光烧结 SLS 设备直接进行金属模具的制造技术。

9.3.1　DirectTool™法的工艺原理及工艺流程

DirectTool™法的工艺原理和流程与 RapidTool™大体相似。不同的是该工艺材料使用范围极其有限，所用材料为纯金属粉末，烧结坯不是靠有机粘结剂来粘接，而是靠金属粉末的熔化而粘接在一起的，所以其烧结的激光器所需功率比较大，一般至少在 200W 以上。

同样首先将计算机内的三维实体模型进行分层切片得到各层截面的轮廓，计算机据此信息有选择性地烧结粉末材料，形成一系列具有一个微小厚度的片状实体，逐层堆积，形成原型件；然后再将原型件渗入适量的环氧树脂，以提高制件的抗弯强度。采用 DirectTool™制造的模具寿命可达 15000 件以上。

9.3.2　DirectTool™法的工艺制模设备

德国快速成型设备开发商 EOS 公司开发的 SLS 设备 EOSINT M 250 Xtended，如图 9-8 所示，可以直接成型产品原型或制件，称为 DirectPart™，也可以直接成

图 9-8　EOSINT M 250 Xtended 设备

型制作模具型芯，称为DirectTool™。其中DirectTool™工艺可以直接制作250mm×250mm×185mm的金属模具，精度可以达到±0.1mm。图9-9给出的是利用该设备制作的金属模具。

图9-9 DirectTool™制作的金属模具

9.3.3 DirectTool™法的工艺材料

DirectTool™工艺所用合金粉末材料比较成功的有以下两种：

1. DirectMetal 铜-镍基混合粉

该合金混合粉末材料为瑞典Electrolux公司开发的青铜和镍合金粉末，具体成分为w(青铜)=75%［w(Cu)=90%、w(Sn)=10%］、w(Ni)=20%及w(磷铜)=5%，平均粒径为35～40μm。在选择性激光烧结过程中，相变产生的体积膨胀可以补偿粉末在烧结过程中引起的收缩。即便烧结的金属模具没有产生明显的尺寸收缩，烧结后仍然存在超过20%的孔隙。但是由于合金粉末材料中含有的青铜的熔点为900℃，低于Cu的熔点（1083℃），渗铜是不可以的。实践证明，在其表面渗透一层高温环氧树脂，或者渗入低熔点金属（如Sn），也同样可以得到比较好的效果，可以用做注塑模、压铸模等。渗透前半成品的抗拉强度为150MPa、抗弯强度为300MPa。为了获得尽可能高的精度，应使烧结时无收缩，在这种条件下，半成品的孔隙率为25%左右。渗透后处理时，只对模具施加低热，因此不会影响工件的精度，并能使抗弯强度提高到约为400MPa，表面光滑（表面粗糙度Ra=3.5μm，手工抛光后可使Ra<1μm），硬度达到108HBW，热导率达到110W/(m·K)。渗透是借助毛细作用实现的，所以仅需将半成品的尾部浸入树脂液中，渗透过程需要半个小时，然后在160℃的烘箱中进行后固化约2h。先将半成品与树脂预热至60℃，能加速上述过程，并减少模具中残存的孔隙。

当参数选择恰当时，由激光液相烧结导致的工件典型收缩，能完全由所含成分扩散造成的材料体积膨胀来补偿，因此在激光烧结过程中，材料的净体积变化几乎为零，从而使渗透树脂后的模具相对精度达到 0.05%～0.1%。

由于激光聚焦后的光斑尺寸只有 350μm，激光扫描速度高达 300～800mm/s，因此加热的持续时间足够短，即使没有惰性气体的保护，也能避免模具被氧化。材料中所含的磷也有助于阻止粉末材料被氧化，并能够改善固态颗粒在熔化阶段的湿润性。

图 9-10 所示为使用 EOSINT M 250 Xtended 成型设备，以 DirectMetal 20 为成型材料制作的门锁。

图 9-10　以 DirectMetal 20 为成型材料制作的门锁

2. DirectSteel 钢-青铜-镍基混合粉

DirectSteel 钢-青铜-镍基混合粉常用的有 50—V1、50—V2 和 100—V3 三种牌号。这种合金粉末材料里面不含有有机成分，粒径约为 50μm。这种合金粉末不必进行后烧结与渗铜（或锡、高温树脂等），即可用做注塑模、压铸模等。其中使用 50—V1 牌号的合金粉末所烧结成型的模具具有 500MPa 的抗拉强度、60～80HBW 的硬度，用这种材料烧结的注塑模能注射几千件塑料件，烧结的压铸模能铸造几百件金属件，而模具无任何磨损的痕迹。采用附加的表面涂覆处理后，还能进一步提高模具的寿命，例如，电镀 10～30μm 厚的镍，可以使其表面硬度达到 512HV，与硬化钢相当。

牌号为 50—V2 的 DirectSteel 合金粉末，可以用来制作小批量的功能原型件，由该材料制成的模具，除了有较好的力学性能外，还具有极好的精度和表面质量。牌号为 100—V3 的 DirectSteel 合金粉末能够快速地被烧结成为钢质硬模，并有较好的力学性能，较高的精度以及良好的内部结构和表面质量。

图 9-11 所示为使用 EOSINT M 250 Xtended 成型设备，以某种牌号的 Direct-Steel 合金粉末为成型材料制作的高尔夫球模具及由模具制得的高尔夫球，该套模具可以生产两千万个高尔夫球，比传统的模具提高了 20%的生产效率。

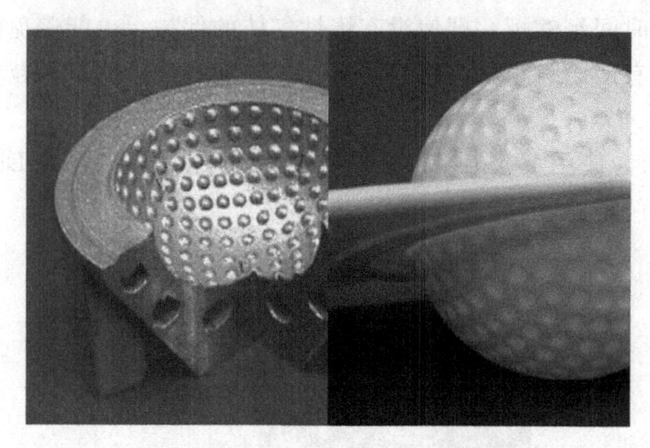

图 9-11 以 DirectSteel 合金粉末为材料制作的高尔夫球模具及由模具制得的高尔夫球

比利时金属成型研究中心（Research Center of Belgian Metal-working Industry）同样采用 EOSINT—M 设备制作了某玩具塑料壳体注塑模具，具体的制作时间见表 9-2。整个周期为 10 个工作日，其中包括 500 件制品的生产。原来采用铝模制作的时间为 26 天，不但时间缩短了一半以上，而且成本也比原来的降低了一半以上。

表 9-2 DirectTool^{TM} 工艺制作某玩具注塑模的时间

工　序	时间/h	工　序	时间/h
SLS 制作型腔	25	机加工	12
人工处理	7	顶杆、浇道等制作	8
浸环氧树脂	6	—	—

9.4 激光近成型技术

激光近成型技术是将激光熔覆技术和快速成型及制造技术相结合的一种先进的制造技术。该技术由美国圣地亚国家实验室研究开发，其成型系统主要由激光能源系统、金属粉送进系统和惰性环境保护系统组成。

9.4.1 激光近成型技术的基本原理

激光近成型技术基于一般快速成型原理，首先是在计算机中生成零件的三维 CAD 模型，然后将该模型按照一定的厚度分层“切片”，即将零件的三维数据信息转换成一系列的二维轮廓信息，再由金属粉送进系统向被激光热能熔化了的在垫板上形成的金属熔池喷射金属粉，按照二维轮廓轨迹在沉积垫板上逐层堆积金属粉末材料，光斑离开后金属粉末凝固成型，最终形成致密的三维金属模件。

成型垫板在 x-y 平面内受三维CAD模型的切片轮廓数据控制而运动，而 z 向运动是由激光束及送粉机构的共同运动形成的。其中，x-y 平面的成型精度为0.05mm，z 向成型精度为0.5mm。图9-12给出了激光近成型技术原理示意图。

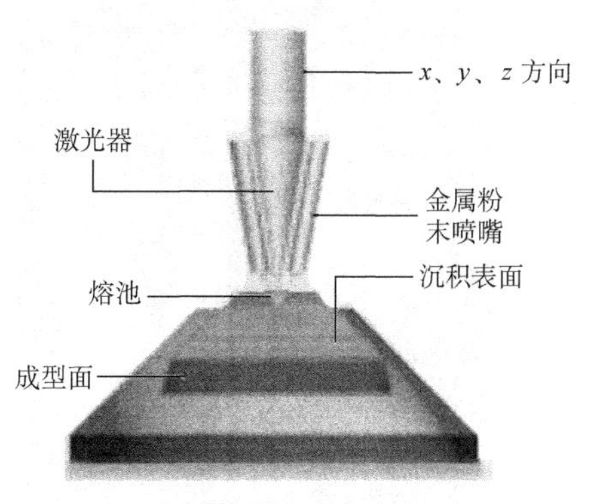

图9-12　激光近成型技术原理

9.4.2　激光近成型技术的特点

激光近成型技术较传统的切削加工技术的主要优势为：

1）加工成本低，没有前后的加工处理工序。

2）所选熔覆材料广泛，且可以使模具有更长的使用寿命。

3）几乎是一次成型，材料利用率高。

4）准确定位，且面积较小的激光热加工区以及熔池可以得以快速冷却，是激光近成型系统最大的特点。一方面可以减少对工作底层的影响，另一方面可以保证所成型的部分有精细的微观组织结构，成型件致密，保证有足够好的强度和韧性。

该工艺和激光焊接及激光表面喷涂相似，成型要在由氩气保护的密闭仓中进行。保护气氛系统是为了防止金属粉末在激光成型中发生氧化，降低沉积层的表面张力，提高层与层之间的浸润性，同时有利于提高工作环境的安全性。

9.4.3　激光近成型技术的制模设备及应用

图9-13所示为某型号LENS™成型系统设备，图9-14为其中四个金属粉喷嘴喷射金属粉且被激光进行熔化的工作现场。该设备采用5kW的HLJ—4型工业用横流 CO_2 激光器为能量源，JGXK—1型激光功率显示控制仪控制激光功率，离焦量可调；送粉系统为DPSF—3型送粉器，侧向送粉，倾斜角度约为40°，喷嘴内径 ϕ2.2mm，送粉量可调。

目前已经商品化的激光近成型系统主要有FS-Realizer SLM、Lens 750及Lens 850等，其主要性能指标见表9-3。

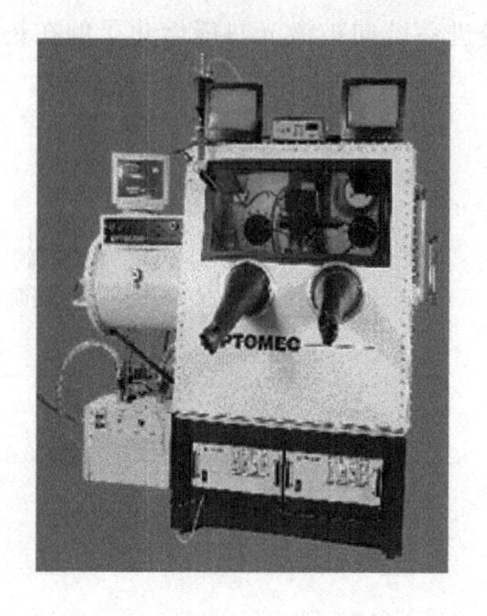

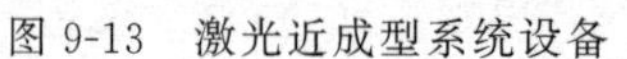
图 9-13 激光近成型系统设备

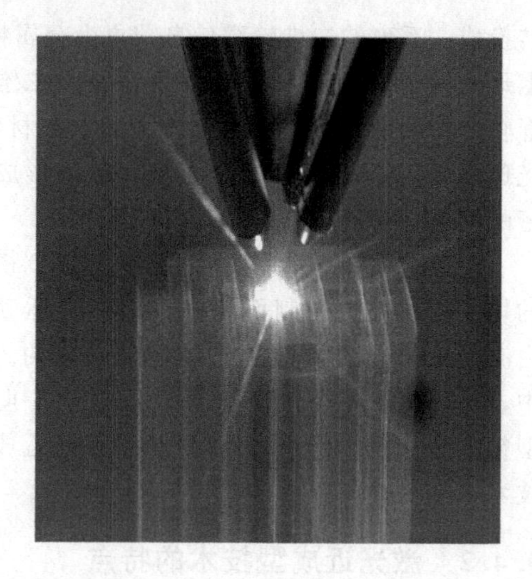

图 9-14 激光熔化金属粉的工作现场

表 9-3 部分激光激光近成型系统主要性能指标

型　　号	FS-Realizer SLM	Lens 750	Lens 850
制造商	F&S Stereolithographietechnik	Optomec	
成型空间/(长/in×宽/in×高/in)	63.0×31.5×70.9	52×41×82	44×48×82
设备质量/lb	1760	2500	3500
功率/kW	3	20（500W 激光器）	40（1000W 激光器）
成型室温度/℃	20～25	10～40	10～40
相对湿度（%）	45	30-90	30-90
水平轮廓精度/in	0.002	0.002	0.002
水平重复精度/in	0.00008	0.002	0.002
Z 向轮廓精度/in	±0.002	0.02	0.02
Z 向重复精度/in	±0.002	0.02	0.02
模型最大尺寸/(长/in×宽/in×高/in)	9.8×9.8×9.8	12×12×12	18×18×42

注：1in=25.4mm。1lb≈0.454kg。

目前，激光近成型工艺可以成型的材料主要有 316 不锈钢、镍基耐热合金 Inconel625、H13 工具钢、钛和钨。

激光近成型工艺一般用来制造高密度的铸模。图 9-15 是通过激光近成型制造的一些铸模。另外，激光近成型工艺也可以对一些金属物件进行修补，例如修补飞机的喷射叶片，可以利用激光将金属粉末喷涂在叶片损坏的地方。

图 9-15　激光近成型工艺制造的铸模

9.5　ExpressTool™法快速制模技术

ExpressTool™法快速制模技术是 Hasbro 玩具公司与 Laser Fare 公司合作开发的一种制作具有共形冷却道的镍-铜壳（Ni-Cu/CCC）模具的技术，专称为 ExpressTool™。ExpressTool™法快速电铸镍-铜复合壳模是一种批量生产用模具。它先在原型表面电铸镍壳，然后设置共形冷却道，再电镀铜壳，并浇注背衬而构成的模具。其核心是采用了电铸镍-铜复合壳，以及共形冷却道。此种模具可批量生产注塑件。

9.5.1　ExpressTool™法制模工艺流程及相关技术问题

1. 原型制作与喷涂

用 CAD 软件设计模型，用机加工或快速成型方法制作原型，并对原型模进行涂覆处理，如图 9-16a 所示。

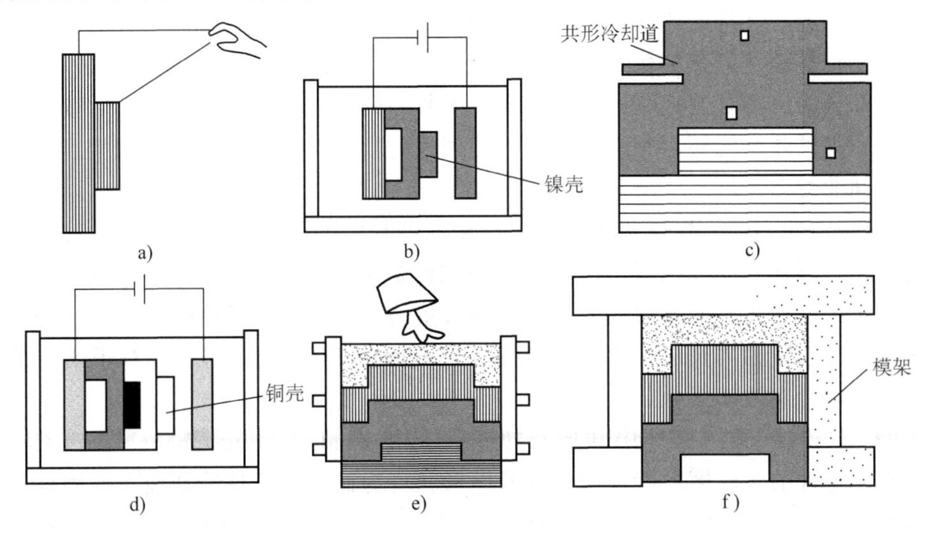

图 9-16　ExpressTool™法快速电铸镍-铜复合壳模工艺流程

对原型进行涂覆的目的是使原型可以导电，常用的涂覆处理方法有如下两种：

1）用双喷嘴的喷枪喷涂硝酸银与还原剂。这种方法的优点是能形成均匀且厚度仅为几微米的导电层，对原型的精度影响甚微。

2）简单地在原型上涂一层银漆，但需要注意的是，若其厚度超过 25μm，就会影响到原型的精度。

2. 电铸镍层

将已涂覆的原型作阴极，镍作阳极，在镍电铸槽中，进行电铸镍壳，如图 9-16b 所示。当电铸的镍壳足够厚（一般为 2mm）后，从电铸槽中取出原型及仍与其相连的镍壳，并将它们置于清水中冲洗，然后晾干。

3. 设置共形冷却道

置冷却道于镍壳的背面，并弯曲冷却道，以便使其与注塑件的主轮廓形状共形，如图 9-16c 所示。

注塑模中通常需设置冷却道，传统冷却道为钻削式（Drilled Cooling Channel，DCC），即用钻头加工成的一系列互连、直线排列的圆截面通道，这种冷却道虽然简单，但有如下缺点：

1）由于受到注塑件形状、模具强度与模具结构（如推料杆）等的限制，DCC 式冷却道难于与注塑件的主轮廓形状共形，使注塑过程中塑料的各部分冷却、固化不同步，导致工件翘曲变形大。因为注塑模的一个关键指标是 ΔT_{max}，即：注塑过程中，当塑料的第一部分开始固化与收缩时，模具工作面上的最高温度与最低温度的差值。较小的 ΔT_{max}，能使塑料有更均匀的收缩，因此有更小的工件翘曲变形。显然，传统 DCC 式冷却道难以与注塑件的主轮廓形状共形，注塑过程中的 ΔT_{max} 较大，塑料的一些部分比其他部分有更好的冷却条件，塑料较冷的部分与较热的部分相比，较早地达到其固化点，当上述较冷部分固化时，它们先发生收缩，随后，当较热部分最终冷却至充分固化时，先发生收缩的部位继续收缩。由于后续收缩的塑料与原先已收缩的塑料相连，这种部分延迟的收缩，会在工件中导致相当大的内应力与翘曲变形。

2）冷却效率低。根据几何学原理，在各种封闭的可能二维形状中，对于给定的截面积，圆环的周长最短。由于冷却剂的流量与冷却道的截面积成比例，因此，对于给定的截面积，所能通过的冷却剂的流量是一定的，但是由模具转移至冷却剂的热量与冷却道的周长成正比，具有圆环形截面的 DCC 式冷却道，对于给定的冷却剂流量，冷却效率最低。

而 ExpressTool™工艺中共形冷却道（Conformal Cooling Channel，CCC）的布置与注塑件的主轮廓形状近似，其截面形状可为椭圆。这种冷却道不仅能提高冷却效率，缩短注塑循环周期（一般为 30%～50%），而且可显著缩小模面上的 ΔT_{max}，减小工件中的内应力与翘曲变形，提高工件的品质。显然，共形冷却道的优点相当突出，但是如果要用传统的机加工方法，在一整块钢材中制作这样复杂的冷却道是很困难的，而 ExpressTool™法快速电铸镍-铜复合壳模的特殊结构，却可以十分方便地制作共形冷却道。

4. 电铸铜层

将电铸的镍壳与相连的原型母模，以及已定位的共形冷却道，置于铜电镀槽中，进行镀铜，这样注射塑料的热量可通过镍壳与铜层，直接传至冷却道，然后通过对流而排出，如图 9-16d 所示。

使用电镀铜的原因如下：

1）与电镀镍相比，电镀铜更快，能缩短制作周期。

2）铜的热导率比镍高得多，因此能加快工件冷却，缩短注塑循环时间，提高生产效率，并能提高模具寿命。

3）薄镍层背面的电镀铜层是良好的控温体。

4）电镀铜有良好的抗压强度（280～360MPa）。

5）电镀铜的线胀系数为 $16.5\times10^{-6}K^{-1}$，非常接近电铸镍的线胀系数 $13.6\times10^{-6}K^{-1}$。这样小的线胀系数差（$2.9\times10^{-6}K^{-1}$）是十分重要的，因为在这种条件下，每一注射循环中诱发的最大应变仅为 0.07%，它处于镍与铜的屈服点之下，属于弹性变形范围。大的膨胀系数差与收缩差会导致大的诱发应力、塑性变形、疲劳、脱层与模具失效等。目前，ExpressTool™法快速电铸镍-铜复合壳模寿命已达 270000 次注射，而无脱层问题。

5. 浇注背衬

给原型—镍壳—铜层—冷却道构成的组合件加背衬如图 9-16e 所示。因为热量可通过镍壳—铜层有效地传至冷却道，所以背衬材料不必是高导热材料，通常采用低熔点合金或填充铝环氧树脂，后者具有良好的抗压强度，能在 24h 内快速固化。当注射压力超过 70MPa 时，可用钢做背衬。

6. 取出原型

取出原型，将制成的型腔固接于模架中，如图 9-16f 所示。穿过背衬层、铜层、镍壳，钻推料孔。

7. 装配

最后，用类似上述方法制作型芯，与模架等装配，得到整个注塑模。

9.5.2 ExpressTool™法制模工艺特点及应用

ExpressTool™法快速制模技术具有如下优点：

1）热导率高。镍-铜复合壳的热导率大大高于任何品种的模具钢，因此能快速冷却，且有更均匀的模温分布。

2）易于设置共形冷却道。由于能设置共形冷却道，使模具上的热点数量减少，模面的温度分布与塑料工件的收缩更均匀，诱发的应力小，工件的翘曲变形小，能缩短注塑循环周期。

3）能提高注塑生产率。采用镍-铜复合壳与共形冷却道后，与传统机加工的钢模相比，平均能提高注塑生产率约33%。

4）电铸的镍壳精度高。电铸能复制0.1μm以内的原型特征，几乎可达到零均值收缩。

5）制作周期短。制作周期约为传统机加工钢模的1/3～1/2。

6）耐蚀性能好。由于模具表面为电铸镍，与传统模具钢相比，它能更好地抵抗化学腐蚀。

7）表面品质好。电铸镍的组织精细，通过抛光能达到很高的表面质量，可用于成型塑料镜片。

8）易于修补。模具表面磨损后，可再用电铸的方法进行修补。

9）基本不受尺寸的限制。

图9-17是采用ExpressTool™工艺制作的手机壳体模及注塑件。

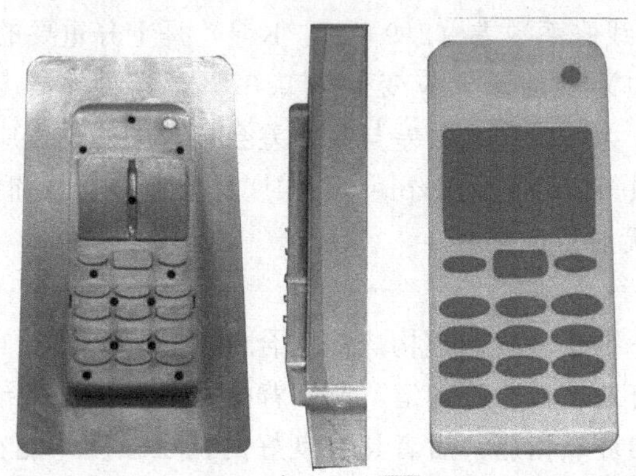

图9-17　采用ExpressTool™工艺制作的手机壳体模及注塑件

9.6　其他快速制模技术

9.6.1　电铸镍壳-陶瓷背衬模（NCC Tooling）

电铸镍壳-陶瓷背衬模（Nickel Ceramic CompositeTooling，NCC Tooling）制造技术，由美国CEMCOM公司开发的一种批量生产用模具。该工艺是利用RP模型作为母型，在母型上用电镀的方法镀上一层镍金属，制造出一个镍金属薄壳，然后再用化学粘接陶瓷做背衬而构成的模具。

NCC Tooling的具体工艺流程如下：

（1）成型母模原型　由CAD模型，通过快速成型机制作母模原型。

（2）电铸镍壳　根据原型，用电铸工艺，在原型的正面与反面成型镍壳。电铸工艺与上节ExpressTool™法快速电铸镍-铜复合壳模中的电铸工艺类似。

（3）高强度化学粘接陶瓷做背衬材料　与母型接触的镍金属薄壳完全反映了待注塑成型零件的表面形状及尺寸特征，并提供模具的耐磨高强度硬工作面。但由于镍金属壳比较薄，且强度低，因此在薄壳的非成型面以高强度化学粘接陶瓷粉CBC充填，要求陶瓷材料具有很小的收缩系数和合适的热物理性能。美国CEM-COM公司既开发了这种技术，也开发成功了所用的陶瓷材料，其导热性能介于钢和混有铝粉的环氧树脂之间，热膨胀性能与镍及周围钢模架具有很好的匹配性，因而降低了各自之间的应力。表9-4列出了电铸镍与高强度化学粘接陶瓷COMTEK 66的性能对比。

表9-4　电铸镍与高强度化学粘接陶瓷COMTEK 66的性能对比

性　能	电铸镍	COMTEK66	性　能	电铸镍	COMTEK66
抗拉强度/MPa	>500	—	热导率/[W/(m·K)]	67	2.5
抗压强度/MPa	—	350	比热容/[J/(kg·K)]	450	787
弹性模量/MPa	200	37	收缩率（%）	0	±0.02
硬度	20HRC	65HRB	最高工作温度/℃	260	200
线膨胀系数/(10^{-6}/K)	13.5	13.9	—	—	—

首先，在真空条件下，混合CBC材料，在室温下将混合的材料浇注至镍壳的正面，将镍壳置于模架中，18～24h后，CBC材料呈凝胶状，约达到其最终强度的25%、硬度的50%，再翻转模架，在镍壳的反面浇注CBC材料。

然后待浇注的CBC背衬材料基本固化后（约72h），使上模与下模分离，从镍壳-陶瓷背衬构成的型芯与型腔中取出原型，然后将它们置于烘箱中进行后固化，使CBC材料中的粘结剂矿化，从而改善背衬的尺寸稳定性，去除材料中的湿气。

（4）模具后处理与装配　对镍壳进行抛光，并钻推料孔，加工注塑浇道，构成NCC模具的上模与下模。其中镍壳的厚度为1～5mm，该厚度小于通常的电铸壳体所需的厚度，这是因为，在较薄的区域，陶瓷背衬可提供必需的支撑，同时，直到加入背衬之前，都不必从原型上拆除镍壳。于是，能在数天内（不是数周）形成镍壳。通常从接到工件的CAD模型至提供NCC模的时间为3～6周。图9-18所示为安装于模架内的NCC模。

根据Kodak公司对小型NCC注塑模的试验，可在镍壳与钢模架之间设置冷却管。当注射压力为38MPa，型腔与型芯的表面稳定温度分别为50℃及60℃时，用NCC模注塑聚苯乙烯工件，不增设特别的冷却系统，循环时间为40s（用钢模时间为30s），注塑5000个工件后，模具尚无任何磨损。

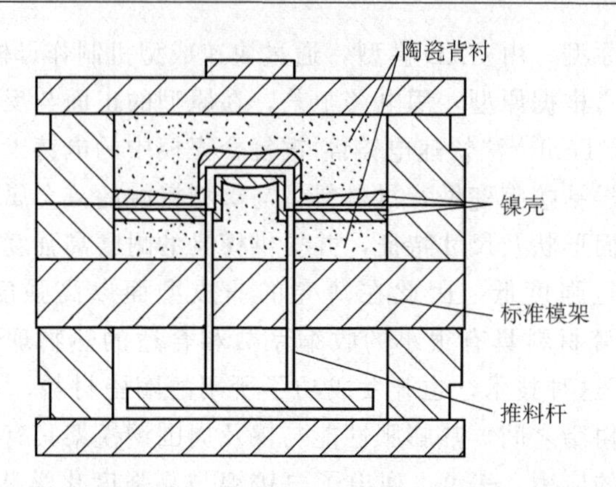

图 9-18 安装于模架内的 NCC 模

表 9-5 给出了用 NCC 模注塑一些材料的循环周期与注塑工件数。从此表可见，NCC 模制作工艺使注塑模达到了合理的生产量。其他一些公司的试验表明，NCC 模也适用于注塑大型工件。

表 9-5 用 NCC 模注塑一些材料的循环周期与注塑工件数

材料	循环周期/s	工件数/件
聚苯乙烯	40	5000
聚乙烯	30	15000
PVC	30	5000
聚丙烯	30	5000
w（玻璃）=30%的 PBT	22	5000
w（玻璃与矿物质）=30%的尼龙	15	5000
w（玻璃）=30%的 ABS	25	5000
聚合碳酸酯	30	1000
注塑工件总数	—	46000

目前的测试表明，NCC 模的寿命是：对于小型模具，可高于 45000 件；对于大型、复杂注塑模，已超过 10000 件。

9.6.2 气相沉积镍壳-背衬模制造工艺

气相沉积镍壳-背衬模制造工艺是应用羰基镍气相沉积 NVD（Nickel Vapor Deposition）原理，用化学蒸发工艺将镍沉积在原型母模的表面，形成镍壳，再用与镍壳热膨胀系数相匹配的材料做背衬从而构成模具的一种快速模具技术。

羰基镍气相沉积 NVD 是一种化学蒸发工艺，其反应方程式为

$$Ni + 4CO \xrightleftharpoons{110 \sim 190℃} Ni(CO)_4$$

通过上面的反应方程式可以看出，NVD气相沉积工艺的主要缺点是，CO与$Ni(CO)_4$都是毒性很大的气体，对操作者和环境都存在着潜在的危害，因此对仪器、设备以及完善的安全操作规范都有着较高的要求。

1. NVD工艺的特点

与电铸镍相比，羰基镍气相沉积NVD工艺具有如下特点：

1）镍壳壁厚均匀。电铸镍壳时，原型母模表面的几何形状对沉积厚度有显著的影响，在表面的外拐角处，局部电场强度较高，镍沉积厚度增加；在表面的内拐角处，局部电场强度较低，镍沉积厚度减少，且在非常尖锐的外拐角处，镍沉积减少更加明显，这种较薄的镍壳相当脆弱，容易使工件表面局部过早地损坏。而用NVD气相沉积镍壳时，只要表面温度保持均匀，内外拐角处与表面其他部位的沉积率相同，无明显的沉积厚度减少或增加，能够获得比较均匀的壳厚，从而可以获得比较均匀的壳强度，提高了工件设计的自由度。

2）NVD气相沉积的镍为分子尺寸的精细树枝状晶体，组织更为密实，镍壳光滑，与原型表面共形，易于抛光，韧性更好，能经受反复的工作循环，减少工件表面开裂的可能性。

3）NVD气相沉积的镍壳几乎不含硫，易于焊接修补。而电铸的镍壳含硫，会导致不良的焊接性能。

4）NVD气相沉积的镍壳可通过改变沉积参数，以便获得由坚硬至正常硬度的渐变硬度层，避免硬度突变的分界面发生脱层。

5）NVD气相沉积的镍壳内应力低，翘曲变形小，能与原型表面很好地贴合，清晰地复制原型表面上的精细特征。

6）NVD气相沉积的效率高，速度可达50～750μm/h。

2. 气相沉积镍壳-背衬模具体的制作工艺流程

1）制作原型。该工艺中使用的原型母模必须能经受羰基镍气相沉积过程中的高温（110～190℃），且有良好的导热性，可以用铝、铜、钢、玻璃与陶瓷等材料制作。

2）羰基镍气相沉积。

3）焊接钉状连接件。在镍壳背面焊接钉状辅助连接件，以便增强镍壳与随后浇注的背衬之间的连接，避免脱层。

4）放置加热/冷却元件（通常为铜管）。

5）浇注背衬材料，并对固化后的背衬材料进行机加工。所用背衬材料要与镍壳有相匹配的热膨胀系数，使背衬材料与镍壳紧密配合，为镍壳提供良好的支撑、连接与热传导，大大减少模具使用过程中诱发的热应力。

6）构成注塑模。去除原型，得到注塑模的一个半模（型芯），然后重复上述过程，制作另一半模（型腔）。

气相沉积镍壳-背衬模已经成功地用做注塑模、挤压模、吹塑模、树脂塑封模、热固性塑料的反应注塑成型模、冲模、钢板液压成型模等。

3. NVC 工艺的优点

与传统的机加工模具方法相比，有如下优点：

1）成本低，制作周期短，使用寿命长。例如 Ford 汽车的仪表、照明透镜的成型，与传统的机加工钢注塑模比较，气相沉积镍壳-背衬模能降低成本 30%，缩短制作周期 60%，注塑 19000 件后未见模具磨损。

2）工件的翘曲变形小。通过 CAE 模拟表明，用于上述照明透镜成型的气相沉积镍壳-背衬模仅有 0.9℃的温度变化；而传统的机加工钢模的表面上，却有 4～7℃的温度变化。气相沉积镍壳-背衬模这种小的温差，能使残余应力导致的注塑件翘曲变形减小。

3）能缩短注塑循环周期，改善工件的品质。上述照明透镜的成型，用传统的机加工钢模注塑时，循环周期为 48s；而用气相沉积镍壳-背衬模注塑，模温 60℃时，循环周期为 48s，而当模温为 49℃时，循环周期则可缩短为 30s，大大降低了每件注塑件的价格。

9.6.3 熔模铸造金属模制造工艺

熔模铸造金属模制造工艺是精密铸造工艺与快速成型技术相结合而发展起来的一种快速模具技术。该技术又可具体地分为两大类，即应用快速原型为压型制作熔模铸造金属模和应用 QuickCast 工艺制作熔模铸造金属模。

应用快速原型为压型制作熔模铸造金属模是指用快速原型件为母模，通过快速软模或快速过渡等，得到熔模铸造的压型，然后用此压型注射蜡模，再用该蜡模通过熔模铸造工艺制作金属模。该工艺的具体过程为：

1）制作母模。

2）制作快速软模或快速过渡模，用其作为压型。铝填充环氧树脂（CAFE）模及低熔点合金模比较适合做压型，这是因为它们不仅有足够的强度，还有较好的导热性，能注射多件蜡模，并可快速散热，从而使蜡模迅速固化，提高制作效率。

3）注射蜡模。

4）用传统的熔模铸造工艺制作金属模。

QuickCast 是 3D Systems 公司于 1992 年开发并于 1993 年商品化的一种工艺。应用 QuickCast 工艺制作熔模铸造金属模是指用 SLA 成型的树脂代替熔模铸造中的蜡模（因此无需压型），据此树脂件制作陶瓷壳，然后进行传统的熔模铸造，得到金属模具。其具体的工艺过程基本相同于上述应用快速原型为压型制作熔模铸造金属模工艺。这里值得指出的是，3D Systems 公司最近推出的 QuickCast2.0 版工艺，能使成型的熔模内在结构为 88%～92%孔隙率的六角形，与 QuickCast1.0 版工艺（80%～85%孔隙率的方形内在结构）相比，在烧除熔模时，能使薄壳中的应力减小到原来应力的 1/3 之下，从而减小了薄壳开裂的可能性。

9.6.4 直接金属三维打印制模技术

直接金属三维打印制模技术最早是美国 Z Corp 公司于 1997 年推出 Z—402 机型产生的，该设备以淀粉掺蜡或环氧树脂为原料，将粘结剂喷射到粉末上成型金属零件。1998 年，美国 Extrude Hone 集团 Prometal 公司与 MIT（美国麻省理工学院）合作推出 RTS—300 机型，以钢、镍合金和钛钽合金粉末为原料，同样采用将粘结剂喷到粉末上直接快速成型金属零件。1999 年，3D Systems 公司开发了一种使用热塑性塑料的多喷头式热力喷射实体打印机（ThermoJet Solid Object Printer），成型速度更高。它们的原理是基本一致的，主要区别在于，所用的金属粉末材料和树脂粘结剂材料不同。

该工艺首先用三维打印方法选择性地一层层地粘接金属粉末，得到半成品，然后进行二次烧结与渗铜，形成 w（钢）=60%与 w（Cu）=40%的金属工件。其中，在三维打印快速成型机上制作半成品时，还可以置入共形冷却道，从而使模具的注射周期缩短 35%以上；也可以设置支撑结构，以便改善模具中热量的分布状况并减少模具的质量。

图 9-19 给出的是 ProMetal 公司的某型号的三维打印快速成型机。图 9-20 为三维打印快速成型机制作半成品示意图。图 9-21 为成型的模具。

图 9-19 ProMetal 公司某型号的三维打印快速成型机

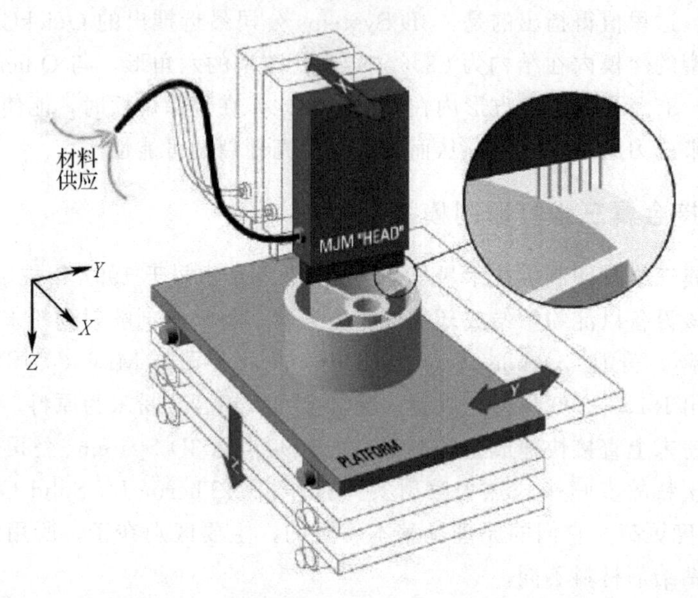

图 9-20 三维打印快速成型机制作半成品示意图

图 9-21 由直接金属三维打印制模技术制得的模具

第 10 章　快速成型制造技术的应用

10.1　引言

快速成型技术自 20 年前出现以来，以其显著的时间效益和经济效益得到制造业广泛的关注，并迅速成为世界著名高校和研究机构研究的热点，涌现出了多种快速成型技术方法和相应的商品化设备，出现了专门从事商品化快速成型设备、快速成型与快速模具制造技术支持与服务的公司和机构，极大地促进了快速成型技术的推广与应用，为机电行业、汽车行业、医疗行业及相关的其他行业带来了显著的效益。

快速成型技术自 1988 年商品化设备推出之后，其设备销售量逐年增加，图 10-1给出了在最初的十几年间世界范围内 RP 系统年安装统计情况，图 10-2 给出的是各种主要 RP 系统截止到 2001 年年底的安装统计。从图 10-1 每年设备数量递增的梯度看，快速成型技术自出现之后，得到了广泛认可和迅速发展。据美国工程自动化咨询公司的 RP 市场 2002 年调查报告，该行业 2002 年的产值接近 7 亿美元，如图 10-3 所示。与 CNC 初期市场相比，RP 行业的发展速度是相当惊人的，1988～1997 年度 RP 产值以 53.6％的年平均速度增长，而在 1970～1981 年度，CNC 市场的年平均增长率为 22％，所以有人比喻 RP 技术对制造业的冲击与贡献可以与 20 世纪 60 年代出现的数控（NC）技术相媲美。

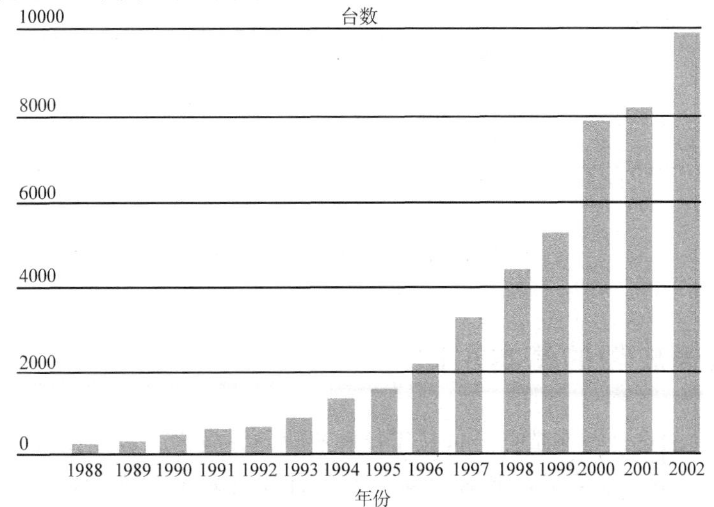

图 10-1　RP 系统年安装统计

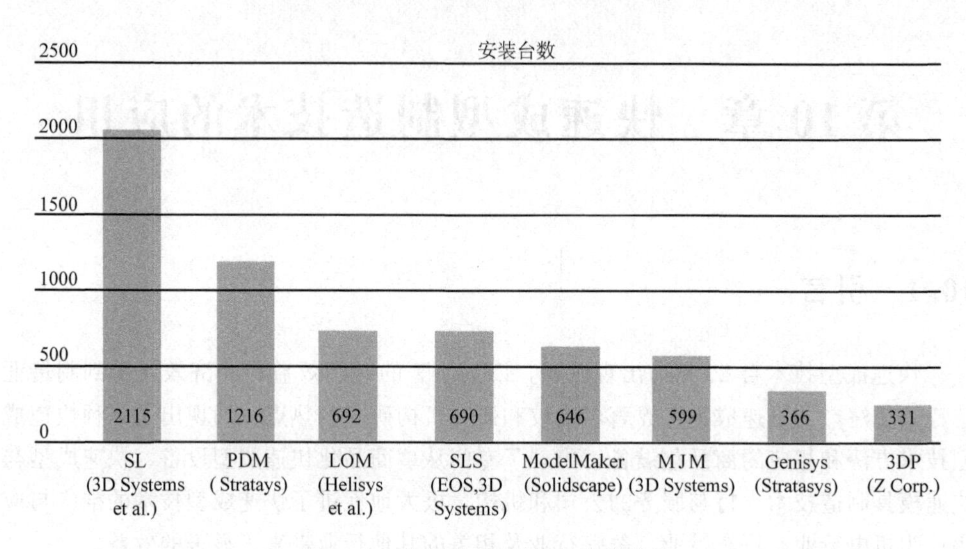

图 10-2 各主要 RP 系统的安装统计

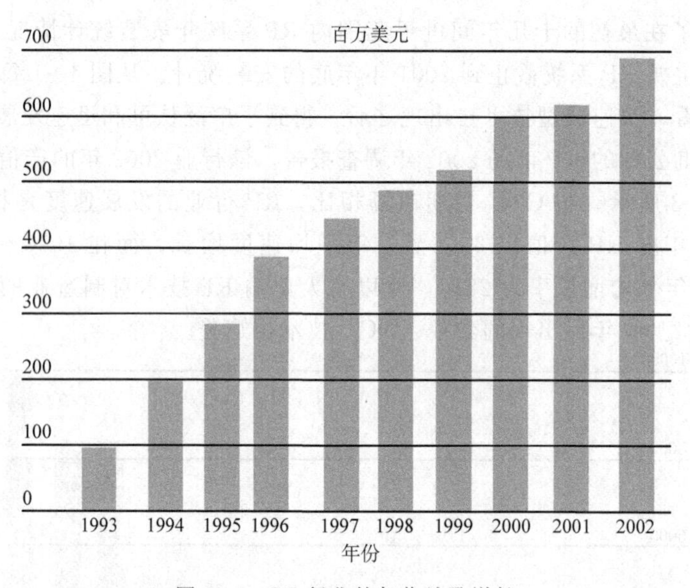

图 10-3 RP 行业的年收益及增长

10.2 快速成型的基本用途

现代产品的设计与制造已经依托于计算机软硬件技术、数控技术与装备，进行了 CAD/CAM 的高度集成，显著提高了产品开发的效率和质量，然而从 CAD 到 CAM 一直以来都存在着一个缝隙，即产品的 CAD 总不能在 CAM 之前尽善尽美。

快速成型技术的出现，恰到好处地弥补了产品 CAD 与 CAM 之间的这个缝隙。正因为如此，RP 模型的早期应用主要集中在产品设计阶段的外观评估、装配与功能检验方面，而且这几方面的应用至今仍然占据着较大的需求。据 2001 年 Wohlers Associates Inc. 对 14 家 RP 系统制造商和 43 家 RP 服务机构的统计，对 RP 模型需求的目的如图 10-4 所示。从图 10-4 可见，工程设计可视化、装配检验与功能模型（Fit/Form/Function）占据着 RP 模型的主要需求，约占 60%，而另一主要应用领域就是快速模具母模的需求。

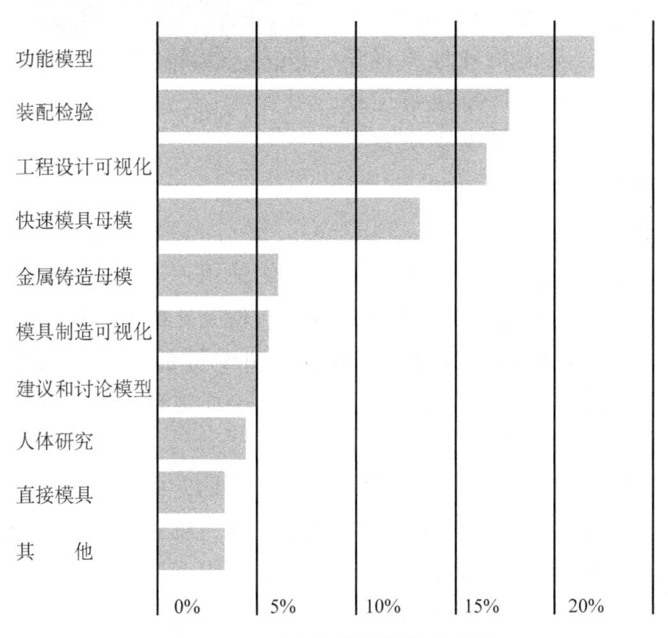

图 10-4　对 RP 模型需求的目的

1. 概念模型可视化

计算机软硬件技术的发展使传统的图样式设计走向现代化的概念设计。尽管目前造型软件的功能十分强大，但设计出来的概念模型仍然停留在计算机屏幕上，概念模型的可视化是设计人员修改和完善设计十分渴求而又十分必要的。有人比较形象化地形容，快速成型制造系统相当于一台三维打印机，能够迅速地将 CAD 概念设计的物理模型非常高精度地“打印”出来。这样，在概念设计阶段，设计者就有了初步设计的物理模型，借助于物理模型，设计者可以比较直观地进行进一步的设计，大大提高了产品设计的效率和效果。如设计者可以进行模型的合理性分析和模型的观感分析，根据原型或零件评价设计正确与否并可加以改正，如图 10-5 所示。

新产品的开发总是从外形设计开始的，外观是否美观和实用往往决定了该产品是否能够被市场接受。传统的加工方法中，二维工程图在设计加工和检测方面起着重要作用。其做法是根据设计师的思想，先制作出效果图及手工模型，经决策层评审后再进行后续设计。但由于二维工程图或三维观感图不够直观，表达效果受到很大限制，而手工制作模型耗时又长，精度较差，修改也困难。

图 10-5 概念设计可视化

快速成型制造技术能够迅速地将设计师的设计思想变成三维实体模型，既可节省大量的时间，又能精确地体现设计师的设计理念，为产品评审决策工作提供直接、准确的模型，减少了决策工作中的不正确因素。

2. 设计评价

利用快速成型制造技术制作出的样件，能够使用户非常直观地了解尚未投入批量生产的产品外观及其性能并能及时作出评价，使企业能够根据用户的需求及时改进产品，为产品的销售创造有利条件，并避免由于盲目生产可能造成的损失。同时，投标方在工程投标中采用样品，可以直观、全面地提供评价依据，使设计更加完善，为中标创造有利条件。

在产品开发与设计过程中，由于设计手段和其他方面的限制，每一项设计都可能存在着一些人为的设计缺陷。如果未能及早发现，就会影响后续工作，造成不必要的损失，甚至会导致整个设计的失败。使用快速成型制造技术可以将这种人为的影响减少到最低限度。快速成型制造技术由于成型时间短，精度高，可以在设计的同时制造高精度的模型，使设计者能够在设计阶段对产品的整体或局部进行装配和综合评价，从而发现设计上的缺陷与不合理因素，改进设计。

因此快速成型制造技术的应用可把产品的设计缺陷消灭在设计阶段，最终提高产品整体的设计质量。

图 10-6 给出的是某新型豪华客车用于外观评估的经过喷漆等处理的 RP 模型，该模型大小为客车实际尺寸的 1/10。

图 10-6 某新型豪华客车用于外观评估的 RP 模型

3. 装配校核

进行装配校核、干涉检查等对新产品开发，尤其是在有限空间内的复杂、昂贵系统（如卫星、导弹）的可制造性和可装配性检验十分重要。

如果一个产品的零件多而且复杂，就需要做总体装配校核。在投产之前，先用快速成型制造技术制作出全部零件原型，进行试安装，验证设计的合理性和安装工艺与装配要求，若发现有缺陷，便可以迅速、方便地进行纠正，使所有问题在投产之前得到解决。

图 10-7 为某发动机气缸部件中缸盖改进设计后制作的用于装配检验的 LOM 模型。

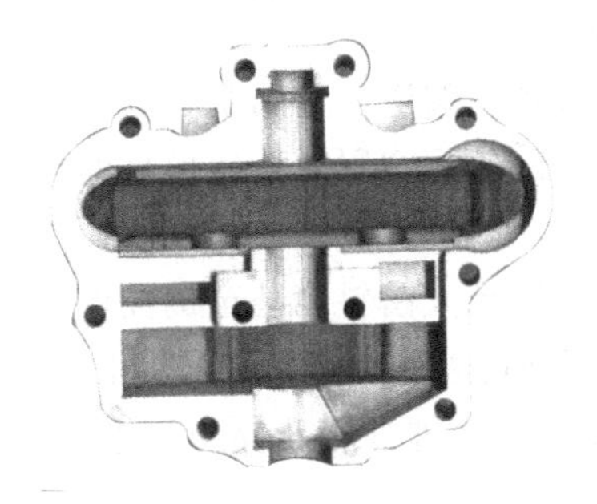
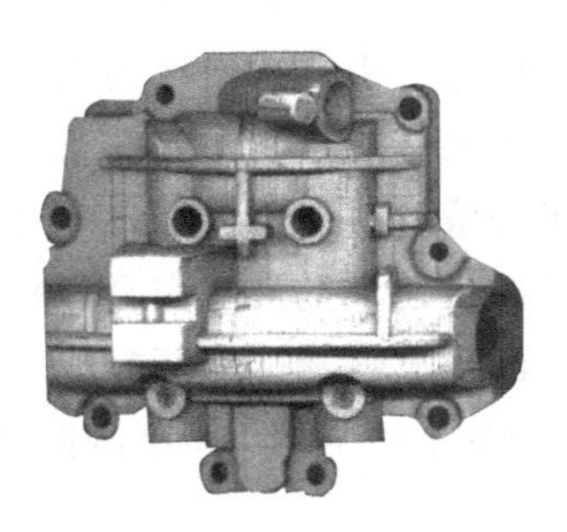

图 10-7　用于装配检验的缸盖 LOM 模型

4. 性能和功能测试

快速原型除了可以进行设计验证和装配校核外，还可以直接用于性能和功能参数试验与相应的研究，如机构运动分析、流动分析、应力分析、流体和空气动力学分析等。

采用快速成型制造技术可严格地按照设计将模型迅速地制造出来进行实验测试，对各种复杂的空间曲面更体现出快速成型制造技术的优点。如风扇、风毂等设计的功能检测和性能参数确定，可获得最佳扇叶曲面、最低噪声的结构。如果用传统的方法制造原型，这种测试与比较几乎是不可能的。

图 10-8 给出的是为检验凸轮设计能否实现某机构的机械传动而制作的用于传动功能检测的 RP 模型。通过装机运转检测，根据反馈的信息进行了数次改进设计，最终获得了能够完全满足运动要求的凸轮结构。

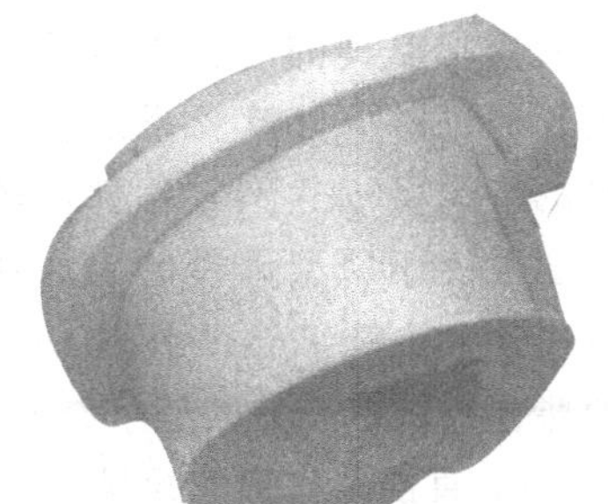

图 10-8　用于传动功能测试的凸轮模型

采用 SLS 工艺快速制作内燃机进气管模型，如图 10-9 所示，可以直接与相关零部件安装，进行功能验证，快速检测内燃机运行效果以评价设计的优劣，然后进行针对性的改进，以达到内燃机进气管产品的设计要求。

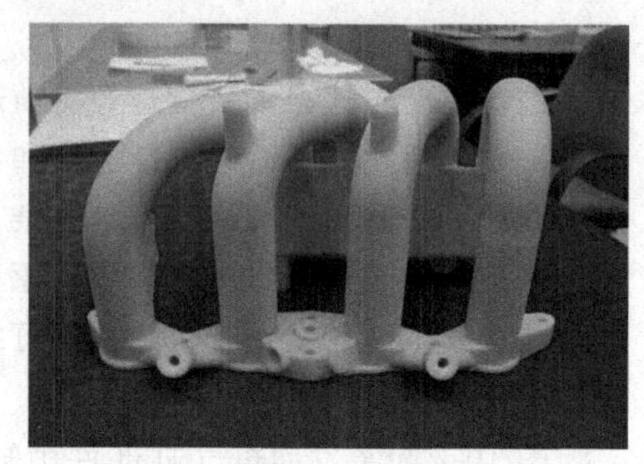

图 10-9　采用 SLS 工艺制作的内燃机进气管模型

总体来说，通过快速制造出物理原型，可以尽早地对设计进行评估，缩短设计反馈的周期，方便而又快速地进行多次反复设计，大大提高了产品开发的成功率，开发成本大大降低，总体的开发时间也大大缩短。

5. 快速模具的母模

快速原型的另一大类应用就是作为翻制快速经济模具的母模，如硅橡胶模具、聚氨酯模具、金属喷涂模具、环氧树脂模具等软质模具进行单件、小批量的试制以及浇注石膏、陶瓷、金属基合成材料、金属等硬质模具进行塑料件或金属制件的批量生产。快速原型用做快速模具的母模是快速成型制造技术经济效益的延伸和另一亮点。

硅橡胶软模在小批量制作具有精细花纹和无拔模斜度甚至倒拔模斜度的样件方面具有突出的优越性，几乎所有的 RP 原型都可以作为硅橡胶模具制作的母模。图 10-10 给出的是采用 LOM 原型翻制硅橡胶模具并进行产品快速制作的例子。

图 10-10　LOM 原型做母模翻制的硅橡胶模具及产品

图 10-11　环氧树脂模具及产品

环氧树脂模具因为成本低廉且制件数量较硅橡胶模具多而适合于小批量产品的试制。环氧树脂模具的制作同样需要 RP 模型做母模，通过树脂材料及添加材料浇注而成，模具的寿命可以达到数百件，模具的表面质量主要取决于原型母模的表面质量，尺寸精度可以达到±0.1mm。图 10-11 给出的是环氧树脂模具制作产品的例子。

6. 直接制作快速模具

SLS 工艺可以选择不同的材料粉末制造不同用途的模具，用 SLS 法可直接烧结金属模具和陶瓷模具，用做注塑、压铸、挤塑等塑料成型模及钣金成型模。DTM 公司用 Rapid Tool™专利技术，在 SLS 系统 Sinterstation2000 上将 Rapidsteel 粉末（钢质微粒外包裹一层聚酯）进行激光烧结，得到模具后放在聚合物的溶液中浸泡一定时间，然后放入加热炉中加热使聚合物蒸发，接着进行渗铜，出炉后打磨并嵌入模架内即可。图 10-12 给出了采用上述工艺制作的高尔夫球头的模具及产品。

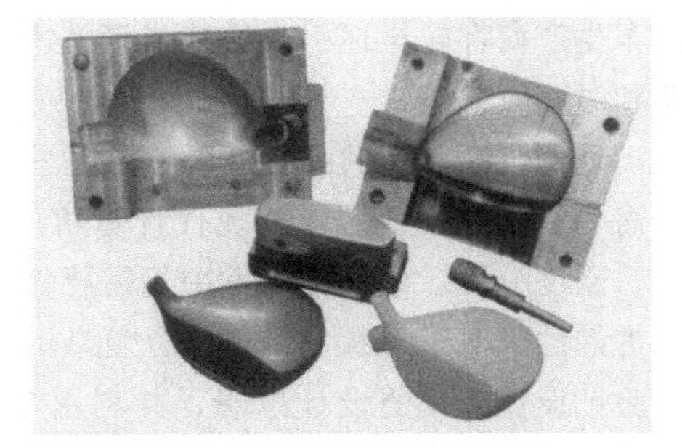

图 10-12　采用 SLS 工艺制作高尔夫球头模具及产品

10.3　快速成型技术的应用领域

快速成型自出现之后，在众多领域得到了较为广泛的应用。据 2001 年 Wohlers Associates Inc. 对 14 家 RP 系统制造商和 43 家 RP 服务机构的统计，对 RP 模型需求的行业如图 10-13 所示。从图 10-13 可以看出，日用消费品和汽车两大行业对 RP 的需求占整体需求 50％以上，而医疗行业的需求增长迅速，其他的学术机构、宇航和军事领域对 RP 的需求也占有一定的比例。

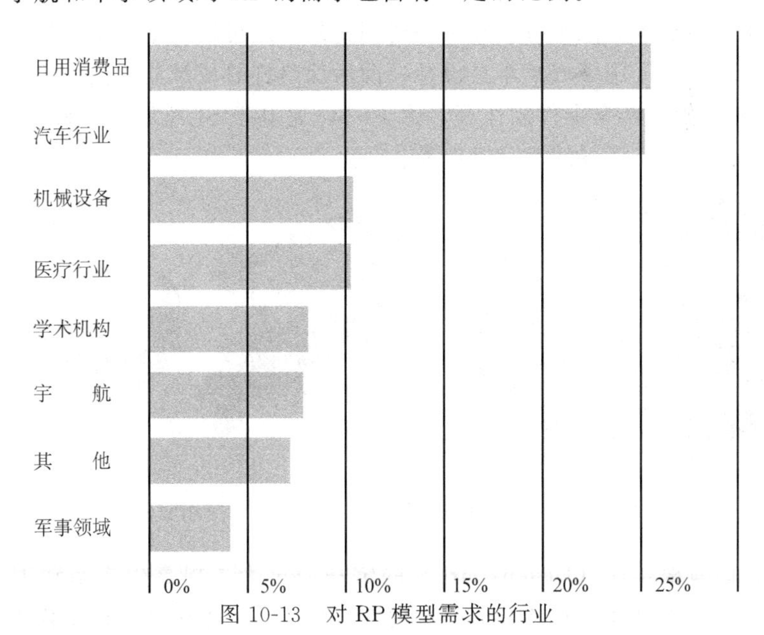

图 10-13　对 RP 模型需求的行业

1. 汽车行业

快速成型技术应用效益较为显著的行业为汽车制造业，世界上几乎所有著名的汽车生产商都较早地引入快速成型技术辅助其新车型的开发，取得了显著的经济效益和时间效益。

现代汽车生产的特点就是产品的多型号、短周期。为了满足不同的消费需求，就需要不断地改型。虽然现代计算机模拟技术不断完善，可以完成各种动力、强度、刚度分析，但研究开发中仍需要做成实物以验证其外观形象、工装可安装性和可拆卸性。对于形状、结构十分复杂的零件，可以采用快速成型技术制作零件原型以验证设计人员的设计思想，并利用零件原型做功能性和装配性检验，图 10-14a 为采用光固化快速成型技术制造的汽车水箱面罩原型。

汽车发动机研发中需要进行流动分析实验。将透明的模型安装在一简单的实验台上，中间循环某种液体，在液体内加一些细小粒子或细气泡以显示液体在流道内的流动情况。该技术已成功地用于发动机冷却系统（气缸盖、机体水箱）、进排气管等的研究。问题的关键是透明模型的制造，用传统方法时间长、花费大且不精确，而用 SLA 技术结合 CAD 造型仅仅需要 4～5 周的时间且花费只为之前的三分之一，制作出的透明模型能完全符合机体水箱和气缸盖的 CAD 数据要求，模型的表面质量也能满足要求。图 10-14b 所示即为用于冷却系统流动分析的气缸盖模型。为了进行分析，该气缸盖模型装在了曲轴箱上，并配备了必要的辅助零件。当分析结果不合格时，可以将模型拆卸，对模型零件进行修改之后重装模型，进行另一轮的流动分析，直至各项指标均满足要求为止。

光固化成型技术在汽车行业除了上述用途外，还可以与逆向工程技术、快速模具制造技术相结合，用于汽车车身设计、前后保险杠总成试制、内饰门板等结构样件/功能样件试制、赛车零件制作等，图 10-14c 是基于 SLA 原型，采用 Keltool 工艺快速制作的某赛车零件的模具及产品。

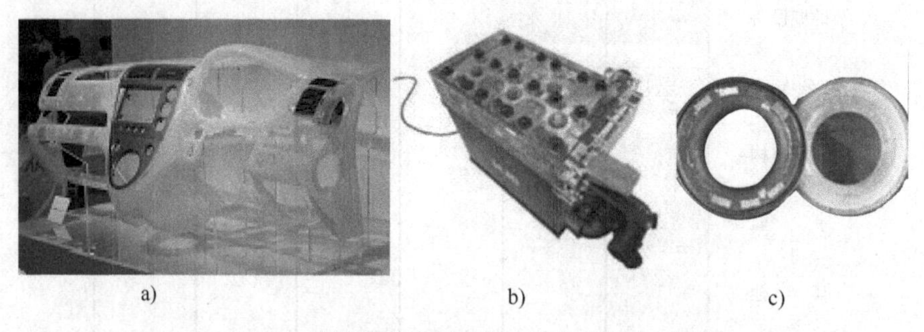

a) b) c)

图 10-14 光固化快速原型在汽车领域的应用实例

位于德国雷根斯堡（Regensburg）的宝马公司为了提高生产率和工人的舒适度以及工艺的可重复性，其装配部门采用 FDM 工艺提高其手持装配装置的人体工程学效果。根据使用工人的反馈信息和要求，改善其手持舒适度，减轻质量并提高其平衡性，例如，某一款车型的安装用手持装置采用内部薄肋结构替代原有的实心结构，其质量降低了1.3kg。其设计者说，1.3kg的质量看似不多，但是工人每班需要成百上千次地使用它，对减轻工人劳动强度的效果是十分显著的。图10-15c为该装配部门采用Stratasys公司的FortusFDM系统制作的装配工具，该工具用于固定宝马车徽。该部门给出了采用FDM技术替代传统CNC技术制作此装配用工具的成本和时间的对比，见表10-1。

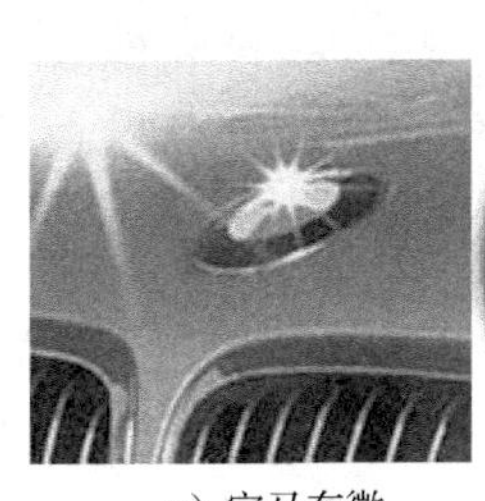

a）宝马车徽

b）原机械加工的装配工具

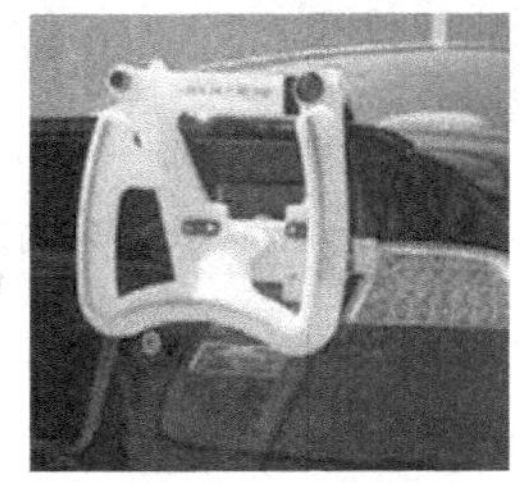

c）FDM制作的装配工具

图10-15　宝马公司采用FDM工艺替代机加工制作装配工具

表10-1　宝马公司装配部门采用FDM工艺的效益

加工方法	成本/美元	时间/天
传统CNC（铝合金）	420	18
FDM工艺（ABS-M30）	176	1.5
节省	244（58%）	16.5（92%）

日本丰田公司采用FDM工艺制作轿车右侧镜支架和四个门把手的母模，通过快速模具技术制作产品而取代传统的CNC制模方式，使得2000 Avalon车型的制造成本显著降低，右侧镜支架模具成本降低20万美元，四个门把手模具成本降低30万美元。

利用FDM制作出的快速原型来制造硅橡胶模具是非常有效的，例如汽车电动窗和尾灯等的控制开关就可用这种方法制造，甚至可以通过打磨过的FDM母模制得透明的氨基甲酸乙酯材料的尾灯玻璃。它与实际生产的产品非常相似，与用铸造法或注塑法制作的零件没有什么差别。在整个新式2000 Avalon汽车的改进设计制造中，FDM为这一计划节约的资金超过200万美元。

韩国现代汽车公司采用了美国Stratasys公司的FDM快速成型系统，用于检验设计、空气动力评估和功能测试。现代汽车公司自动技术部的首席工程师Tae Sun Byun说："空间的精确和稳定对设计检验来说是至关重要的，采用ABS工程塑料的FDM Maxum系统满足了两者的要求，在1382mm的长度上，其最大误差只有0.75mm。现代公司计划再安装第二套RP快速成型系统，并仍将选择FDM Maxum，该系统完美地符合我们的设计要求，并能在30个月内收回成本。"

图 10-16为韩国现代汽车公司采用 FDM 工艺制作的某车型的仪表盘。

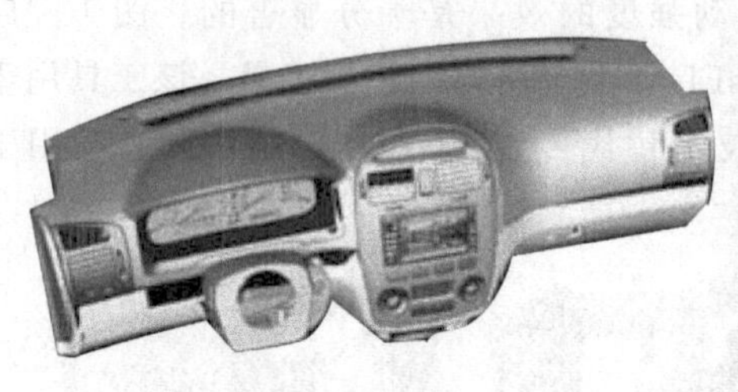
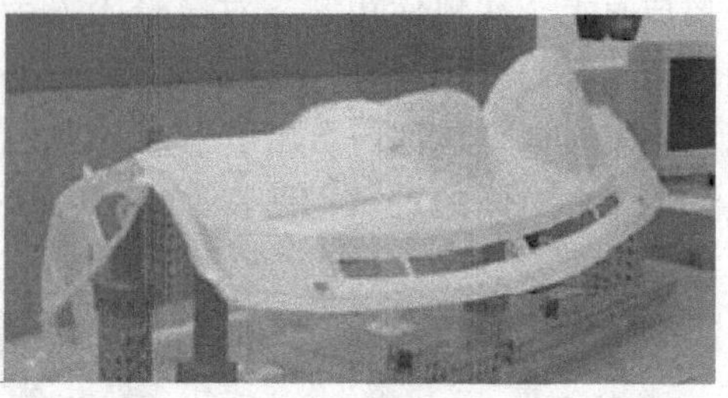

图 10-16 韩国现代汽车公司采用 FDM 工艺制作的某车型的仪表盘

当部件从一厂到另一厂的运输过程中，衬板用于支撑、缓冲和防护。衬板的前表面根据部件的几何形状而改变。福特公司一年间要采用一系列的衬板，一般地，每种衬板改型要花费成千万美元和 12 周时间制作必需的模具。新衬板的注塑消失模被联合公司选作生产部件后，部件的蜡靠模采用 FDM 制作，制作周期仅 3 天。其间，必须小心地检验蜡靠模的尺寸，测出模具收缩趋向。紧接着从铸造石蜡模翻出 A2 钢模，该处理过程将花费一周时间。模具接着车削外表面，画上修改线和水平线以便机械加工。

该模具在模具后部设计成中空区，以减少用钢量，中空区填入化学粘结剂。仅花 5 周时间和一半的成本，而且制作的模具至少可生产 30000 套衬板。

采用 FDM 工艺后，福特汽车公司大大缩短了运输部件衬板的制作周期，并显著降低了制作成本。

2. 航空领域

航空领域需求的许多零部件通常都是单件或小批量，采用传统制造工艺，成本高、周期长。借助快速成型技术制作模型进行试验，直接或间接利用快速成型技术制作产品，具有显著的经济效益和时间效益。

在航空航天领域，SLA 模型可直接用于风洞试验，进行可制造性、可装配性检验。航空航天零件往往是在有限空间内运行的复杂系统，在采用光固化成型技术以后，不但可以基于 SLA 原型进行装配干涉检查，还可以进行可制造性讨论评估，确定最佳的合理制造工艺。通过快速熔模铸造、快速翻砂铸造等辅助技术进行特殊复杂零件的单件、小批量生产，如涡轮、叶片、叶轮等，并进行发动机等部件的试制和试验，如图 10-17a 所示为 SLA 技术制作的叶轮模型。

航空领域中发动机上许多零件都是经过精密铸造来制造的，对于高精度的木模制作，传统工艺成本极高且制作时间很长。采用 SLA 工艺，可以直接由 CAD 数字模型制作熔模铸造的母模，时间和成本可以得到显著的降低。数小时之内，就可以由 CAD 数字模型得到成本较低、结构又十分复杂的用于熔模铸造的 SLA 快速原型母模。图 10-17b 给出了基于 SLA 技术采用精密熔模铸造方法制造的某发动机的关键零件。

利用光固化成型技术可以制作出多种弹体外壳，装上传感器后便可直接进行风洞试验。通过这样的方法减少了制作复杂曲面模的成本和时间，从而可以更快地从多种设计方案中筛选出最优的整流方案，在整个开发过程中大大缩短了验证周期，降低了开发成本。此外，利用光固化成型技术制作的导弹全尺寸模型，在模型表面进行相应喷涂后，清晰展示了导弹外观、结构和战斗原理，其展示和讲解效果远远超出了单纯的计算机图样模拟方式，可在未正式批量生产之前对其可制造性和可装配性进行检验，如图 10-17c 为 SLA 制作的导弹模型。某一航空公司的无人驾驶飞行器上一款电驱动四发动机垂直起落架，通过 CAD 设计之后，采用 3D Systems 公司的 sPro SLS 设备使用 DuraForm EX 黑色材料，进行其制作，如图 10-17d 所示。与传统的采用纤维材料通过传统工艺制造相比，显著提高了生产效率和产品制作的速度，该公司称 3D Systems 公司为其主要的贡献者。

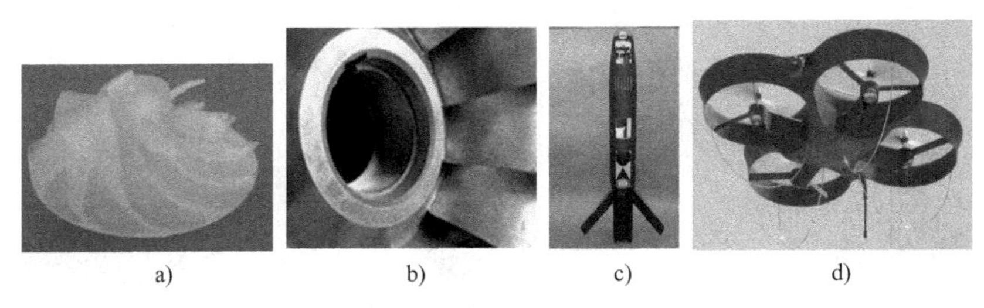

a)　b)　c)　d)

图 10-17　快速成型在航空领域的应用

在航空领域借助快速成型技术取代模具方式进行单件制作，一方面节省了模具制作的成本和时间；另一方面优化后复杂结构的制作也容易实现。据某一为航空领域提供零部件的公司统计，采用快速成型技术使得零部件本身制作成本降低 50%～80%，制造时间减少 60%～90%、零部件质量降低 10%～50%，模具制作时间和成本降低 90%～100%。

3. 电器行业

随着消费水平的提高及消费者追求个性化生活方式的日益增长，制造业中对电器产品的更新换代日新月异。不断改进的外观设计以及因为功能改变而带来的结构改变，都使得电器产品外壳零部件的快速制作具有广泛的市场需求。在若干快速成型工艺方法中，光固化原型的树脂品质，是最适合于电器塑料外壳的功能要求的，因此光固化快速成型在电器行业中有着相当广泛的应用。

图 10-18 给出的是电器产品开发中，采用光固化快速成型技术制作的几个外壳件的原型。树脂材料是 DSM 公司的 SOMOS11120，这些原型件的性能与塑料件极为相近，可以进行钻孔和攻螺纹等操作，以满足电器产品样件的装配要求。

4. 玩具等其他行业

从事模型制造的美国 Rapid Models & Prototypes 公司采用 FDM 工艺为生产

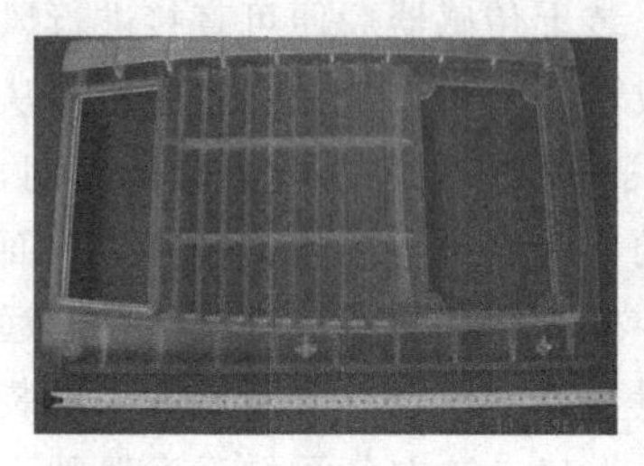
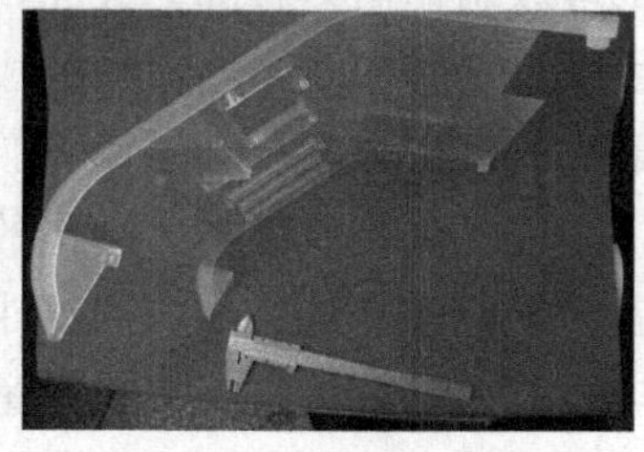
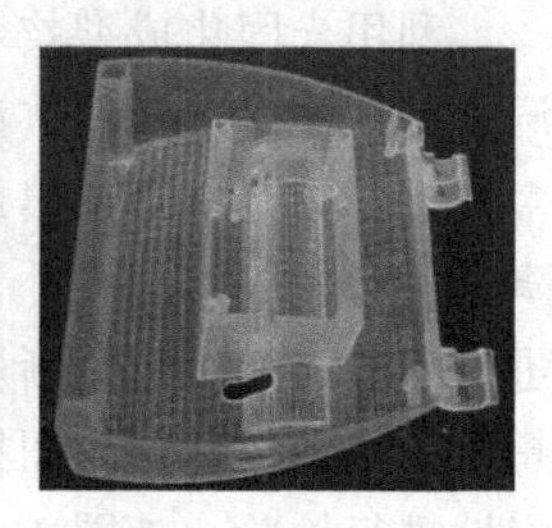

图 10-18　电器产品外壳件原型

厂商 Laramie Toys 制作了玩具水枪模型，如图 10-19 所示。借助 FDM 工艺制作该玩具水枪模型，通过将多个零件一体制作，减少了传统方式制作模型的部件数量，避免了焊接与螺纹连接等组装环节，显著提高了模型制作的效率。

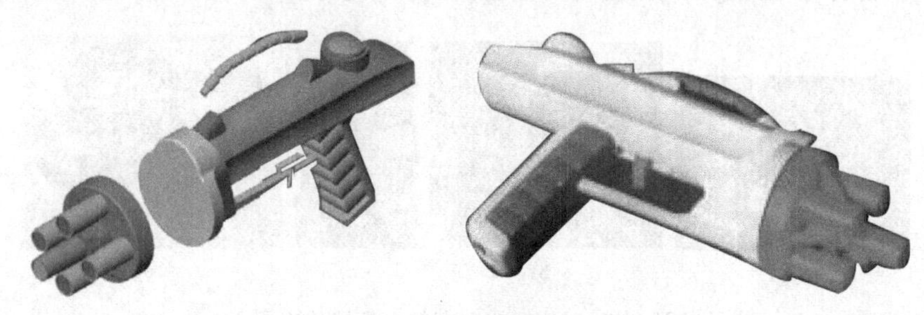

图 10-19　采用 FDM 工艺制作玩具水枪

快速成型技术在雕塑艺术品创作的可视化展示中得到了非常好的应用效果。许多离奇的雕塑艺术品的创作灵感来源于海洋生物的形貌、有机化学的晶体结构、细胞结构的生长图形、数学计算演变的结构等。图 10-20 示意的为基于某种螺旋环面生物的基本形貌而创作的叫做“棘皮动物”的雕塑。图 10-21 为一种基于细胞生长算法构造的有机体结构图的雕塑模型。图 10-22 示意的雕塑形式来源于一本关于立体有机化学书籍中对某种网格的描述。后来该晶体结构被普及传播而被称做 K4 晶体。这个结构在各个方向上的投影存在着巨大不同，需要通过实体模型辅助才可看清其复杂的构造。

图 10-20　基于海洋螺旋环面生物形貌创作的雕塑模型

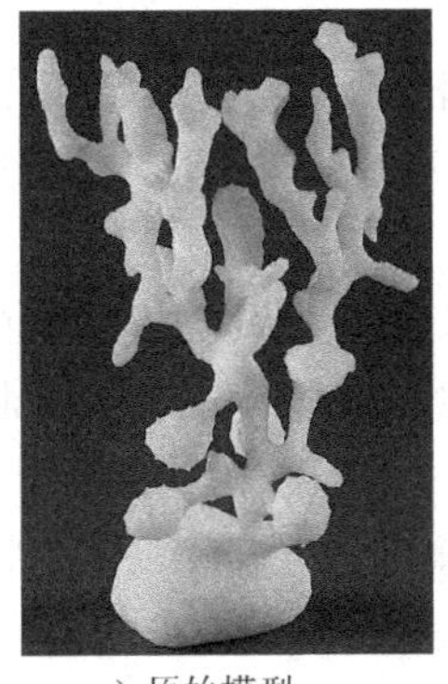

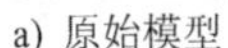
a) 原始模型

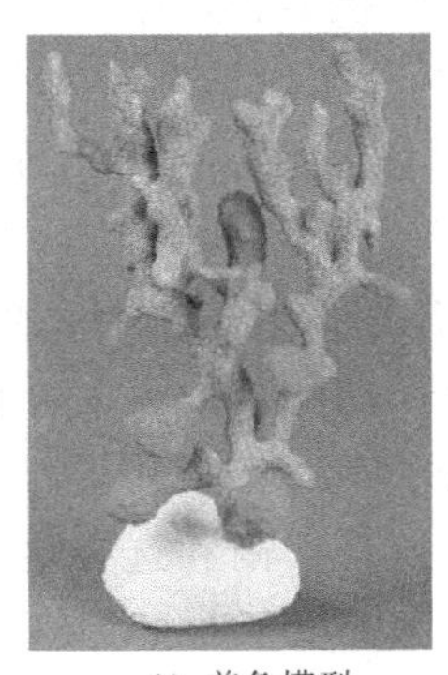

b) 着色模型

图 10-21　基于细胞生长的有机体结构模型

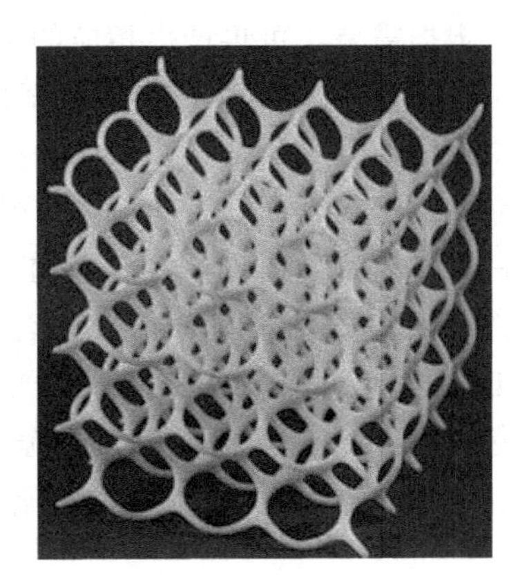

图 10-22　K4 晶体结构网格模型

当前国际上制鞋业的竞争日益激烈，而美国 Wolverine World Wide 公司无论在国际还是美国国内市场都一直保持着旺盛的销售势头，该公司鞋类产品的款式一直保持着快速的更新，能够实时为顾客提供高质量的产品，而使用 PowerSHAPE 软件和 Helysis 公司的 LOM 快速成型加工技术，是 Wolverine World Wide 公司成功的关键。

Wolverine 的设计师们首先设计鞋底和鞋跟的模型或图形，从不同角度用各种材料产生三维光照模型显示，这种高质量的图像显示使得在开发过程中能及早地排除任何看起来不好的装饰和设计，如图 10-23a 所示。

即使前期的设计已经排除了许多不理想的地方，但是投入加工之前 Wolverine 公司仍然需要有实物模型。实物模型的制作便由叠层快速成型设备来完成。鞋底和鞋跟的 LOM 模型非常精巧，但其外观是木质的，为了使模型看起来更真实，可在 LOM 表面喷涂涂料产生不同的材质效果，如图 10-23b 所示。

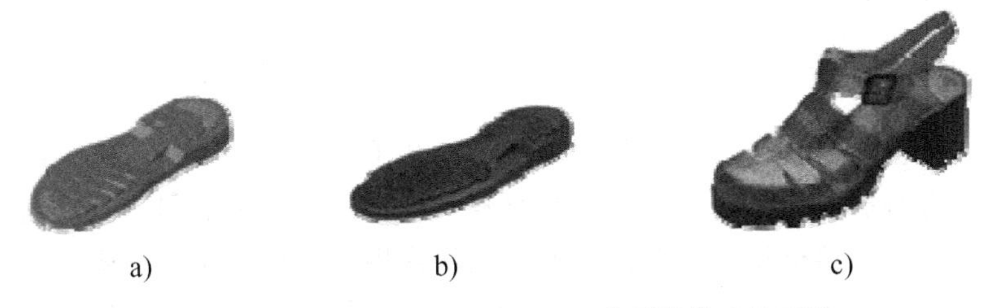

a)　b)　c)

图 10-23　Wolverine World Wide 公司鞋类产品开发

LOM 模型可用来决定设计是否可行，如果可行，则计算机将使用镜像对称操作生成另一只鞋底模型而相应产生 LOM 模型。将两 LOM 模型用金属喷涂，然后用充满环氧树脂的铝增强该金属涂层。去除 LOM 模型后，即可得到鞋底和鞋跟的型腔。

每一种鞋底配上适当的鞋面后生产若干双样品，如图 10-23c 所示，放到主要的零售店展示，以收集顾客的意见。根据顾客所反馈的意见，计算机能快速地修改模型，根据需要，可再产生相应的 LOM 模型和式样。

一旦设计通过，CAD 中的数据便可用于制造批量生产的模具。这种将 CAD 技术与快速成型技术的结合，可显著缩短该公司鞋类产品的生产周期，提高产品质量及可靠性，提高系列模型的可重复性。

Helisys 公司研制出多种 LOM 工艺用的成型材料，可制造用金属薄板制作的成型件。该公司还与 Dayton 大学合作开发基于陶瓷复合材料的 LOM 工艺。苏格兰的 Dundee 大学使用 CO_2 激光器切割薄钢板，使用焊料或粘结剂制作成型。日本 Kira 公司 PLT2A4 成型机采用超硬质刀具切割和选择性粘接的方法制作成型件。澳大利亚的 Swinburn 工业大学，则开发了用于 LOM 工艺的金属-塑料复合材料。

10.4 快速成型技术在铸造领域的应用

RP 技术出现以来，除了在新产品开发阶段具有较为广泛的需求外，一直在铸造领域有着比较活跃的应用。在典型铸造工艺中（如熔模铸造等）为单件或小批量铸造产品的制造带来了显著的经济效益。

在铸造生产中，模板、芯盒、压蜡型、压铸模等的制造往往是靠机械加工的方法，有时还需要钳工进行修整，费时耗资，而且精度不高。特别是对于一些形状复杂的薄壁铸件，例如飞机发动机的叶片、船用螺旋桨，汽车、拖拉机的缸体、缸盖等，模具的制造更是一个老大难的问题。虽然一些大型企业的铸造厂也进口了一些数控机床、仿型铣等高级设备，但除了设备价格昂贵之外，模具加工的周期也很长，而且由于没有很好的软件系统支持，机床的编程也很困难。面对今天世界市场的激烈竞争，产品的更新换代日益加快，铸造模具加工的现状很难适应当前的形势。而快速成型制造技术的出现，为解决这个问题提供了一条颇具前景的新路。

10.4.1 熔模铸造

熔模铸造也称为失蜡铸造，是一种可以由几乎所有的合金材料进行净形制造金属制件的精密铸造工艺，尤其适合于具有复杂结构的薄壁件的制造。快速成型技术的出现和发展，为熔模精密铸造消失型的制作提供了速度更快、精度更高、结构更复杂的保障。尤其是 3D Systems 公司开发的 QuickCast 工艺，更加突出了 RP 技术在熔模铸造领域应用的优越性。

熔模铸造的工艺过程如下：

1）浇注法制作熔模铸造的消失型——蜡型，如图 10-24a 所示。

2）将蜡质的标准浇注系统（浇口杯和浇道）和蜡型组装，如图 10-24b 所示。

3）将组装后的蜡型与浇注系统浸入到陶瓷浆中，反复挂砂和干燥形成 6～8mm 的硬壳，如图 10-24c 所示。

图 10-24　熔模铸造工艺流程

4）向硬型壳中通入热水或蒸汽，使蜡型熔化并排出，得到空型壳，如图 10-24d 所示。

5）硬型壳高温焙烧，进一步除去残留的蜡，得到可进行浇注熔化金属的高强度陶瓷硬型壳，如图 10-24e 所示。

6）将陶瓷硬型壳预热至一定温度后，注入熔化金属，如图 10-24f 所示。

7）冷却后，除去陶瓷壳，得到工件和浇注系统，再除去浇注系统，便得到了金属制件，如图 10-24g 所示。

在应用较广泛的四种快速成型工艺中，光固化原型与粉末烧结快速原型可以用作熔模铸造的消失型。图 10-25a 为 SLA 技术制作的用来生产氧化铝基陶瓷芯的模具，该氧化铝陶瓷芯是在铸造生产燃气涡轮叶片时用做熔模的，其结构十分复杂，包含制作涡轮叶片内部冷却通道的结构，且精度要求高，对表面质量的要求也很高。制作时，当浇注到模具内的液体凝固后，经过加热分解便可去除 SLA 原型，得到氧化铝基陶瓷芯。图 10-25b 是用 SLA 技术制作的用来生产消失模的模具嵌件，该消失模用来生产标致汽车发动机变速箱的拨叉。将 SLS 激光快速成型技术与精密铸造工艺结合起来，特别适宜具有复杂形状的金属功能零件的整体制造。在新产品试制和零件的单件、小批量生产中，不需复杂工装及模具，可大大提高制造速度，并降低制造成本。图 10-26 给出了若干基于 SLS 原型由熔模铸造方法制作的产品。

a)

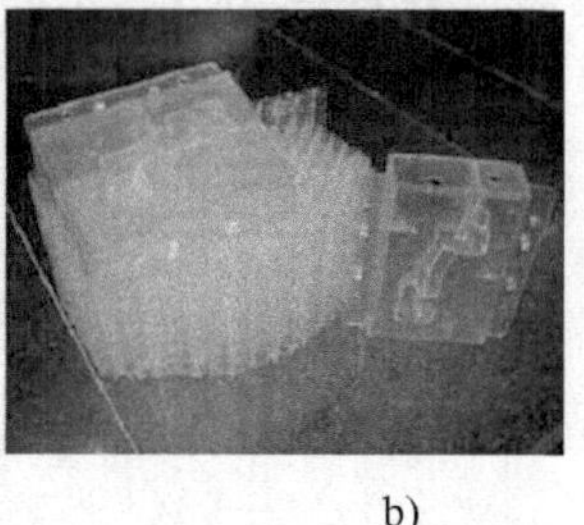

b)

图 10-25 SLA 原型在铸造领域的应用实例

图 10-26 基于 SLS 原型由熔模铸造方法制作的产品

美国 Sundstrand 公司用快速原型件作母模，进行了大量的熔模铸造，取得了显著的效益，见表 10-2。由表 10-2 可见，采用快速成型技术后节省工时 43%～70%，节省成本 64%～94%。

表 10-2 快速成型技术用于熔模铸造的效益

零件名称	材料	传统加工		快速成型			
		工时/周	成本/美元	工时/周	节省率（%）	成本/美元	节省率（%）
发电机的进气壳体	钢	20	95000	6～7	65～70	5500	94
主发电机控制部件	铝	20	33000	7～10	65～50	5700	83
辅助发电机	铝	20	34000	9	55	12000	65
发电机配电中心	铝	18	24000	10	44	6400	73

（续）

零件名称	材料	传统加工		快速成型			
		工时/周	成本/美元	工时/周	节省率（%）	成本/美元	节省率（%）
变换器	铝	18	21000	7	61	7600	64
变换/稳压器	铝	14	17000	8	43	5000	71
稳压器	铝	20	26000	9	55	5800	78
辅助发电机	铝	—	—	11	—	10000	—

10.4.2　砂型铸造

砂型铸造的木模一直以来依靠传统的手工制作，其周期长、精度低。快速成型技术的出现为快速高精度制作砂型铸造的木模提供了良好的手段，尤其是基于CAD设计的复杂形状的木模制作，快速成型技术更显示了其突出的优越性。某机床操作手柄为铸铁件，具有复杂的曲面形状，人工方式制作砂型铸造用的木模十分费时困难，而且精度得不到保证。借助快速成型技术尤其是叠层实体制造技术，可以直接由CAD模型高精度地快速制作砂型铸造的木模，克服了人工制作的局限和困难，极大地缩短了产品生产的周期并提高了产品的精度和质量。图10-27为铸铁手柄的CAD模型和LOM原型。图10-28给出的同样是砂型铸造的产品和通过快速原型技术制作的木模。

a)CAD模型

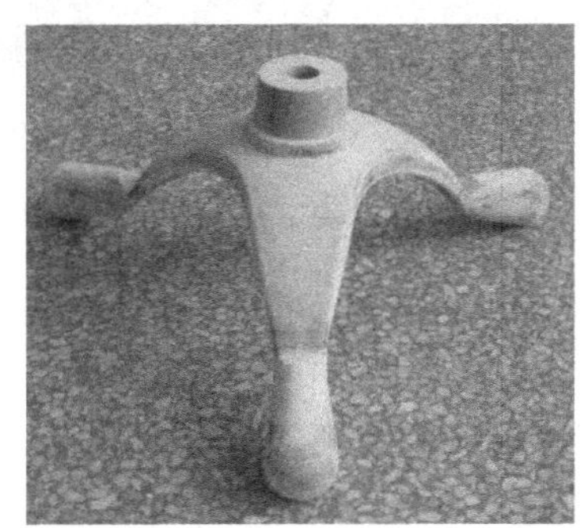
b)LOM原型

图10-27　铸铁手柄的CAD模型和LOM原型

图10-28　砂型铸造产品及木模

10.4.3 石膏型铸造

精密铸造通常被用来从快速成型件制造钢铁件。对低熔点金属件，如铝镁合金件，石膏型铸造，效率更高，同时铸件质量能得到有效的保证，铸造成功率较高。在石膏型铸造过程中，快速成型件仍然是可消失模型，然后由此得到石膏模，进而得到所需要的金属零件。

石膏型铸造的第一步是用快速成型件制作可消失模，然后将快速成型消失模埋在石膏浆体中得到石膏模，再将石膏模放进焙烧炉内焙烧。这样将快速成型消失模通过高温分解，最终完全消失干净，同时石膏模干燥硬化，这个过程一般要两天左右。最后在专门的真空浇铸设备内将熔融的金属铝合金注入石膏模，冷却后，破碎石膏模就得到金属件了。这种生产金属件的方法成本很低，一般只有压铸模生产的2%～5%。生产周期很短，一般只需 2～3 周。石膏型铸件的性能也可与精铸件相比，由于是在真空环境中完成浇注，所以性能甚至更优于普通精密铸造。图 10-29 所示为使用石膏型铸造得到的发动机进气歧管系列产品。

图 10-29 采用石膏型铸造的发动机进气歧管

10.4.4 直接模壳铸造

美国麻省理工大学在 1989 年开发了一项基于立体喷墨印刷技术（3DP）的直接模壳制造（Direct Shell Production Casting，DSPC）的铸造技术。这一技术随后授权于 Soligen Inc. 公司用于金属铸造。DSPC 首先利用 CAD 软件定义所需的型腔，加入铸造圆角、消除可待后续机加工制作的小孔等结构，然后根据铸造工艺所需的型腔个数生成多型腔的铸模。DSPC 的工艺过程是这样的：首先在成型机的工作台上覆盖一层氧化铝粉，如图 10-30a 所示；然后将微细的硅胶沿着工件的外廓喷射在这层粉末上，如图 10-30b 所示；硅胶将氧化铝粉固定在当前层上，并为下一层的氧化铝粉提供粘着层；每一层完成后，工作台就下降一个层的高度，使下一层的粉末继续敷料和粘固；未粘固在模型上的粉末就堆积在模型的周围和空腔内，起着支撑的作用，直至完成所有的叠层，如图 10-30c 所示；整个模型完成后，型腔内所充填的粉末必须去除，获得需要的模壳，如图 10-30d 所示；然后利用此模壳，进行金属制件的铸造，如图 10-30e 所示。该项技术的优势是模壳材料广泛，结构可较为复杂且制作快捷，与熔模铸造工艺相比，节省了制造蜡模模具和蜡模本身的成本；缺点是模壳型腔表面比较粗糙，且模壳尺寸受 3DP 快速成型设备工作空间限制而较小。

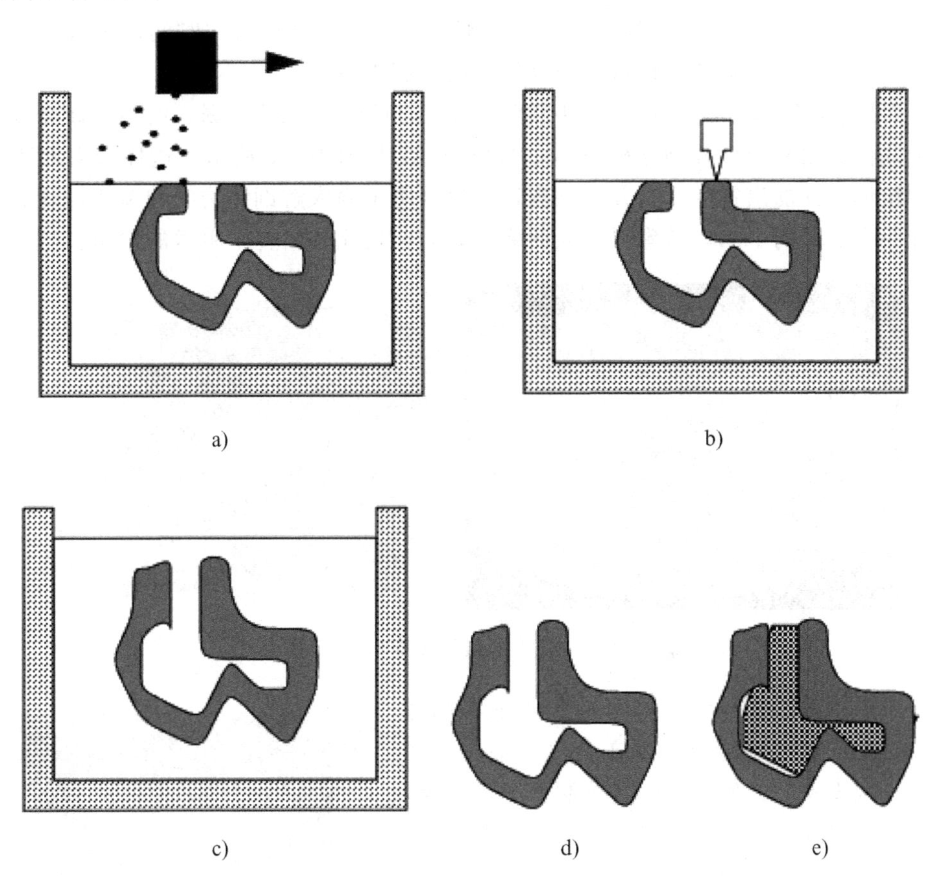

图 10-30　基于 3DP 快速成型技术的直接模壳铸造工艺流程

10.5　快速成型技术在医学领域的应用

现代 RP 技术在 20 世纪 80 年代末期一经出现，很多制造行业即对其表现出浓厚的兴趣。最早采用 RP 技术的是航空、汽车和医学工业。虽然医学应用只占不到 10%的 RP 市场，但医学应用又对 RP 技术提出了更高的要求。RP 已经运用于种植体原型、监视系统和很多其他医疗设备原型的制作。运用生理数据采用 SLA、LOM、SLS、FDM 等技术快速制作物理模型，对想不通过开刀就可观看病人骨结构的研究人员、种植体设计师和外科医生等能够提供非常有益的帮助。这些技术在很多专科，如颅外科、神经外科、口腔外科、整形外科和头颈外科等得到了广泛应用，帮助外科医生进行手术规划。

1. 设计和制作可植入种植体

快速原型用于种植体设计已经有很长一段时间了，工程师利用CAD软件可以很快地设计一个产品，而RP设备的快速性允许设计师在很短的时间内多次验证并修改其设计，这样就在设计过程中节约了时间和成本。

运用RP技术，设计师可以根据特定病人的CT或MRI数据，而不是标准的解剖学几何数据来设计并制作种植体，如图10-31和图10-32所示。这样极大地减少了种植体设计的出错空间，并且根据这种适合每个病人解剖结构的种植体，确实能设计一个更好的手术，节省对病人的麻醉时间，还能减少整个手术的费用。

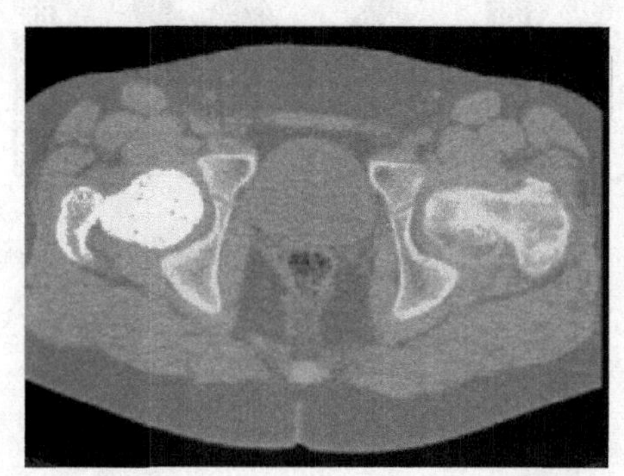
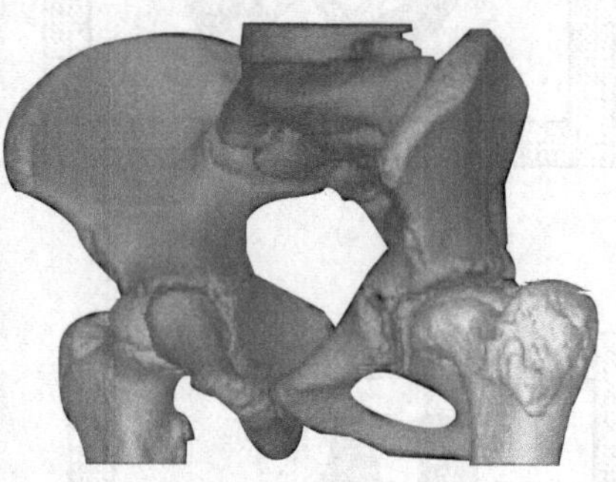

图10-31 从CT数据到骨骼3D数值模型

基于RP制造的种植体具有相当准确的适配度，其优点在于能够提高美观度、缩短手术时间、减少术后并发症等。具体制作的过程为：

1）来源于CT的数据转换成STL数据。

2）利用RP技术制作缺损部位原型。

3）采用硬质石膏、硅橡胶等材料和相关方法翻模。

4）制作熔模并进行熔模铸造制作种植体。

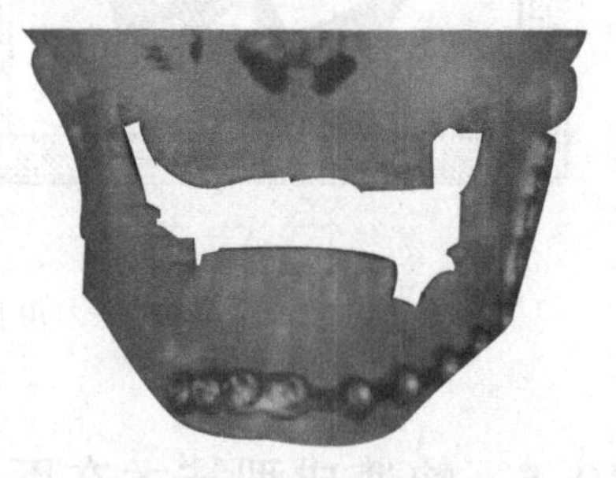

图10-32 应用RP模型设计植入体

2. 外科手术规划

复杂外科手术往往需要在三维模型上进行演练以确保手术的成功。快速成型技术可满足这种要求。图10-33所示为颅骨手术实施前根据患者CT数据处理制作的快速原型。原型中很清晰地给出了颅骨中血管的分布及连接状况，这对于术前制订手术方案，尤其是对于血管切割与连接的处理方案制订十分重要，不但显著节省了手术时间，也显著提高了手术质量并降低了手术风险。仅时间节省这一项就使得模型制作在很多复杂手术中显得非常重要和必要。

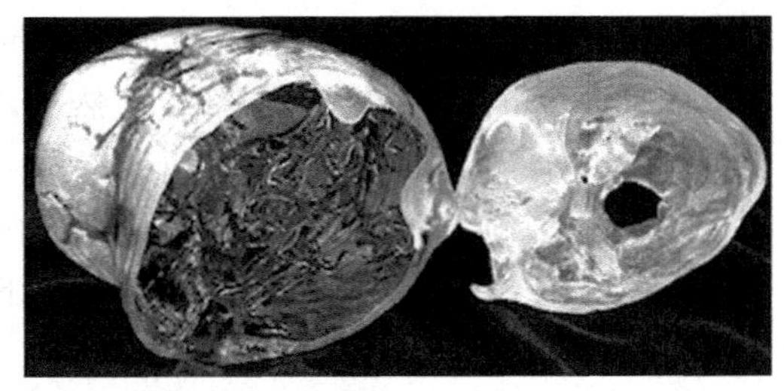

图 10-33　RP 模型辅助复杂手术规划

3. 颌面修复

目前，美国、澳大利亚、新加坡、日本以及欧洲的许多国家对快速原型在医疗领域的应用非常重视。美国在牙科手术、面部矫正手术方面，新加坡在面部矫正手术方面，澳大利亚在头颅和面部修复手术方面，德国和法国等在头颅和颌骨修复手术方面，都依靠快速成型技术，取得了明显的效果。目前国内的医疗领域也在尝试对快速成型技术进行应用研究，但是成功的案例还十分少见。

基于 CT 技术和快速成型技术的人体颌面部缺损修复手术，是快速成型技术在医学领域里比较有价值的临床应用。对患者头部进行螺旋 CT 扫描，得到最小间距的二维 CT 数据。通过设定骨骼的灰度阈值，提取 CT 图像中的骨骼轮廓，得到患者病变区域的头颅模型，如图 10-34 所示。图像中左侧因肿瘤病变进行了切除。手术的目的就是通过切取病人体内的腿骨修复左侧下颌的缺损。在数据处理时还进行了右侧下颌骨的提取并镜像，用于制作快速原型以辅助手术。

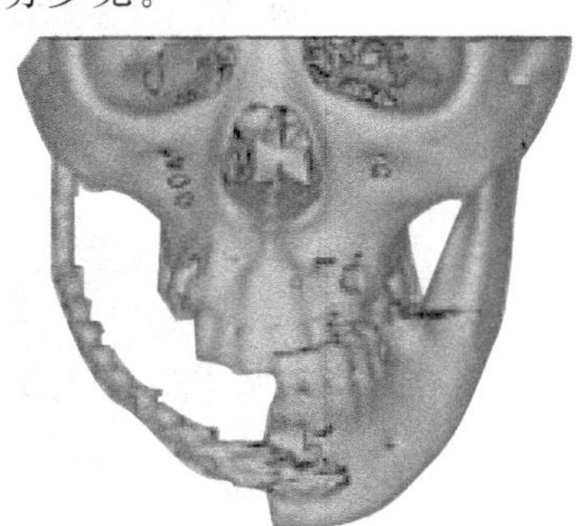

图 10-34　患者病变区域的头颅骨模型

将上述处理完毕的数据文件，按要求的格式输入到快速成型系统进行加工制作。图 10-35 为具有缺损的患者颅骨 SLA 模型、患者小腿骨 SLA 模型及患者左侧完好的下颌骨模型的镜像颌骨 SLA 模型。

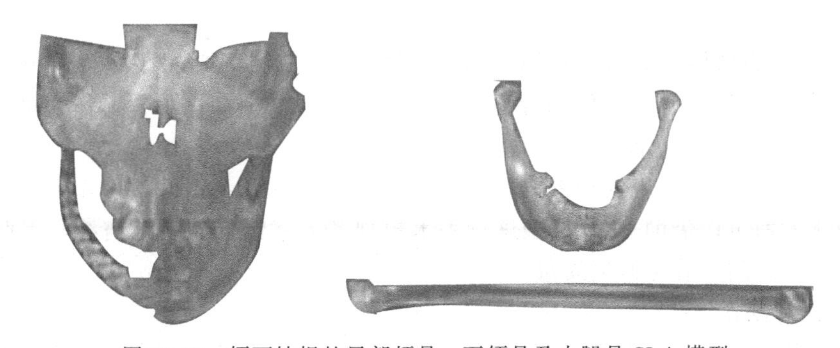

图 10-35　颌面缺损的局部颅骨、下颌骨及小腿骨 SLA 模型

手术的方案是，以对应缺损部位的正常部位的镜像体为参考模型，对从腿部切下的小腿骨进行分割拼凑到缺损部位，然后，用金属植入体进行相应的固定和定位。具体步骤如下：

1）将颌面部缺损的局部头盖骨原型和对应缺损部位的正常部位的镜像体拼合到一起，如图 10-36a 所示，观察结合部位上下牙齿咬合的程度，如果咬合程度好，就可以定型作为手术规划和演练的目标实体。

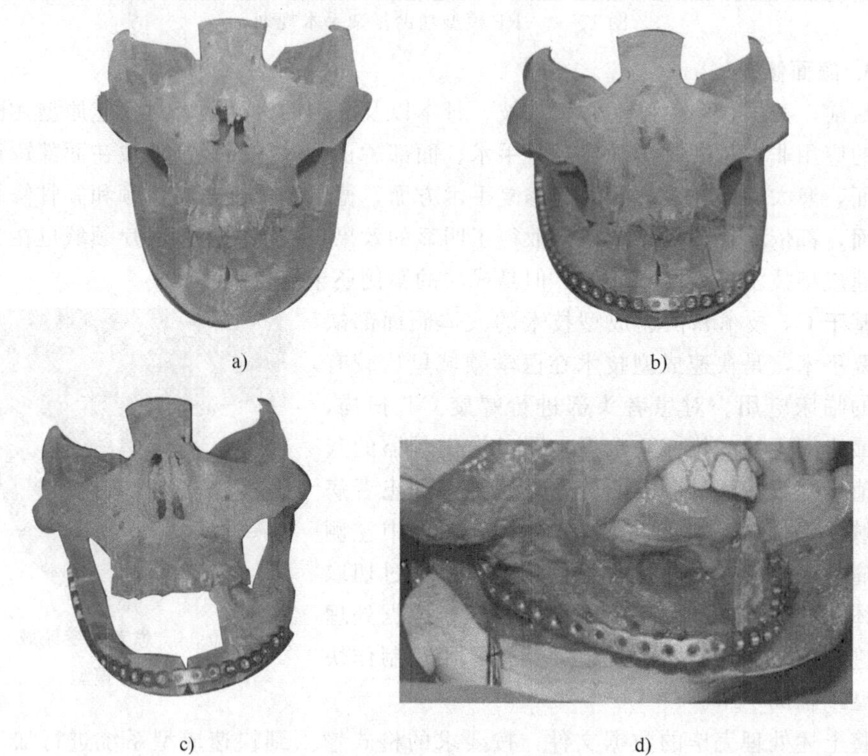

图 10-36 借助快速成型技术辅助颌骨修复手术

2）将成型钛板支架固定在吻合好的下颌模型上，定型后采用螺钉固定，如图 10-36b 所示。

3）将小腿腓骨 SLA 模型进行切割拼凑处理，使切割骨的形状与钛板形状吻合，测量每一段小腿腓骨模型的长度并标记对应于整体腓骨的位置，作为手术过程的依据，如图 10-36c 所示。

4）按照上述手术规划和方案，实施下颌骨修复手术，如图 10-36d 所示。

由于术前可以借助 SLA 原型进行手术规划和方案制订与手术演练，因此可显著节省手术时间，确保修复质量。

4. 义耳制作

全耳郭缺损在临床上是一种较为常见的疾病。外耳缺失不仅影响美观，而且听力也大受影响。全耳郭缺损的修复方法一般有手术和义耳两种。手术再造耳的外形不够理想，且存在费用高、危险大、周期长、效果不满意等缺点。随着计算机技术的发展，CT 图像处理和三维重构技术的迅速发展，伴随着快速成型技术的成熟，两者结合，为义耳的制作提供了一种新工艺。

在颌面修复领域，义耳赝复体形态制作一直存在仿真程度不高的问题。基于医学 CT 三维重构技术，进行数据处理，得到义耳及义耳注型模具的三维模型，采用快速成型技术进行义耳注型模具的快速制作。同时对浇注的硅橡胶材料进行配色，再利用快速成型制作的义耳注型模具，进行义耳赝复体的真空注型，便可得到几何形状仿真度比较满意的义耳赝复体。

基于螺旋 CT 图像的义耳模型构建的过程如图 10-37 所示。扫描患者正常一侧的耳朵，将 CT 数据存储成 DICOM 格式，如图 10-37a 所示；使用专用的三维重建软件将患者耳部 CT 数据重建，生成的三维模型如图 10-37b 所示；将三维模型进行光顺处理，并将数据格式转化为快速成型系统接收的 STL 文件格式，如图 10-37c所示；镜像得到患者缺损耳朵的三维数据模型，如图 10-37d 所示。

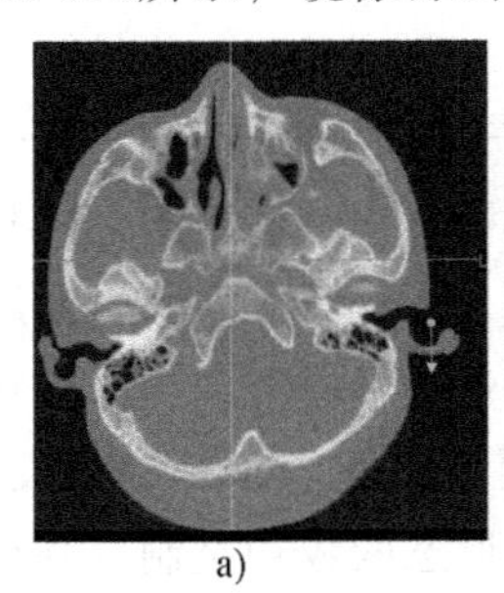
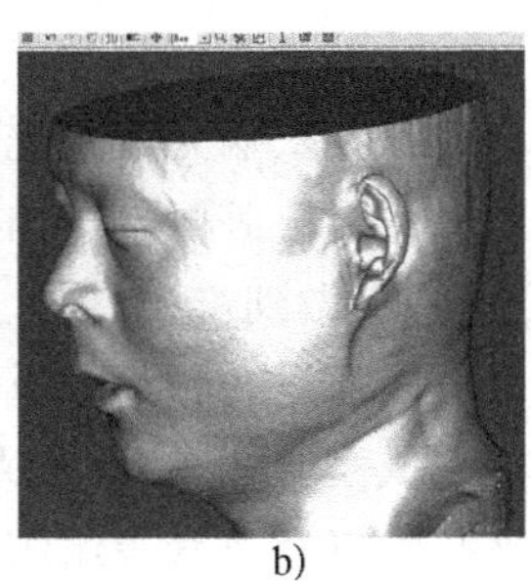
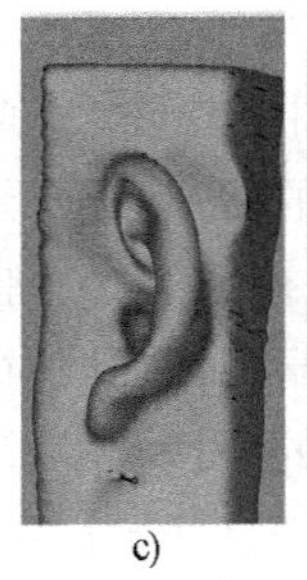
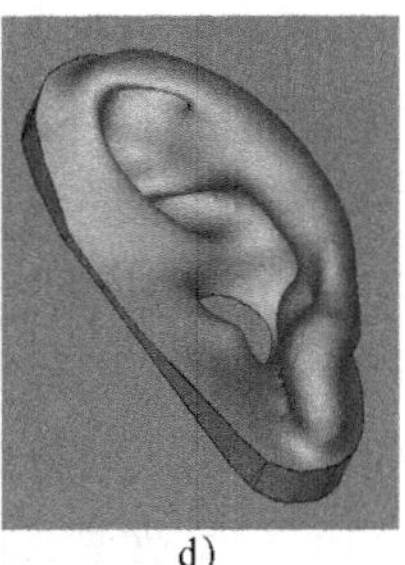

a)　b)　c)　d)

图 10-37　基于 CT 图像处理技术的义耳模型

当获得义耳三维模型后，通过布尔运算及根据真空注型工艺要求，得到义耳注型的上下模具，并根据注型工艺要求设置了浇道和合模定位装置。义耳注型上下模具如图 10-38 所示。图 10-39 是采用光固化快速成型技术制作的用于硅橡胶浇注的义耳模具。

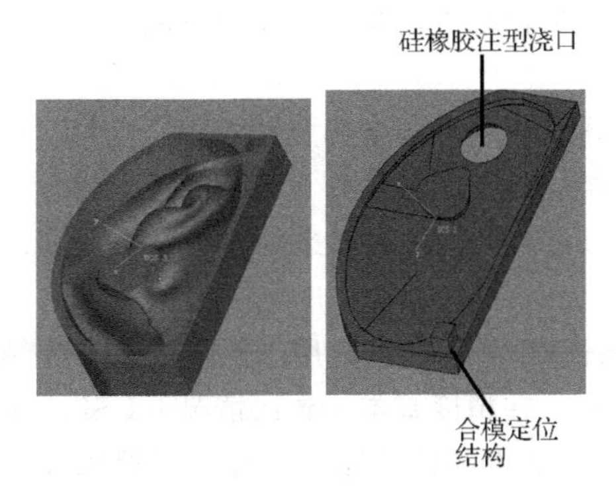

图 10-38　义耳上下模具三维造型

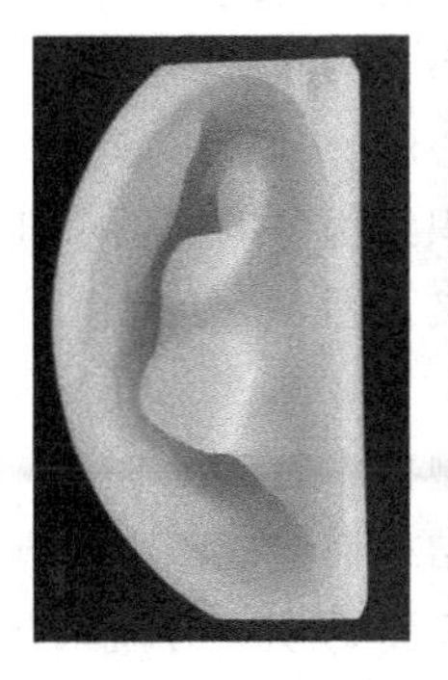
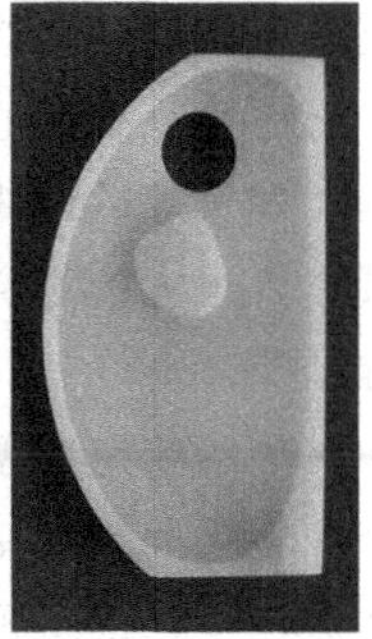

图 10-39　SLA 法制作的义耳模具

采用SLA快速成型技术制作的义耳注型模具，利用医学硅橡胶材料进行义耳的真空注型。但是在注型之前，需要根据个体肤色对硅橡胶材料进行配色。义耳赝复体的颜色应该在整体上能够与颌面部组织相协调，这就需要与患者肤色进行精确匹配，而这项工作以往通常是由医务人员根据患者肤色或肤色记录按照经验进行配色，但是操作者颜色辨别能力的差异和修复材料固化后颜色的变化，一直影响着赝复体颜色的准确性。最新的研究是以色度学为基础，建立肤色值、颜料配比值、赝复体的颜色色度值及色差之间的数学关系，借助色度测量仪器对个体肤色进行测量，得到与个体肤色比较精确的科学配色方法。图10-40是对硅橡胶材料进行配色后使用SLA快速成型的模具通过真空注型技术得到的义耳赝复体。

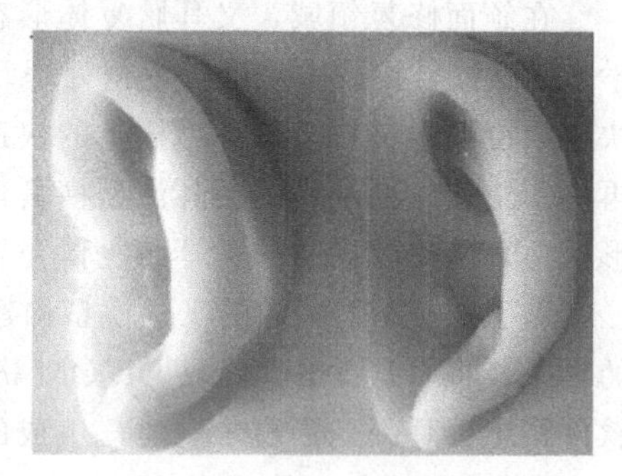

图10-40 义耳赝复体

5. 心血管模型制作

心脏是人体组织中重要的器官。心脏类疾病尤其是先天性心脏病引起了医学界的广泛重视，心脏病的治疗必须要求医生对心脏解剖学结构有详细的了解，并且有丰富阅读CT/MRI扫描图片的经验，才能做到准确诊断。现代图像技术的发展可以得到质量较高的医学图像，同时也可以通过各种途径重建医学模型，为心脏病的准确诊断提供了较好的支持。随着快速成型技术的出现以及在医学领域中的发展，从最初的骨骼造型及修复开始扩展到心脏以及血管等组织形态的成功复制，利用快速成型方法得到的高精确度的重建模型为医学教育、研究以及手术规划等带来了一场变革。相对于由CT/MRI数据在计算机上得到的心脏以及血管三维模型，快速成型得到的实体模型有以下优势：除了能够提供医生和患者都能比较容易理解的心脏和血管几何外观以及病灶位置以外，质量较高的血管模型还可用于试验研究以替代计算机软件模拟并真实再现特定病患血管中血液的流动特点，比如血流的改变可以反映血管瘤的大小和形状。

心血管系统由心脏、动脉、静脉、毛细血管等组成，准确复制心脏、血管、血管瘤、气管等软组织结构可以提供个性化软组织模型，在诊疗、手术和医学教学等领域具有很大的意义。图10-41为由心脏器官CT数据提取出来的左、右心血管的三维结构。

典型的快速成型技术SLA、SLS、LOM、FDM等都被应用于医学模型实体制作，在不同的组织结构模型成型中各有其优势。在精度基本一致的情况下，SLA工艺优点在于，加工模型透明，外观效果好；致命缺点是其加工过程中需要添加支撑，而对于心血管这类细枝干器官，支撑的添加和去除都是一项繁重的工作。

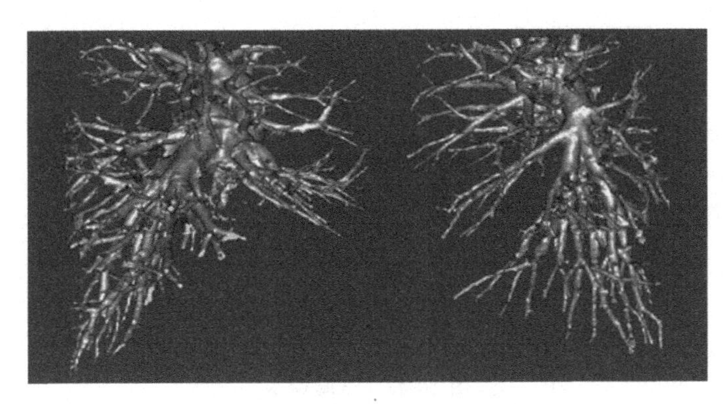

图 10-41 左、右心血管的三维结构

LOM 工艺虽不存在支撑问题，但是成型后多余材料的去除对于小尺寸的心血管来说比较困难。SLS 工艺则不存在上述两种问题，但其成型时容易出现固化不全、细节部位固化多余等问题。

图 10-42 为采用 SLS 快速成型工艺制作的右心血管模型。

6. 口腔种植体导板

随着口腔种植技术逐渐被广大患者接受和认可，种植技术已经成为常规的牙列缺失的治疗手段。基于 CT 数据的 CAD/CAM 导板目前已经发展成熟并广泛应用于临床。通过对患者的 CT 信息进行三维重建，从而有效评价骨量和重要组织（神经）的位置，虚拟放置种植体到最理想的位置，实现种植体位置的计算机模拟植入，继而利用反求技术获取种植体的位置及角度等信息，采用 CAD 手段将其设计并转移到植入导板的导向孔道中，实现种植体植入导板的计算机辅助设计。而快速成型技术为上述 CAD 导板的快捷而精确制作提供了一种有效途径。下面为借助快速成型技术辅助种植体植入导板制作的研究实例。

图 10-42 右心血管 SLS 模型

（1）试验标本选取　选取干燥的下颌骨模型作为实验对象，干燥下颌骨标本 5 个、种植体 14 颗（OSSTEM 公司，直径 4.5mm，长度 13mm），如图 10-43 所示。

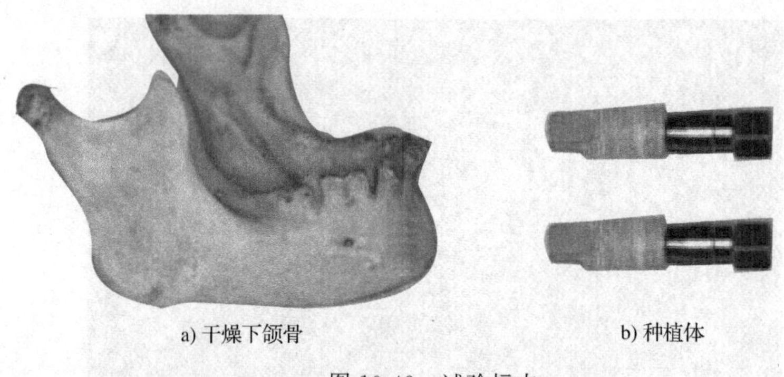

图 10-43 试验标本

(2) 放射导板制作及 CT 数据获取 对下颌骨标本取模，制作石膏模型，修整后利用热压膜技术对石膏模型压膜，制作压膜导板，修整后在压膜导板的颊舌侧钻孔放置放射标记物，完成放射导板的制作。放射导板戴入颌骨后拍摄 CT，同时放射导板单独 CT 扫描，获取下颌骨和放射导板 CT 数据。如图 10-44 所示，图中箭头指示的为放射标记点。

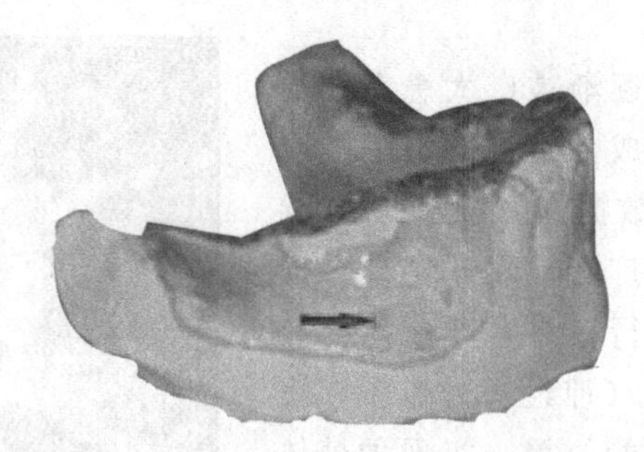

图 10-44 下颌骨石膏模型及利用热压膜技术制作的放射导板

(3) 种植体导板设计 将 CT 数据导入专用软件中，分别重建下颌骨和放射导板三维数模，如图 10-45a 所示；利用放射标记点进行配准实现导板与颌骨模型的匹配，如图 10-45b 所示，图中箭头所指即为放射标记点。采用与实际微螺钉直径相同的圆柱体作为虚拟螺钉，虚拟放置种植体在合适位置，如图 10-45c 所示；设计植入孔道结构，并确定植入深度，完成种植体导板设计，如图 10-45d 所示。

(4) 快速成型植入导板，植入种植体 将设计的植入导板数据提供给快速成型系统，进行导板快速成型制作，为保证每个植入钻的植入方向，在导向孔道内还需设计、制作并安装导向管，如图 10-46a 所示。导板在实验模型上经过试戴后，检查其稳定性并利用微螺钉将导板固定在颌骨标本上，按顺序依次更换导向管、导向钻，在颌骨模型上植入种植体，如图 10-46b 所示。

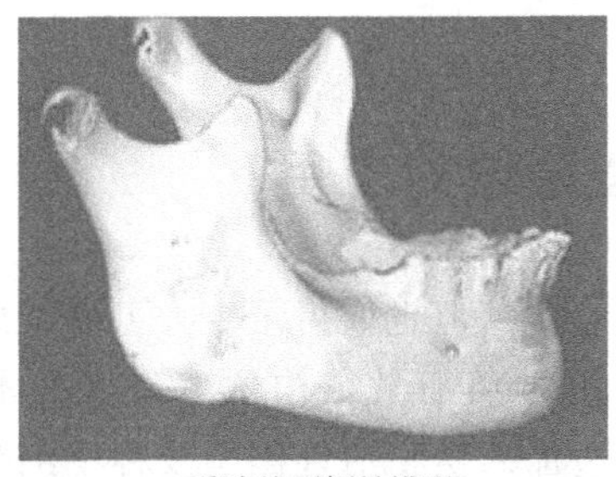

a) 重建的下颌骨模型

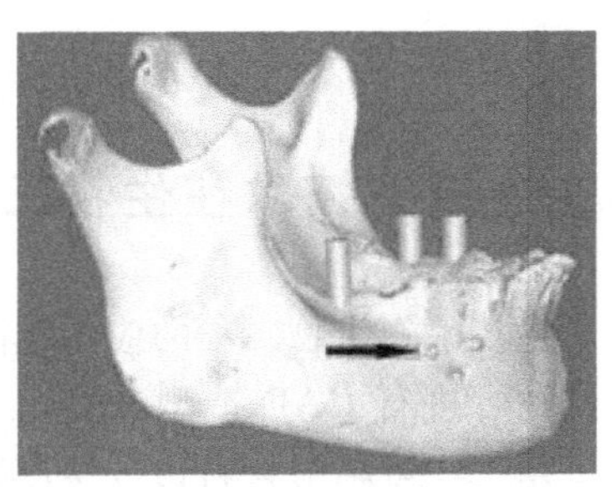

b) 虚拟放置种植体

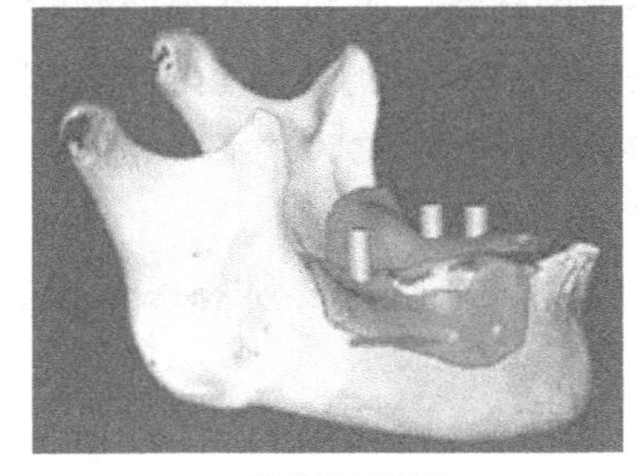

c) 配准放射导板

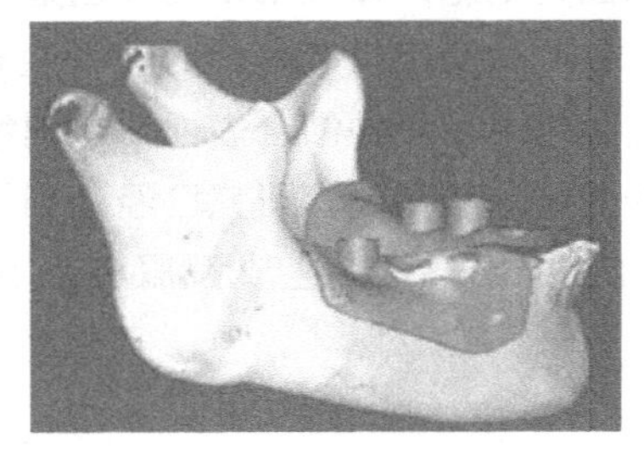

d) 植入导板设计

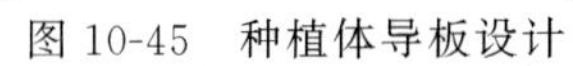

图 10-45　种植体导板设计

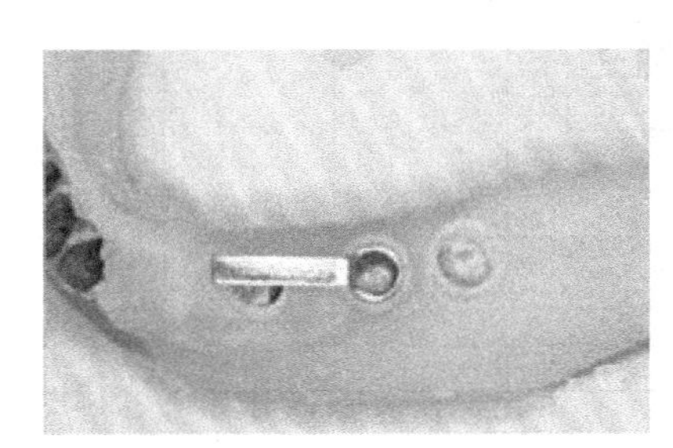

a)导板SLA模型及导向管安装

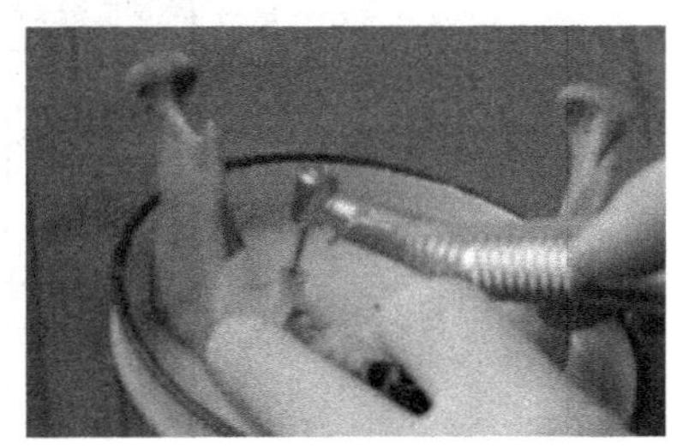

b)植入种植体

图 10-46　植入种植体

实际临床应用时可以按照上述给出的试验研究步骤和方法来进行口腔种植体植入导板的设计与制作，图 10-47 给出的是面向临床应用而设计并制作的口腔种植体

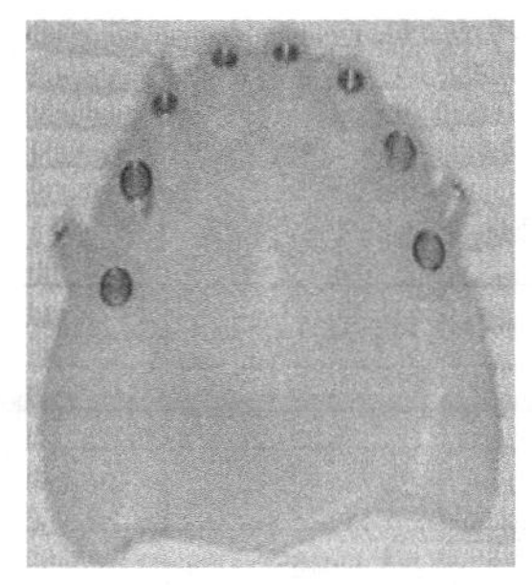

a) 种植体植入导板

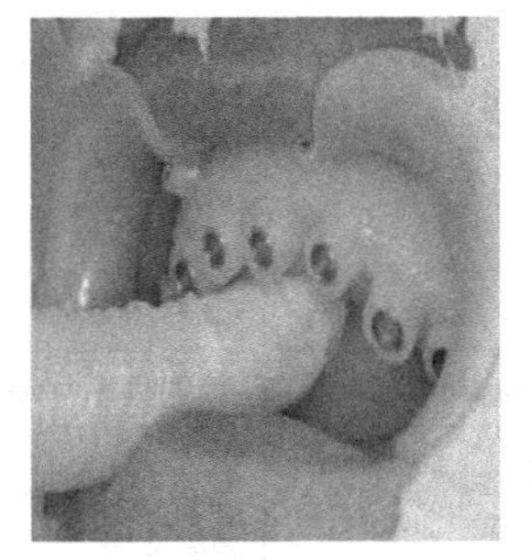

b) 临床植入

图 10-47　借助快速成型技术制作的种植体植入导板及其应用

植入导板及其应用。

10.6　快速成型技术在生物工程领域的应用

快速成型技术在生物工程的应用刚刚起步，但也取得了令人可喜的成果。针对骨的具体结构，进行 CAD 造型，然后利用内部细微结构仿生建模技术及分层制造，常温下用生物可降解材料边分层制造边加入生物活性因子及种子细胞。用快速成型技术制成的细胞载体框架结构来创造一种微环境，以利于细胞的黏附、增殖和功能发挥，以此达到组织工程骨的并行生长，加速材料的降解和成骨过程。此外，有关文献还报道了用一种结合表面活性剂和颗粒模板的称为软平版印刷的方法，来形成有功能的纳米结构，其研究已经达到了分子水平。

图 10-48 给出了某快速成型服务商自成立以来制作的所有医学模型的用途统计。

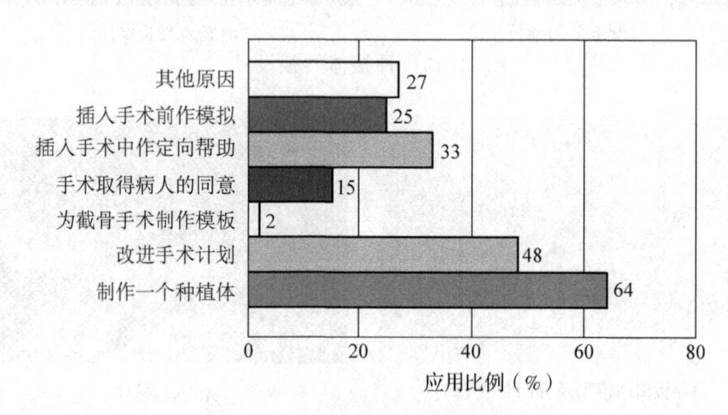

图 10-48　医学模型的用途统计

医学应用的每一个 RP 模型都需要原型设备和材料的特殊搭配才能产生预期效果，某种情况可能需要半透明的硬塑料，而另一种情况可能需要软的生物兼容材料，有时需要消毒材料，有时却并不需要。RP 医学应用中设备和材料的选择可参考表 10-3。

表 10-3　RP 医学应用中设备和材料的选择

应用类别	USP VI 级	需要消毒	需要半透明	可植入需求	最适合的 RP 方法
植入原型	Y/N	Y/N	N	N	FDM、SLA、SLS
生物模型	Y/N	Y/N	Y/N	N	SLA、FDM、SLS、3DP
临床生物模型	Y	Y	Y/N	N	FDM

（续）

应用类别	USP VI 级	需要消毒	需要半透明	可植入需求	最适合的 RP 方法
组织器官开发	Y	Y	N	Y	3DP、SLA、LOM
医药产品	Y	Y	N	Y	3DP、SLS
骨置换	Y	Y	N	Y	SLS、LOM

注：Y 表示是，N 表示否。

USP VI 级材料是通过安全测试并能消毒的材料。目前只有少数几种 RP 材料符合这一要求，SLA 有一种，FDM 有一种，SLS 有两种，LOM 有几种。

表 10-3 中的另一类材料是可植入材料，目前仍然很弱，将来有望该类材料能够得到迅速发展。3DP 与 SLS 等 RP 技术在这方面具有较大的优越性。

从医学图像得到的解剖模型有一系列的要求。有些模型最适合用半透明材料制作，有的最适合用不透明材料制作，以便更好地观察表面。在大多数情况下，这些模型是在手术之前使用，特定情况下需要把模型消毒用于手术时的参考。

随着生物材料科学的发展，快速成型产品在医学领域的临床应用将不断增长，从骨再生植入到器官置换，应用范围非常广。

目前正在研究的人工骨制作是 RP 技术非常有前景的一个应用领域，目前有两种制造骨骼种植体的方法。一种方法是采用选择性沉积磷酸钙粉末的工艺来制作多孔的种植体。动物试验表明，这些多孔种植体在新骨生长性能方面表现了优异的性能。经过一定的时间，这些多孔种植体将变成动物骨架的一部分。这些多孔种植体在相对密度为 50%时，强度降低到 70MPa，因而它们的用途局限于不承载的部分，如面部和颅骨部分。第二种工艺是用 SLS 准备碳素模具，熔融的磷酸钙在 1100℃的熔化温度下浇注到模具中。这样得到的全密度玻璃态部件可以通过退火得到半结晶的合成物，抗压强度超过 170MPa，可用于承载种植体，如牙齿、骨头螺钉和脊椎骨等。

有些 RP 设备制造商的长期目标是将 RP 机器放到临床设备中，例如 X 射线部门的一台 RP 机器可在几个小时内向外科医生提供非常有用的物理解剖模型，这样可使外科医生在很短的时间内作出精确的手术计划。实现这一点的障碍之一是医院缺少熟练的操作人员，除此之外，设备成本、组织机构的增加、材料成本等因素都限制了 RP 设备直接放在医院这一构想。

1. 定制骨种植体

人体内一共有 206 块骨头，这些骨头的大小和形状因人而异。在重建、整形外科手术中，如果病人可以经济地定制到根据医用 CT 扫描得到的骨种植体是非常有用的。如果可能的话，需要对事故前的受伤部位进行 CT 扫描，或者使用相应身体的另一侧未受伤骨头的镜像。按照实际尺寸定制的种植体可以减少进行医用培植步骤的过程，降低病人的风险。

采用快速成型制造技术制作骨种植体一般采用一种羟基磷灰石（HA）和磷酸盐的玻璃相粉末混合物的聚合材料体系，这种材料与人体具有生物相容性，并且可以制作成LOM工艺中的薄层材料。应用LOM工艺制作羟基磷灰石定制骨种植体制造流程如图10-49所示。这种复合材料体系包括羟基磷灰石颗粒和磷酸钙的玻璃相，如图10-50所示。玻璃相的磷酸钙被用做粘结剂，当烧结时，玻璃相熔化，并把羟基磷灰石熔合在一起。适当比例的玻璃添加物使HA烧结工艺在较低温度（等于或稍高于玻璃的熔化温度）下执行，从而降低了HA损失羟基和分解的趋势。此外，烧结后收缩率也明显低于纯固态烧结的。

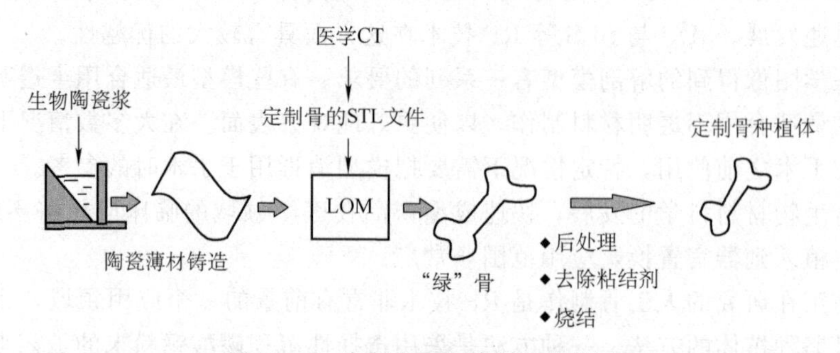

图10-49 定制骨种植体制造流程图

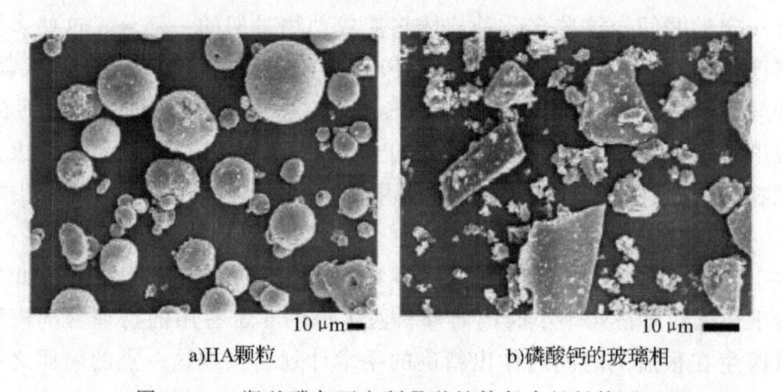

a)HA颗粒 b)磷酸钙的玻璃相

图10-50 羟基磷灰石定制骨种植体复合材料体系

HA与玻璃相合成物的最佳质量配比一般为3∶1。当烧结时，这种配比有足够的玻璃相来完全覆盖HA，又不会因为玻璃相过多而影响复合物的性能。

陶瓷薄层材料制作工艺如图10-51所示。HA/玻璃相薄层的厚度范围为125～250μm。薄层材料微结构如图10-52所示，烧结后由于粘结剂的去除，颗粒显示更为清晰。多数薄层材料会产生一定程度肉眼可见的裂缝。采用LOM工艺对上述制备的薄层材料进行叠加成型，制作出60层的腕骨（大约25mm×6.35mm×6mm），如图 10-53 所示。

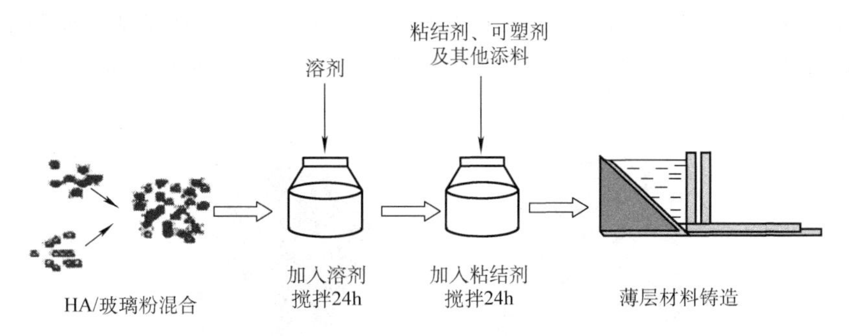

图 10-51　陶瓷薄层材料制作工艺

a) 生羟基磷灰石/玻璃相带　b) 粘结剂烧结后的羟基磷灰石/玻璃相带

图 10-52　陶瓷薄层材料微结构

2. PCL 多孔支架制作

复杂关节如颚关节的修复与重建对骨组织工程提出了很大的挑战。患者体内对异源体、非生物材料的恶性反应使治疗结果大打折扣，自体移植则要求从患者其他部位移植骨，这将导致患者其他部位的并发症。为此，支架必须与解剖缺陷相吻合，拥有能够承受活体负载的力学性能，加强组织生长，产生具有生物相容性的降解产物。

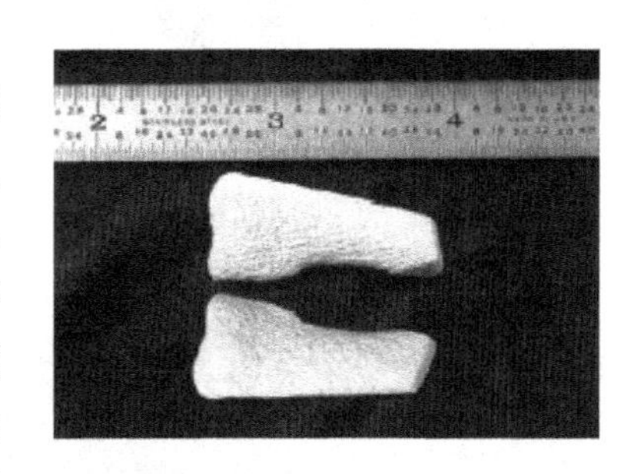

图 10-53　用 LOM 法制作的陶瓷带的羟基磷灰石/玻璃相腕骨种植体（尺子单位为英制）

PCL 是一种生物可消融聚合物，在骨与软骨修复方面具有潜在的应用价值。PCL 支架可由多种快速成型技术制得，包括熔融沉积技术、光固化成型技术、精密挤压沉积、三维打印等，而采用 SLS 技术制作能够容易实现具有多种内部结构与孔隙率的 PCL 支架。

图10-54a给出的是在UG三维造型软件上设计的圆柱形多孔支架（直径12.7mm、高度25.4mm），图10-54b为Sinterstation 2000TM设备上使用PCL粉末制作SLS支架模型。图10-55给出的是猪颚关节的三维构形及多孔支架设计与SLS模型。

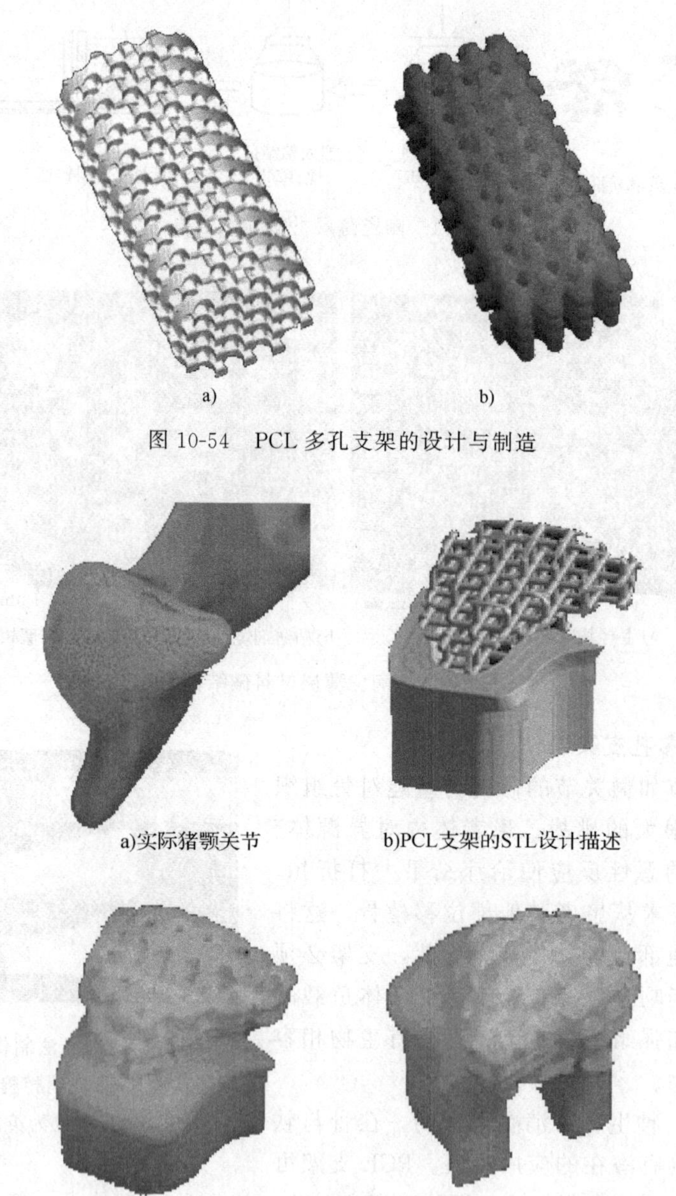

a) b)

图10-54 PCL多孔支架的设计与制造

a)实际猪颚关节 b)PCL支架的STL设计描述

c)SLS模型

图10-55 PCL多孔支架在猪颚关节制造中的应用

3. 无支架血管组织再造

通常的组织再造，是基于外源性生物相容性的支架的使用而进行的。然而支架材料的选择、免疫性、降解速率等，会影响组织的长期性能并直接干涉其主要的生物功能。因此借助于快速成型技术的 3DP 方法，出现了无支架组织的再造技术，并在皮肤、骨骼等方面取得了进展，成功再造了外径为 0.9～2.5mm 的血管组织。

在无支架血管组织再造之前，需经过前期的细胞培养、柱状多细胞体和琼脂糖棒的准备。图 10-56a 为血管再造模板，按照图 10-56b 中的顺序进行琼脂糖棒的逐层堆积。图 10-56c 为再造血管组织的生物打印快速成型设备，堆积出图 10-56d 所示的含有琼脂糖棒的血管组织。去除琼脂糖棒后，得到图 10-56e 所示的外径分别为 2.5mm 和 1.5mm 的血管组织。生物打印机配备两个打印头，一个用来挤出琼脂糖棒，另一个用来进行多细胞体的沉积。

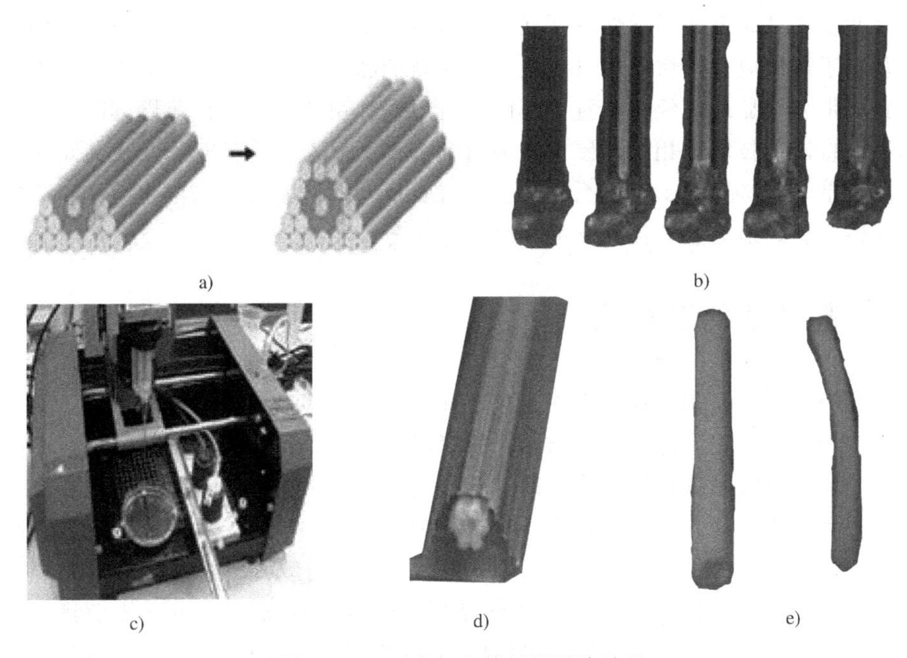

图 10-56　无支架血管组织再造过程

第 11 章 基于快速成型技术的产品快速设计与制造系统

市场经济的激烈竞争使全球制造业的战略重心已逐步从扩大生产规模、降低产品成本、提高产品质量转移至加快市场响应速度上。许多先进企业的产品周期，已经步入了“三个三”（产品设计周期三周，试制周期三个月，生产周期三年）。谁能够在新产品研制与开发过程中走在前面，谁就在激烈的市场竞争中占据有利的位置。因此新产品研发的灵活性与便捷性就得到高度重视。由此产生的快速成型制造技术及基于快速成型的快速模具制造技术在新产品开发及单件、小批量产品生产中已为企业带来了显著的经济效益。为了有效地发挥快速成型与快速模具制造技术的优越性，将该项技术与相关软硬件资源进行集成，组建产品/模具快速设计与制造技术体系是十分必要的，该体系的建立对有效地发挥快速成型与快速模具制造技术的优越性，更好地为企业提供支持与服务是十分重要的。

11.1 基本功能及结构

产品快速设计与制造系统应视为集工业设计、计算机三维 CAD 技术、反求工程、结构分析与优化设计、工艺仿真、快速成型制造、快速模具制造和快速产品制造等为一体的集成制造系统。从当前基于快速成型技术的产品设计角度来看，一般有两种产品快速设计方法，即从概念到产品和从样品到产品。对于从概念到产品的设计方法，其步骤为：概念、三维 CAD 造型、快速成型、结构分析与优化、工艺分析、快速模具和快速产品；对于从样品到产品的快速设计方法，其步骤为：样品、反求（逆向）工程、曲面拟合/修补、三维造型、快速成型、结构分析与优化、工艺分析、快速模具和快速产品。因此无论初始已知条件是一个概念、一个样品还是一张图样，都可借助于计算机三维设计、快速成型技术和快速模具制造技术进行产品的快速设计与制造。对于产品设计，除了几何形状设计以外，还应当进行结构的优化设计，通过对构件在实际工作环境下的工作过程仿真和在仿真基础上的优化设计，达到产品的最佳设计目的。此外，还应当考虑所设计的产品的制造工艺性问题，即可加工性。例如，对于产品的材料为注塑产品或板料产品的零件，在产品外观、几何形状等设计的同时，还应当考虑所设计的产品外观或形状符合注塑或板料成型件的加工工艺性及其对应的生产用模具的成本与复杂性等因素。因此产品设计过程是集美学、工业设计、功能/结构性能、成型工艺性、产品综合成本等多种因素于一体的设计过程，产品设计不能仅考虑单一或几个因素。

根据上述分析，产品/模具快速设计与制造系统的基本结构如图 11-1 所示。

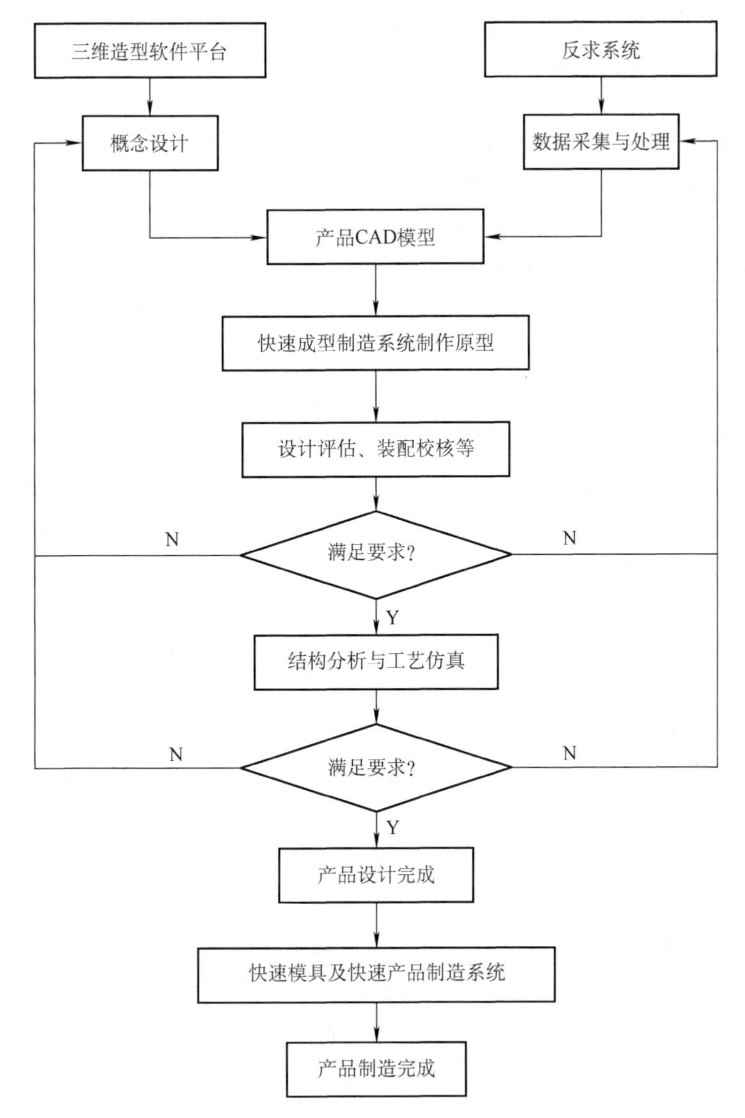

图 11-1　产品/模具快速设计与制造系统的基本结构

11.2　系统软硬件资源

根据上述产品快速设计与制造系统应具备的功能，该套系统应配备的软硬件资源阐述如下：

（1）造型软件　产品的现代设计已基本甩脱传统的图样描述方式，而直接在三维造型软件平台上进行。目前，几乎尽善尽美的商品化 CAD/CAM 一体化软件为产品造型提供了强大的空间，使设计者的概念设计能够随心所欲，且特征修改也十分方便。目前，应用较多的具有三维造型功能的 CAD/CAM 软件主要有 UG、Pro/E、Catia、Cimatron、Delcam、Solidedge、MDT 等。

（2）结构分析软件　产品的结构设计既要满足产品的外观及加工制造等要求，更要满足产品的使用要求。产品设计经外观及加工可行性评估后，能否满足在给定工况下的使用要求，需要进行结构分析。结构分析的主要内容有结构件的强度、刚度、稳定性及疲劳寿命等。结构分析的目的主要是进行安全性评估，进而实现结构的优化。目前，应用较多的结构分析软件有 ANSYS、NASTRAN、MARC、ADINA、SAP 系列等。

（3）工艺仿真软件　批量产品的生产一般都依赖于工具、模具。在给定的工艺条件下，使用给定结构的模具，能否生产出满足设计要求的产品，传统的试错方法在生产过程中需反复地修改模具结构和工艺方案。这样，不可避免地会提高产品的生产成本和延长产品的生产周期。基于工艺仿真的 CAE 技术的发展，大大降低了从 CAD 到 CAM 的风险，使设计、仿真与制造并行，以确保产品开发的一次性成功。目前，产品成型的工艺仿真软件主要有：体积成型仿真软件 DEFORM、FORGEIII 等，板料成型仿真软件 DYNAFORM、OPTRIS、PAM-STAMP 等，注塑成型仿真软件 MOLDFLOW、C-MOLD 等。

（4）反求系统与数据拟合软件　新产品开发过程中的另一条重要路线就是样件的反求。反求是对存在的实物模型或零件进行测量，并根据测量数据重构出实物的 CAD 模型，进而对实物进行分析、修改、检验和制造的过程。反求工程主要用于已有零件的复制、损坏或磨损零件的还原、模型精度的提高及数字化模型检测等。反求的主要方法有三坐标测量法、投影光栅法、激光三角形法、核磁共振和 CT 法，以及自动断层扫描法等。反求工程中较大的工作量就是离散数据的处理。一般来说，反求系统中应携带具有一定功能的数据拟合软件，或借用常规的 CAD/CAM 软件 UG、Pro/E、Delcam 等，也有独立的曲面拟合与修补软件，如 Surfacer 等。

（5）快速成型制造设备　快速成型制造设备相当于一台三维打印机，能够快速、便捷地将产品的三维设计“打印”成特定材料的物理模型，用于产品设计检验与评估及装配与功能校核等。依据使用的原材料及构建技术的不同，快速成型制造设备主要有光固化成型设备、叠层实体制造设备、熔融沉积制造设备及选择性激光烧结设备等。

（6）快速模具制造设备　由于快速成型制造技术受成型材料的限制，要想获得所需材料的单件或小批量产品，还需要通过模具进行翻制，由此，基于快速成型的经济型快速模具技术得到迅速发展。根据不同的制造工艺，快速模具制造过程中常用的设备主要有真空注型设备、电加工成型设备、金属喷涂设备等。

（7）计算机工作站或高档微机　产品三维造型的 CAD/CAM 软件平台需要性能优越的计算机图形工作站支持，产品结构分析及成型工艺仿真同样需要高速的计算机工作站。目前，计算机工作站的发展速度也同微机一样日新月异。许多品牌产品得到广泛认可，如美国 SGI 公司的 OCTANE 及 O2 图形工作站、美国 IBM 公司的 M-Pro 工作站、SUN 工作站及国内的海信工作站等。上述品牌工作站完全可以满足三维造型软件及结构分析与工程仿真软件对图形处理及运算速度的要求。

11.3　产品快速设计与制造系统的构建

产品设计实施数字化并且与成型工艺仿真及优化技术集成，可以快速地完成产品设计，并有效地确保所设计的产品具有最优的结构和可行的工艺性，显著降低产品开发与制造的周期和成本。根据以上的系统结构分析和软硬件资源的配置分析，基于快速成型和快速模具制造技术的产品快速设计、成型工艺仿真优化及快速制造的集成系统，如图 11-2 所示。对于某种新产品，可以从概念设计或根据某个类似样品经反求开始，通过计算机 CAD 软件或数据采集系统与拟合软件进行产品外观、结构及其零部件的三维造型设计；如果构件为运动或受力部件，则根据运动或受力状态，建立数学模型，分析构件的运动状态或受力状态，从而对结构进行分析和优化；将经优化后构件的三维数据传输到快速成型设备，制作原型；再次进行外观评估、设计检验、装配检验等；如果检验后发现需要修改，则返回 CAD 三维设计，修正设计方案；同时还应当考虑材料成型的工艺性，从成型工艺的难度、模具

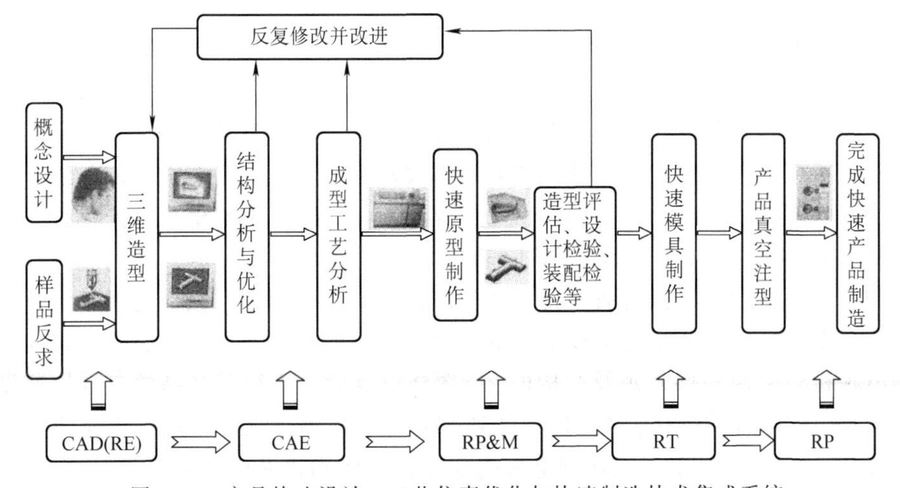

图 11-2　产品快速设计、工艺仿真优化与快速制造技术集成系统

形状的复杂程度及其工序数目等多方面综合考虑，从而在外观、结构、运动或受力状态、成型工艺、模具开发成本等多方面达到综合平衡；随后，进行成型过程工艺和模具设计，并建立过程模拟模型，进行成型过程数值模拟，验证成型工艺和模具设计方案的可行性；对于塑料制品，还可以通过快速软质模具的制作，配合真空注型设备与工艺，快速进行小批量制品的制造，以配合整套产品的评价和市场试销；当整个设计开发环节结束后，进行批量生产用模具的制造，进而完成产品的整个设计、开发和生产过程。在整个开发过程中，数字化设计与制造贯彻于整个环节之中，有效地提高了产品的开发速度、开发质量，减少了开发成本和风险。

产品快速设计与制造系统可以显著加强快速成型与基于快速成型的快速模具制造技术的系统性、适应性及高效性。从概念设计或样品反求开始到完成最终的注型产品，制造周期一般仅需要几天的时间，其设计与制造过程是相当迅速的。

RP 和 RT 技术填补了产品 CAD 与 CAM 之间存在的鸿沟，实现了产品 CAD 与 CAM 的有机集成，是产品快速设计与制造系统中的核心技术。无论是始于产品的概念设计还是直接进行样品的数据反求，要想实现产品的快速设计与制造，都需要 RP&M 和 RT 技术的强有力的支持。

11.4 产品快速设计与制造系统的应用

11.4.1 产品快速设计与制造实例

利用所构建的产品快速设计与制造系统中的造型软件和反求设备的软硬件资源，能够快速地实现产品的三维设计。

1. 概念设计与快速制造

（1）探测仪产品概念设计与快速制作　探测仪是一种能快速、准确地探测地下电缆、管道等走向的高科技新产品，根据某通信公司提出的产品开发要求，根据用户的提议和构思，并参照国外类似产品的照片，在满足外观美观、携带方便、防水及内部线路板及其他功能零部件安装的总体要求下，在 UG 平台上进行了该产品的快速设计。图 11-3 给出了探测仪产品的三维设计，图 11-4 给出了该产品的 RP 原型和基于 RP 与 RT 技术快速制作的产品。

（2）松下新型电视机前面板壳体及机芯设计与快速制造　松下电视机设计部门在产品开发的最后环节是为销售部门提交产品设计的样机，国内某合资公司在完成新型电视机外壳注塑件外观及结构的 2D 图样设计后，进行了产品的三维快速设计与前面板壳体样件的制作。在 2D 图样到 3D CAD 模型过程中，进一步完善了该产品的设计。图 11-5 给出了该新型电视机前面板壳体和机芯的三维设计。图 11-6 为类似于 PP 塑料的壳体产品和类似于 ABS 塑料的机芯产品。

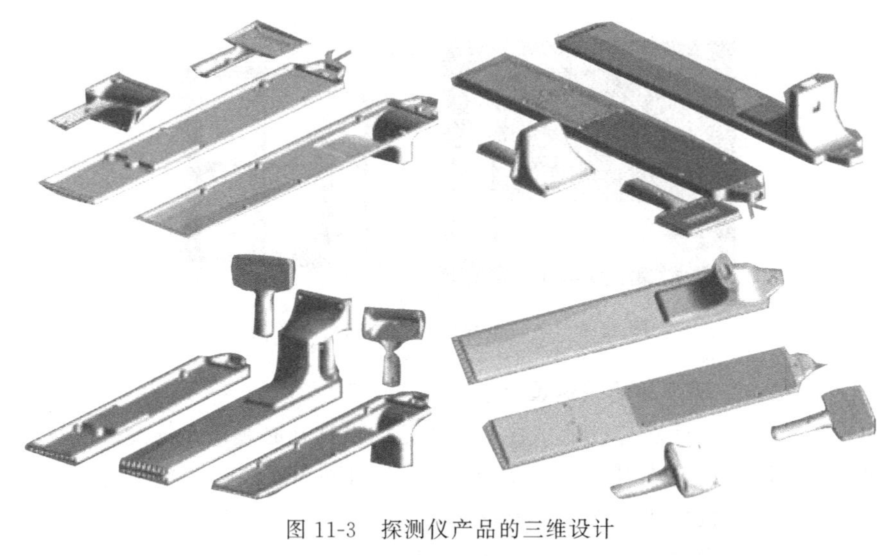

图 11-3　探测仪产品的三维设计

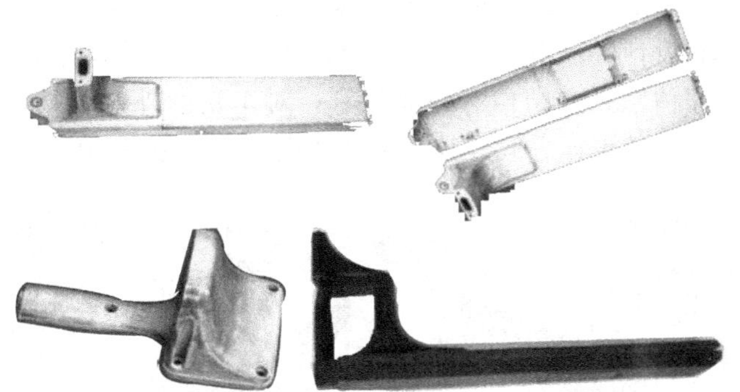

图 11-4　探测仪产品的 RP 原型和类 ABS 产品

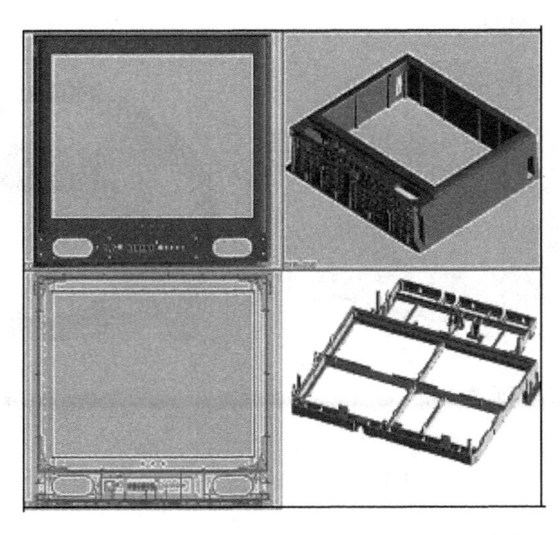

图 11-5　电视机前面板壳体和机芯的三维设计

图 11-6 电视机前面板壳体和机芯产品

2. 反求方法实现产品的快速设计

(1) 吉普车车轮反求与设计 吉普车车轮的设计在必须满足强度和刚度等使用要求外，厂家同时也追求其外观的美感。利用 RENISHAW 反求系统对车轮样件进行数据反求，并根据要求进行外观及结构的改进设计。吉普车车轮的五个风孔均布，因而只测量其中之一，测量的点云数据及根据测量数据设计的车轮如图 11-7 所示。在车轮外观设计过程中，为便于用户评估，对每一种设计都进行了 LOM 原型的制作，根据评估意见和结构有限元仿真，对车轮的外观及结构进行了数次改进，最终确定了合理的设计方案，其样件及各次设计的原型如图 11-8 所示。

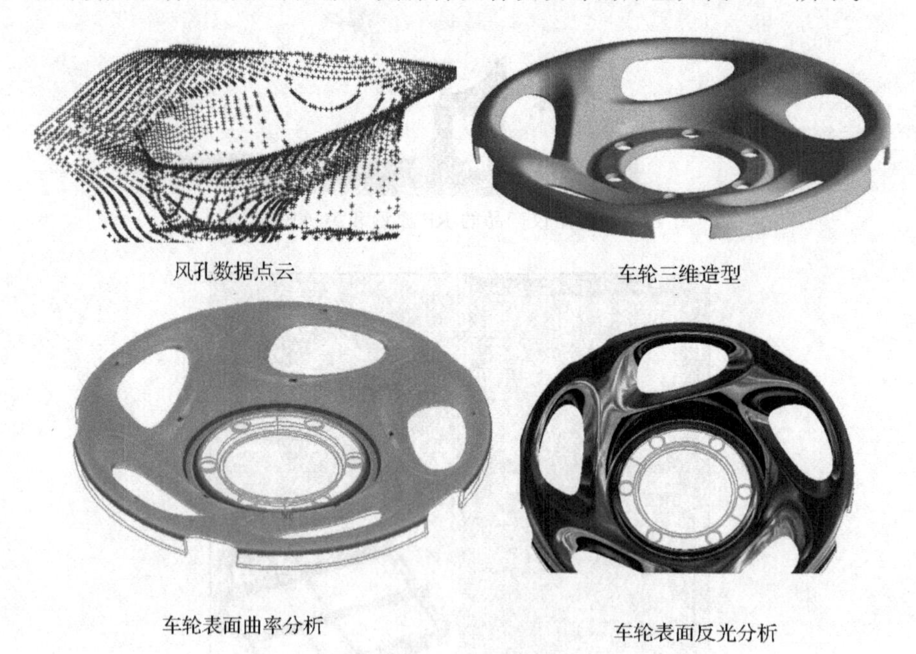

图 11-7 吉普车车轮反求与设计

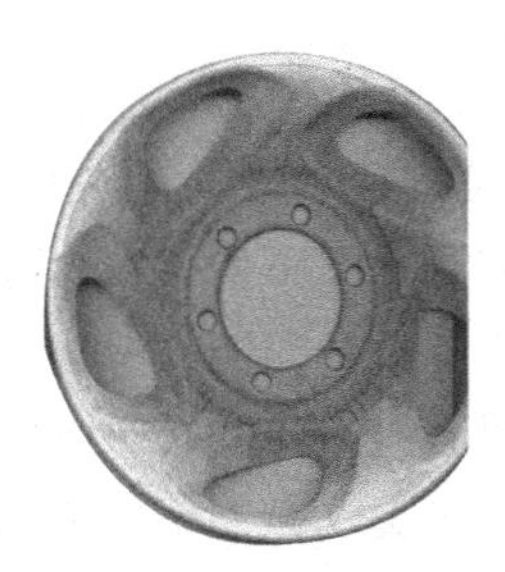
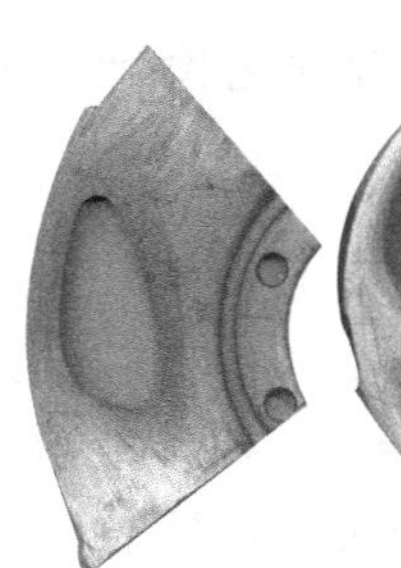
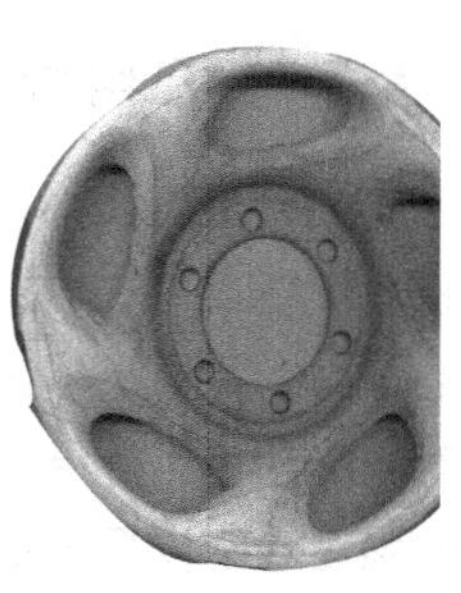

a) 样件　b) 第一次设计　c) 第二次设计　d) 第三次设计

图 11-8　吉普车车轮外观及结构设计与改进

（2）汽轮机叶轮反求与设计　汽轮机叶轮的尺寸比较精细，形状比较复杂，因所要求的形状尺寸精度很高，无法采用常规测量方法进行 CAD 模型的构建。为此，采用 RENISHAW 公司 Cyclone 反求系统进行了叶轮形状测量，并进行叶轮表面曲率和反光辅助分析。根据测量数据快速地实现了定子与转子的三维设计，如图 11-9 所示。

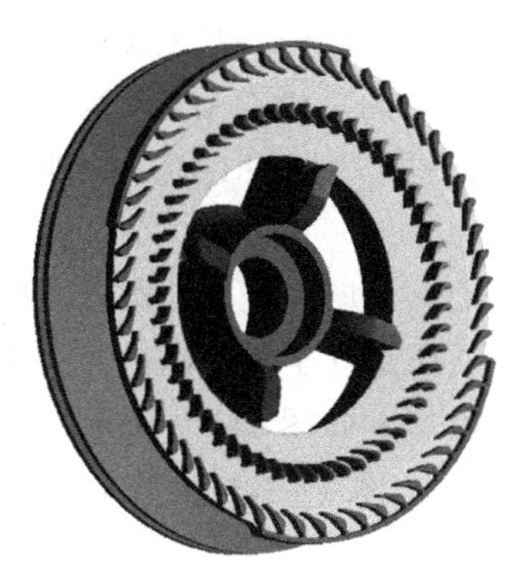

汽轮机定子三维造型

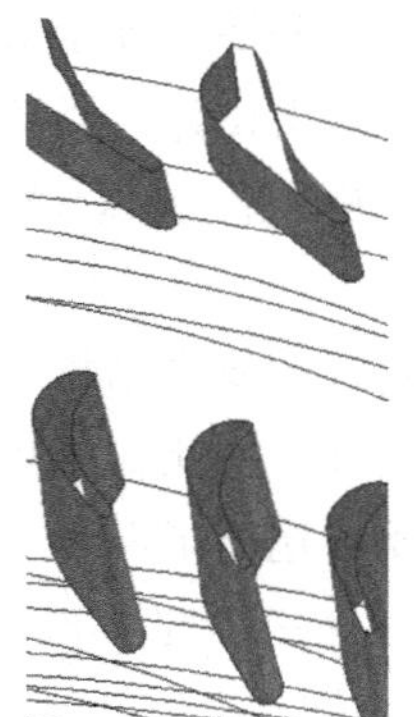

定子叶片表面曲率分析

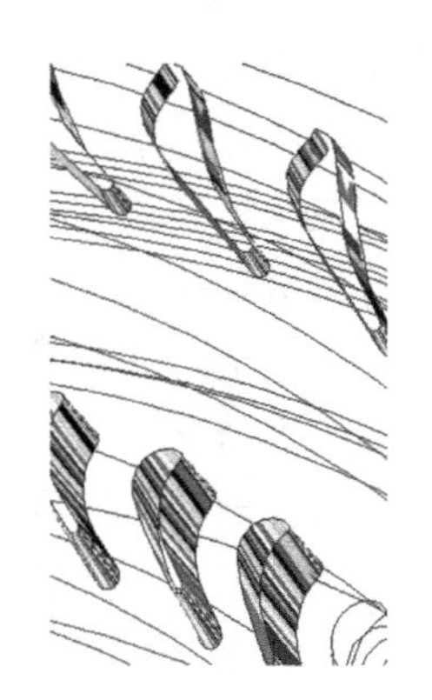

定子叶片表面反光分析

汽轮机转子三维造型

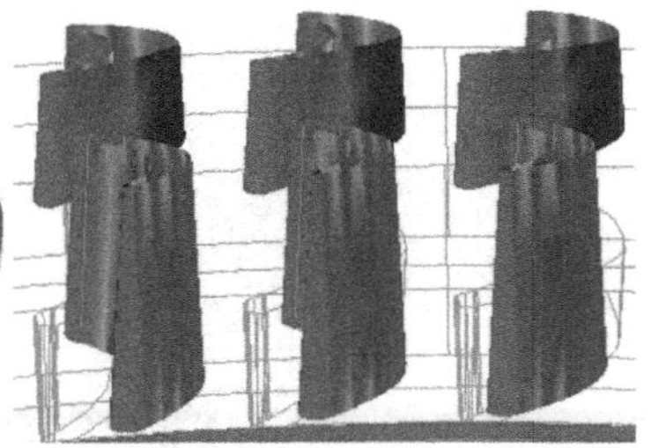

转子叶片表面曲率分析

图 11-9　汽轮机叶轮反求与定子和转子设计

11.4.2　产品结构优化设计实例

叉架是滚筒式洗衣机中连接和支撑内筒和外筒的关键零件。在工作过程中，洗衣机内筒要高速旋转，但内筒上由于衣物分布不均匀，不可避免地使内筒承受严重的偏心载荷，并传递给叉架。特别是在带有烘干功能的洗衣机上，总是想尽量提高洗衣机对衣物的甩干效果，以提高烘干效果，这样又势必产生更为严重的偏心载荷，对叉架的强度和刚度提出更高的要求。同时叉架又是一个支撑部件，其与包括洗衣机的核心部件在内的多个零部件，都存在着装配关系，这对叉架的设计提出了严格的要求，既要满足强度、刚度的要求，又要满足装配关系。某洗衣机厂以前的设计思路是：参照国外的产品进行类比设计，考虑各装配关系，确定其结构与尺寸参数，然后进行试制校验，如不能满足要求，则需重新进行上述的设计过程。这样大大增加了产品的开发周期，增加了开发成本，属于一种完全被动的开发模式。针对上述问题，我们确定了叉架三维结构设计、有限元结构优化分析、快速原型评估检验的新思路，实现了设计的一次成功，从而大大缩短了产品的开发周期，降低了开发成本。

1. 叉架的结构分析

根据洗衣机对叉架的功能要求和装配要求等，利用 CAD/CAE/CAM 一体化软件 UGⅡ对叉架进行了初步三维概念设计，得到了叉架的三维 CAD 模型，通过数据接口将三维模型传到有限元分析软件 MSC/MARC 中，利用 MARC 软件对整个结构进行离散化处理。

叉架基本上为一带有三个支臂的薄壳结构，中心有一厚度较大的圆台。根据叉架的结构受力情况，对其边界条件进行相应处理，从而建立了与实际情况吻合的叉架三维有限元模型。按照分析要求建立了两种分析模型，如图 11-10 所示。在两种模型中均采用三种形式的单元——三维四节点板壳元。图 11-10b 为针对电气元件安装的要求，在叉架上开有一个缺口。

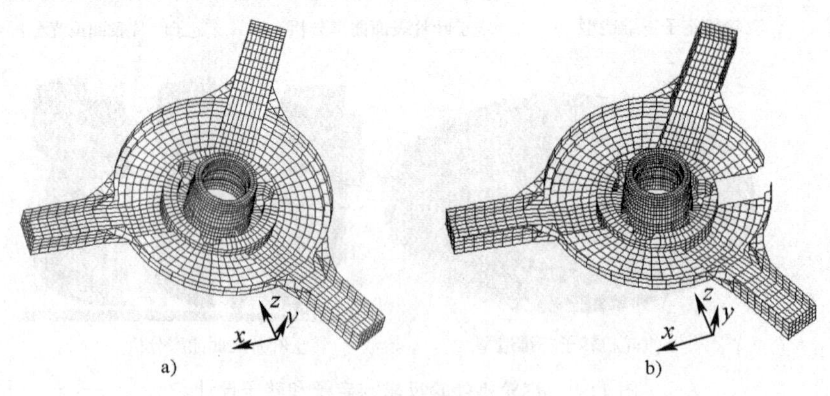

图 11-10　有限元分析模型

将产生的离心力以面力的形式，按等效原则加到相应的面上。图 11-11 为两种形式的叉架在承受 5kg 偏心载荷、以速度 1100rad/min 旋转的变形情况。分析表明：所设计叉架的强度、刚度满足要求，但支臂靠近中心圆台处的应力较大，特别是中心圆台与薄壳的连接处，以及各支臂的下底面和侧壁处，由于结构及尺寸参数变化剧烈，产生了明显的应力集中现象，最大等效应力可达 89.5MPa。就变形而言，支架在工作过程中，与各支臂相对的薄壳外圆周上的变形最大，最大变形为 0.8mm。

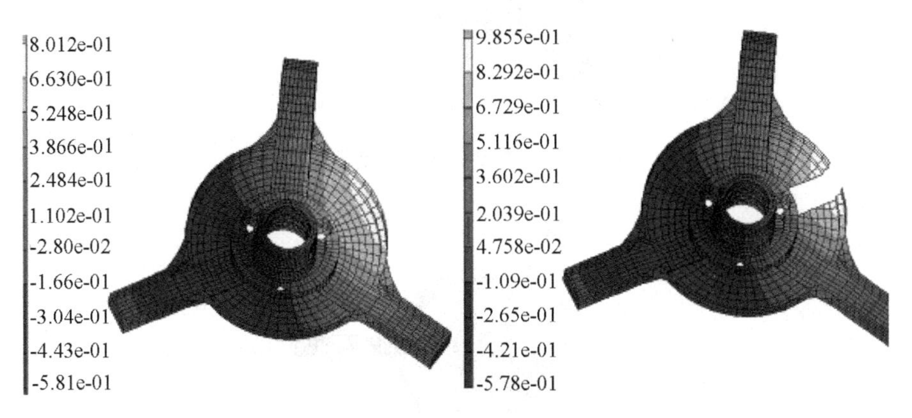

图 11-11　叉架在旋转情况下的变形分析

为方便电气元件的安装，拟在叉架上留出一缺口，缺口的周向宽度为 40mm，位置如图 11-10b 所示。为校验此方案是否合理，采用模型二（图 11-10b）进行了分析。分析结果表明，开有缺口后，叉架的应力分布和应力的大小基本没有变化，但与整体叉架相比，缺口处的变形显著增加，最大变形为 1.21mm，增加了 51%，不能满足叉架的刚度要求，因此建议慎重采用此方案。

2. 叉架的改进设计及快速原型制作

通过对叉架设计草案的结构有限元分析与评估，可以发现在叉架的初步设计中，存在诸多不足，主要表现在：

1）中心圆台与壳体的过渡圆角太小，致使该部位的应力集中严重。

2）与各支臂的底面相比，支臂两侧面的应力及变形很小，但是在原设计中，支臂侧面的厚度尺寸却比底面大。

3）中心圆台的外侧设计了四条加强肋，但肋的高度不够。

针对上述问题，对叉架进行了改进设计，从而保证了叉架结构的合理性。图 11-12 为改进后叉架的三维模型。

尽管改进后的叉架结构更趋合理，而且其强度与刚度满足工作要求，但由于叉架与洗衣机的多个部件存在复杂的装配关系，必须进行装配检验。为此采用快速成型制造技术制作了叉架的木质原型，如图 11-13 所示，并在洗衣机上完成了装配校验，大大节省了校验成本和时间。

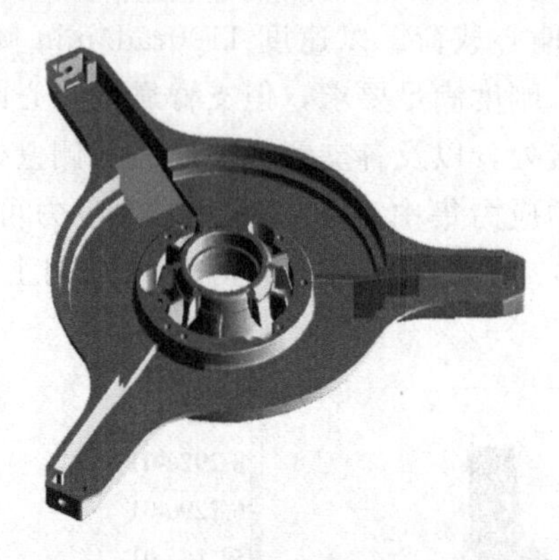

图 11-12 改进后叉架的三维模型

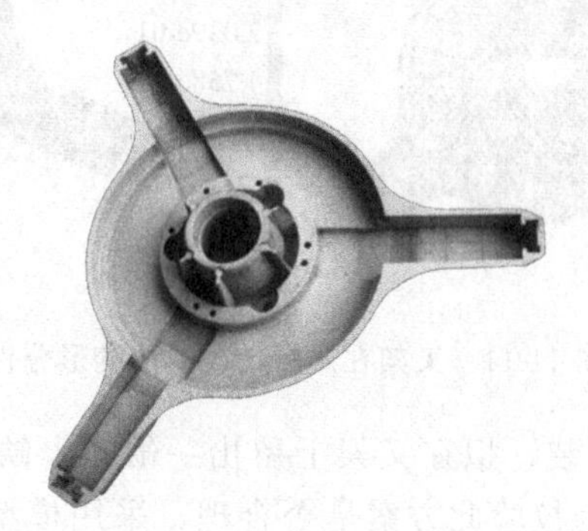

图 11-13 叉架的木质原型

参考文献

[1] 陈贤杰．先进制造技术论文集［C］．北京：机械工业出版社，1996.

[2] 国家自然科学基金委员会．国家自然科学学科发展战略调研报告——机械制造科学：热加工［M］．北京：科学出版社，1995.

[3] 朱森第．先进制造技术论文集［C］．北京：机械工业出版社，1996.

[4] Shelton R D. JTEC/WTEC Panel Report on Rapid Prototyping in Europe and Japan［J］. SME，1997：21-30.

[5] Kimble L L. The Selective Laser Sintering Process：Applications of the New Manufacturing Technology［J］. PEM-Intell. Des. Manug. Prot.，1992，50：356-363.

[6] Xue Y，Gu P. A Review of Rapid Prototyping Technology and Systems［J］. Int. J. of Computer-Aided Design，1996，28（4）：307-318.

[7] Ashley S. Rapid Prototyping is Coming of Age［J］. Mechanical Engineering，1995，117（7）：62-68.

[8] Bohn J H. The Rapid Prototyping Resource Center［EB/OL］.［2007-10-10］. http//cadserv. cadlab. vt. edu/bohn/ RP. htm.

[9] Pham D T，Gault R S. A Comparison of Rapid Prototyping Technologies［J］. International Journal of Machine Tools & Manufacture，1998，38：1257-1287.

[10] 段玉岗，王素琴，陈浩，等．激光快速成型中影响光固化材料收缩变形的研究［J］．化学工程，2000（6）：53-56.

[11] 马雷，李涤尘，段玉岗，等．基于二次曝光原理的光固化快速成型工艺研究［J］．西安交通大学学报，2001，35（1）：57-60，65.

[12] 张兴华，莫清兰．光固化材料及其应用［J］．化学与粘合，1994（4）：218-212.

[13] 李彦生，李涤尘，卢秉恒．光固化快速成型技术及其应用［J］．应用光学，1999，20（3）：34-36.

[14] Bertsch A，Bernhard P，Vogt C，et al. Rapid Prototyping of Small Size Objects［J］. Rapid Prototyping Journal，2000，6（4）：259-266.

[15] C，Sun，N. Fang，M Wu，et al. Projection Micro-stereolithography Using Digital Micromirror Dynamic Mask［J］. Sensor and Actuator A，2005，121：113-120.

[16] 卢清萍．快速原型制造技术［M］．北京：高等教育出版社，2001.

[17] 洪国栋，张伟，吴良伟，等．熔融材料堆积成型技术及其应用［J］．机械工业自动化，1997（4）：52-54.

[18] 王运赣，林国才，陈国清，等．Zippy系列快速成形系统［J］．中国机械工程，1996（7）：58-60.

[19] Inhaeng Cho，Kunwoo Lee，Woncheol Choi，et al. Development of a New Sheet Deposition Type Rapid Prototyping System［J］. International Journal of Machine Tools & Manufacture，2000（40）：1813-1829.

[20] 刘斌，肖跃加，韩明，等．快速原型制造技术中的线宽自动补偿［J］．中国机械工程，

1997 (5): 35-36.

[21] 朱立群, 高立群, 黄因慧, 等. 激光选区烧结的激光扫描控制 [J]. 航空精密制造技术, 1997 (2): 16-18.

[22] 薛春芳, 田欣利, 董世运, 等. 激光直接烧结成形金属零件的试验研究 [J]. 应用激光, 2003 (23): 130-134.

[23] Hull C. Stereolithography: Plastic Prototype From CAD Without Tooling [J]. Modern Casting, 1988, 78 (8): 38-46.

[24] Kruth J. Material Increase Manufacturing by Rapid Prototyping Technologies [J]. Ann. CIRP, 1991, 42 (2): 603-614.

[25] Wohlers T. Make Fiction Fact Fast [J]. Manufacturing Engineering, 1991, 106 (3): 44-49.

[26] Fast Precise S S. Safe Prototyping with FDM [J]. FEM-Intell. Des. Manufg. Proto., 1992, 50: 121-129.

[27] Hilton P. Making the Leap to Rapid Tool Making [J]. Mechanical Engineering, 1995, 117 (7): 75-76.

[28] Suwat J, et al. Virtual Processing-Application of Rapid Prototyping for Visualization of Metal Forming Processes [J]. Journal of Materials Processing Technology, 2000, 98: 116-124.

[29] 王广春, 赵国群. 快速成型与快速模具制造技术及其应用 [M]. 北京: 机械工业出版社, 2004.

[30] 王运赣. 快速成形技术 [M]. 武汉: 华中理工大学出版社, 1999.

[31] 王隆太, 陆宗仪. 当前快速成型技术研究和应用的热点问题 [J]. 机械设计与制造工程, 1995, 28 (3): 5-6.

[32] 王秀峰, 罗宏杰. 快速原型制造技术 [M]. 北京: 中国轻工业出版社, 2001.

[33] Rosochowski A, Matuszak A. Rapid Tooling: the State of the Art [J]. Journal of Materials Processing Technology, 2000, 106: 191-198.

[34] Chual C K, Hong KH, Ho S L. Rapid Tooling Technology: Part 1. A Comparative Study [J]. Int J Adv Manuf Technol, 1999, 15: 604-608.

[35] Chual C K, Hong K H, Ho S L. Rapid Tooling Technology: Part 2. A Case Study Using Arc Spray Metal Tooling [J]. Int J Adv Manuf Technol, 1999, 15: 609-614.

[36] Kruth J P. Material Incress Manufacturing by Rapid Prototyping Techniques [J]. CIRP Annals, 1991, 40: 603-614.

[37] Kruth J P, Van der Schueren B, Bonse J E, et al. Basic Powder Metallurgical Aspects in Selective Metal Powder Sintering [J]. Annals of the CIRP, 1996, 45: 183-186.

[38] Zhou J, He Z. A New Rapid Tooling Technique and Its Special Binder Study [J]. Journal of Rapid Prototyping, 1999, 5 (2): 82-88.

[39] Kamesh T, Gegres F. Efficient Slicing for Layered Manufacturing [J]. Rapid Prototyping Journal, 1998, 4 (4): 151-167.

[40] 王广春, 赵国群, 杨艳. 快速成型与快速模具制造技术 [J]. 新技术新工艺, 2000 (9):

30-32.
[41] 郭九生，等．快速成型制造中几何模型和数据模型的处理技术 [J]. 机械科学与技术，1998，17 (1)：88-92.
[42] 王树杰．快速原型技术及其在铸造中的应用 [J]. 铸造，1998 (4)：23-25.
[43] 黄天佑，闻星火．快速成型技术及其在铸造中的应用 [J]. 铸造，1995 (2)：38-41.
[44] Wang G，Li H，Guan Y，et al. A Rapid Design and Manufacturing System for Product Development Applications [J]. Rapid Prototyping Journal，2004，10 (3)：200-206.
[45] 赵国群，王广春，贾玉玺．快速成型与制造技术的发展与应用 [J]. 山东工业大学学报，1999，29 (6)：536-542.
[46] 王广春，王晓艳，赵国群．快速原型的叠层实体制造技术 [J]. 山东工业大学学报，2001，31 (1)：59-63.
[47] 张文富．硅橡胶石膏模精密铸造工艺的应用与发展 [J]. 铸造设备研究，1996 (6)：27-30.
[48] 卢秉恒，等．激光快速原型制造技术的发展与应用 [J]. 航空制造工程，1997 (7)：15-19.
[49] 陶明元，韩明．LOM 成形精度的分析 [J]. 锻压机械，2000 (5)：11-14.
[50] 吴森纪．有机硅及其应用 [M]. 北京：科学技术文献出版社，1990.
[51] 王晓艳，王广春，赵国群．基于叠层实体制造技术的热敏打印机快速设计与制作 [J]. 机电工程技术，2001，30 (2)：25-28.
[52] 赵国群，王广春，等．基于 LOM 的产品快速设计与模具快速制造技术的应用 [J]. 中国机械工程，2000，11 (10)：1128-1133.
[53] 管延锦，王广春，等．洗衣机叉架的快速设计与制造 [J]. 中国机械工程，2000，11 (10)：1133-1136.
[54] 刘宪军，徐滨士，马世宁，等．应用电弧喷涂技术制造塑料模具 [J]. 模具技术，1996 (6)：21-24.
[55] 宋宝通，于林奇，卫淑玲．电弧喷涂制模技术的研究及应用 [J]. 电加工与模具，2000 (1)：39-41.
[56] 张志鸣．ASS 电弧喷涂快速制模技术 [J]. 模具制造，2002 (1)：13-16.
[57] 王伊卿，赵文轸，唐一平，等．电弧喷涂模具材料性能研究 [J]. 中国机械工程，2000，11 (10)：1112-1115.
[58] 谷诤巍，袁达，张人佶，等．基于 RP 原型的电弧喷涂快速模具制造技术研究 [J]. 电加工与模具，2003 (1)：50-53.
[59] 谢晓龙．电弧喷涂快速注塑模具制造技术研究 [D]. 济南：山东大学，2000.
[60] 刘宪军，徐滨士，马世宁，等．ϕ2mm 丝材电弧喷涂系统的工艺参数和涂层性能研究 [J]. 表面工程，1997 (2)：28-34.
[61] 陈益龙．低熔点金属喷涂制造模具的方法 [J]. 模具工业，1997 (7)：36-39.
[62] 杨占尧，寇世瑶，王学让，等．快速成型和电弧喷涂相结合的快速制模技术研究 [J]. 塑性工程学报，2002，9 (3)：18-22.
[63] 杨文涛，韩明，肖跃加，等．基于 STL 格式的 CAD 实体模型的分割与拼接 [J]. 锻压机械，2000 (3)：48-50.

[64] 王广春，赵国群，贾玉玺. 基于 RP&M 的快速模具制造技术 [J]. 山东工业大学学报，2000，30 (2)：87-91.

[65] 王文深，狄文辉. 反求工程技术及其应用 [J]. 河南机电高等专科学校学报，2001，9 (2)：6-9.

[66] 陈绪兵，莫健华，叶献方，等. CAD 模型的直接切片在快速成型系统中的应用 [J]. 中国机械工程，2000，11 (10)：1098-1100.

[67] 毕晓亮，朱昌明，侯丽雅. 快速成型中的自适应切片方法研究 [J]. 计算机应用研究，2002 (4)：21-22.

[68] 滕勇，王臻，李涤尘. 快速成型技术在医学中的应用 [J]. 国外医学生物医学工程分册，2001，24 (6)：257-261.

[69] 王广春. 快速成型与快速模具制造技术研究 [D]. 济南：山东大学，2001.

[70] Nee A Y C，Fuh J Y H，Miyazawa T. On the Improvement of the Stereolithography (SL) Process [J]. Journal of Materials Processing Technology，2001，113：262-268.

[71] Onuh S O，Hon K K B. Optimising Build Parameters for Improved Surface Finish in Stereolithography [J]. International Journal of Machine Tools and Manufacture，1998，38 (4)：329-342.

[72] 刘伟军，等. 快速成型技术及应用 [M]. 北京：机械工业出版社，2005.

[73] 魏光辉，朱宝亮. 激光束光学 [M]. 北京：北京工业学院出版社，1988.

[74] 段玉岗，王素琴，曹瑞军，等. 激光快速成型中材料线收缩对翘曲性的影响 [J]. 中国机械工程，2002，13 (13)：1144-1146.

[75] 罗新华，等. 基于激光快速成型技术的金属粉末烧结工艺 [J]. 南通工学院学报，2004，3：29-32.

[76] 马雷，李涤尘，卢秉恒. 光固化快速成型中激光扫描方法的研究 [J]. 中国机械工程，2003，14 (7)：541-543.

[77] 吴懋亮，赵万华，李涤尘，等. 光固化快速成型树脂涂层厚度的研究 [J]. 西安交通大学学报，2002，36 (1)：47-50.

[78] 赵毅，卢秉恒. 振镜扫描系统的枕形畸变校正算法 [J]. 中国激光，2003，30 (3)：216-218.

[79] 王军杰，郭九生，等. 激光快速成型加工中扫描方式与成型精度的研究与实验 [J]. 中国机械工程，1997 (8)：54-55.

[80] 陈中中，李涤尘，卢秉恒. 气压式熔融沉积快速成型系统 [J]. 电加工与模具，2002 (2)：9-12.

[81] 王延庆. 基于快速原型的金属粉浆无压力浇注成型与烧结实验研究 [D]. 济南：山东大学，2005.

[82] Stewart U T D，Dalgarno K W，Childs T H C. Strength of the DTM RapidSteel™ 1.0 Material [J]. Materials and Design，1999 (20)：133-138.

[83] 王运赣. 快速模具制造及其应用 [M]. 武汉：华中科技大学出版社，2003.

[84] 孙大涌. 先进制造技术 [M]. 北京：机械工业出版社，2000.

[85] 杨小玲，周天瑞．三维打印快速成型技术及其应用 [J]. 浙江科技学院学报，2009，21 (3)：186-189.

[86] 刘洪．基于 CT 数据微螺钉、种植体 CAD/CAM 导板制作与精度评价 [D]. 济南：山东大学，2010.

[87] 王秀峰．快速原型技术 [M]. 北京：中国轻工业出版社，2001.

[88] Jacobs P F. Stereolithography and Other RP&M Technologies：From Rapid Prototyping to Rapid Tooling [M]. New York：ASME，1995.

[89] 荣烈润．制造技术新的突破——快速成型技术 [J]. 机电一体化，2004 (3)：6-10.

[90] Chua C K，Leong K F，Lim C S. Rapid Prototyping：Principles and Applications [M]. Singapore：World Scientific Publishing Co. Pte. Ltd.，2010.

[91] Hilton P D，Jacobs P F. Rapid Tooling：Technologies and Industrial Applications [M]. Boca Raton：CRC Press，2000.

[92] Yeong W Y，Chua C K，Leong K F. Rapid Prototyping in Tissue Engineering：Challenges and Potential [J]. Trends in Biotechnology，2004，22 (12)：643-652.

[93] Cyrille N，Francois S M，Laura E N，et al. Scaffold-free Vascular Tissue Engineering Using Bioprinting [J]. Biomaterials，2009，30：5910-5917.

[illegible]

[illegible]

[illegible] 北京：中国[illegible]出版社，2001.

[88] Jacobs P F. Stereolithography and Other RP&M Technologies: From Rapid Prototyping to Rapid Tooling [M]. New York: ASME, [illegible]

[89] [illegible]

[90] Chua C K, Leong K F, Lim C S. Rapid Prototyping: Principles and Applications [M]. [illegible] World Scientific Publishing Co. Pte. Ltd., 2010.

[91] Hilton P D, Jacobs P F. Rapid Tooling: Technologies and Industrial Applications [M]. Boca Raton: CRC Press, 2000.

[92] Yeong W Y, Chua C K, Leong K F. Rapid Prototyping in Tissue Engineering: Challenges and Potential [J]. Trends in Biotechnology, 2004, 22(12): 643-652.

[93] [illegible] Francis S M, [illegible] Fabrication [illegible] Vascular Tissue Engineering [illegible] [J]. Biomaterials, 2010, [illegible]